21 世纪全国高校应用人才培养机电类规划教材

机床数控技术及应用

杨后川　梁　炜 编著

吕伯平 主审

北京大学 出版社

PEKING UNIVERSITY PRESS

内 容 简 介

本书根据"21世纪全国高校应用人才培养规划教材编审委员会"的统一要求,确定编写内容和拟定编写大纲。全书共分9章,介绍了机床数控技术及应用的概况、数控装置及控制原理、数控机床的伺服系统、数控机床的机械结构、数控加工工艺装备、数控编程基础、数控车床编程、加工中心编程以及数控机床的故障诊断与维修等内容。本书内容力求系统、全面、新颖,并且理论联系实际。

本书可作为高等院校机电类专业本科生的教材,亦可作为夜大、函授和职工大学的同类专业教材,还可供研究设计单位、企业从事数控技术开发与应用的工程技术人员参考。

图书在版编目(CIP)数据

机床数控技术及应用/杨后川,梁炜编著. —北京:北京大学出版社,2005.10
(21世纪全国高校应用人才培养机电类规划教材)
ISBN 978-7-301-09327-6

I. 机…　II. ①杨…②梁…　III. 数控机床—高等学校—教材　IV. TG659

中国版本图书馆 CIP 数据核字(2005)第 074511 号

书　　　名:机床数控技术及应用
著作责任者:杨后川　梁炜　编著
责 任 编 辑:韩玲玲
标 准 书 号:ISBN 978-7-301-09327-6/TH · 0035
出　版　者:北京大学出版社
地　　　址:北京市海淀区成府路 205 号　100871
电　　　话:邮购部 62752015　发行部 62750672　编辑部 62765013　出版部 62754962
网　　　址:http://www.pup.cn
电 子 信 箱:xxjs@pup.pku.edu.cn
印　刷　者:河北滦县鑫华书刊印刷厂
发　行　者:北京大学出版社
经　销　者:新华书店
　　　　　　787 毫米×980 毫米　16 开本　20.5 印张　440 千字
　　　　　　2005 年 10 月第 1 版　2010 年 8 月第 3 次印刷
定　　　价:34.00 元

前　言

　　数控技术是机械加工自动化的基础，是数控机床的核心技术。随着信息技术、微电子技术、自动化技术和检测技术的发展，数控技术得到了迅速的发展。机床数控技术与应用包含的内容很多，如何使学生和读者掌握其关键技术和内容，是本书在内容取舍和编写纲目拟定上的突破点。根据"21 世纪全国高校应用人才培养规划教材编审委员会"的统一要求，本书的编写既注重了内容的系统性、理论性、应用性和新颖性，又力求叙述简练、层次分明、结构合理、通俗易懂。

　　本书着重叙述了机床数控技术的基本概念及发展、数控机床的结构及工作原理、数控编程基础及方法、数控机床的应用及故障诊断等内容。全书共分 9 章，第 1 章介绍了数控机床的基本概念、工作原理、组成、分类、发展、特点及应用。第 2 章介绍了数控装置的组成、功能特点、CNC 装置的硬件和软件结构、数控插补原理、刀具补偿控制及进给速度控制。第 3 章介绍了数控机床对伺服系统的要求与分类、数控机床伺服驱动装置和检测装置。第 4 章介绍了数控机床机械本体的组成、特点和要求、主传动和进给传动系统、自动换刀装置及导轨等知识。第 5 章介绍了刀具系统、夹具系统、常用量具与辅具等数控加工工艺装备。第 6、7、8 章介绍了数控编程基础、数控加工工艺基础、计算机辅助数控编程、数控编程指令、数控车床和加工中心编程及编程实例。第 9 章介绍了数控机床的可靠性与维修、故障诊断的常用方法和一般步骤、故障诊断的一些新技术及故障维修。各章内容既有联系，又有一定的独立性，并且每章均附有思考题。

　　全书由杨后川、梁炜编著。其中第 1 章由姚武文教授编写，第 2、3、4、9 章由杨后川编写，第 5、6、7、8 章由梁炜编写，高昆、黄阳参与编写了第 4、5 章的部分内容。由杨后川统稿和定稿。由吕伯平副教授主审。

　　在编写过程中，作者参阅和引用了有关院校、工厂、科研院所的一些教材、资料和文献，有些文献已在参考文献中列出，对未能列出的文献和资料，编者向其作者表示诚挚的感谢。本书的编写得到了空军第一航空学院二系机械制造教研室、训练部教保科部分同志的支持和帮助，在绘图、制表和校对等方面给予了大力协助，在此，编者一并向他们表示谢意。

　　由于编者的水平有限，经验不足，文中难免有不妥之处，恳请读者批评指正。

编　者

2005 年 6 月

目　　录

第1章 绪 论

随着科学技术的飞速发展和经济竞争的日趋激烈，产品更新的速度越来越快，多品种、中小批量生产的比重明显增加。同时，随着航空工业、汽车工业和轻工业消费品生产的高速增长，复杂形状的零件越来越多，精度要求也越来越高。此外，激烈的市场竞争要求产品研制、生产周期越来越短，传统的加工设备和制造方法已难于适应这种多样化、柔性化与复杂形状零件的高效、高质量加工要求。因此，近几十年来，世界各国十分重视发展能有效解决复杂、精密、小批量、多变零件加工的数控加工技术。在机械制造业中，大量采用以微电子技术和计算机技术为基础的数控技术，并将机械技术与现代控制技术、传感检测技术、信息处理技术、网络通信技术有机地结合在一起，使其生产方式发生了革命性变化。目前数控技术和数控机床正不断更新换代，向高速度、多功能、智能化、开放型以及高可靠性等方面迅速发展。数控技术的应用和数控机床的生产量已成为衡量一个国家工业化程度和技术水平的重要标志。

1.1 数控机床技术的基本概念

数字控制（Numerical Control）是近代发展起来的一种自动控制技术，国家标准（GB 8129—87）定义为"用数字化信号对机床运动及其加工过程进行控制的一种方法"，简称**数控**（NC）。

数控技术（Numerical Control Technology）是指用数字量及字符发出指令并实现自动控制的技术，它已成为制造业实现自动化、柔性化、集成化生产的基础技术。计算机辅助设计与制造（CAD/CAM）、计算机集成制造系统（CIMS）、柔性制造系统（FMS）和智能制造（IM）等先进制造技术都是建立在数控技术之上。数控技术广泛应用于金属切削机床和其他机械设备，如数控铣床、数控车床、机器人、坐标测量机和剪裁机等。

数控机床（Numerical Control Machine Tools）是指采用数字控制技术对机床的加工过程进行自动控制的一类机床。国际信息处理联盟（International Federation Of Information Processing）第五技术委员会对数控机床作的定义是："数控机床是一个装有程序控制系统的机床，该系统能够逻辑地处理具有使用代码、或其他符号编码指令规定的程序。"它是集现代机械制造技术、自动控制技术及计算机信息技术于一体，采用数控装置或计算机，来全部或部分地取代一般通用机床在加工零件时对机床的各种动作（如启动、加工顺序、改变切削用量、主轴变速、选择刀具、冷却液开停以及停车等）的人工控制，是高效率、高精度、高柔性和高自动化的光、机、电一体化的数控设备。

数控加工技术（Numerical Control Machining Technology）是指高效、优质地实现产品零件特别是复杂形状零件的加工技术，是自动化、柔性化、敏捷化和数字化制造加工的基础与关键技术。数控加工过程包括由给定的零件加工要求（零件图纸、CAD 数据或实物模型）进行加工的全过程，其主要内容涉及数控机床加工工艺和数控编程技术两大方面。

1.2　数控机床的特点及适用范围

1.2.1　数控机床的特点

现代数控机床具有许多普通机床无法实现的特殊功能，其特点有：

（1）加工零件适应性强，灵活性好。数控机床是一种高度自动化和高效率的机床，可适应不同品种和不同尺寸规格工件的自动加工，能完成很多普通机床难以胜任、或者根本不可能加工出来的复杂型面的零件。当加工对象改变时，只要改变数控加工程序，就可改变加工工件的品种，为复杂结构的单件、小批量生产以及试制新产品提供了极大的便利。数控机床首先在航空航天等领域获得应用，如复杂曲面的模具加工、螺旋桨及涡轮叶片加工等。

（2）加工精度高，产品质量稳定。数控机床按照预定的程序自动加工，不受人为因素的影响，加工同批零件尺寸的一致性好，其加工精度由机床来保证，还可利用软件来校正和补偿误差，加工精度高、质量稳定，产品合格率高。因此，能获得比机床本身精度还要高的加工精度及重复精度（中、小型数控机床的定位精度可达 0.005 mm，重复定位精度可达 0.002 mm）。

（3）综合功能强，生产效率高。数控机床的生产效率较普通机床的高 2～3 倍。尤其是某些复杂零件的加工，生产效率可提高十几倍甚至几十倍。这是因为数控机床具有良好的结构刚性，可进行大切削用量的强力切削，能有效地节省机动时间，还具有自动变速、自动换刀、自动交换工件和其他辅助操作自动化等功能，使辅助时间缩短，而且无需工序间的检测和测量。对壳体零件采用加工中心进行加工，利用转台自动换位、自动换刀，几乎可以实现在一次装夹的情况下完成零件的全部加工，节约了工序之间的运输、测量、装夹等辅助时间。

（4）自动化程度高，工人劳动强度减少。数控机床主要是自动加工，能自动换刀、启停切削液、自动变速等，其大部分操作不需人工完成，可大大减轻操作者的劳动强度和紧张程度，改善劳动条件。

（5）生产成本降低，经济效益好。数控机床自动化程度高，减少了操作人员的人数，同时加工精度稳定，降低了废品、次品率，使生产成本下降。在单件、小批量生产情况下，使用数控机床加工，可节省划线工时，减少调整、加工和检验时间，节省直接生产费用和工艺装备费用。此外，数控机床可实现一机多用，节省厂房面积和建厂投资。因此，使用数控机床仍可获得良好的经济效益。

（6）数字化生产，管理水平提高。在数控机床上加工，能准确地计算零件加工时间，加强了零件的计时性，便于实现生产计划调度，简化和减少了检验、工具与夹具准备、半成品调度等管理工作。数控机床具有的通信接口，可实现计算机之间的联接，组成工业局部网络（LAN），采用制造自动化协议（MAP）规范，实现生产过程的计算机管理与控制。

1.2.2 数控机床的适用范围

在机械加工业中，大批量零件的生产宜采用专用机床或自动线。对于小批量产品的生产，由于产品品种变换频繁、批量小、加工方法的区别大，宜采用数控机床。数控机床的适用范围见图 1-1，从图中可看出随零件复杂程序和零件批量的变化通用机床和专用机床的运用情况。当零件不太复杂，生产批量较小时，宜采用通用机床；当生产批量较大时，宜采用专用机床；而当零件复杂程度较高时，宜采用数控机床。

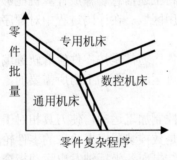

图 1-1 数控机床的适用范围

1.3 数控机床的工作原理及组成

1.3.1 数控机床的工作原理

用数控机床加工零件时，首先应将加工零件的几何信息和工艺信息编制成加工程序，由输入部分送入数控装置，经过数控装置的处理、运算，按各坐标轴的分量送到各轴的驱动电路，经过转换、放大去驱动伺服电动机，带动各轴运动，并进行反馈控制，使刀具与工件及其他辅助装置严格地按照加工程序规定的顺序、轨迹和参数有条不紊地工作，从而加工出零件的全部轮廓。其工作流程如下：

（1）数控加工程序的编制。在零件加工前，首先根据被加工零件图样所规定的零件形状、尺寸、材料及技术要求等，确定零件的工艺过程、工艺参数、几何参数以及切削用量等，然后根据数控机床编程手册规定的代码和程序格式编写零件加工程序单。对于较简单的零件，通常采用手工编程；对于形状复杂的零件，则在编程机上进行自动编程，或者在计算机上用 CAD / CAM 软件自动生成零件加工程序。

（2）输入。输入的任务是把零件程序、控制参数和补偿数据输入到数控装置中去。输入的方法有纸带阅读机输入、键盘输入、磁带和磁盘输入以及通信方式输入等。输入工作方式通常有两种：

① 边输入边加工，即在前一个程序段加工时，输入后一个程序段的内容；

② 一次性地将整个零件加工程序输入到数控装置的内部存储器中，加工时再把一个个程序段从存储器中调出来进行处理。

（3）译码。数控装置接受的程序是由程序段组成的，程序段中包含零件轮廓信息、加工进给速度等加工工艺信息和其他辅助信息。计算机不能直接识别它们，译码程序就像一个翻译，按照一定的语法规则将上述信息解释成计算机能够识别的数据形式，并按一定的数据格式存放在指定的内存专用区域。在译码过程中对程序段还要进行语法检查，有错则立即报警。

（4）刀具补偿。零件加工程序通常是按零件轮廓轨迹编制的。刀具补偿的作用是把零件轮廓轨迹转换成刀具中心轨迹运动，而加工出所需要的零件轮廓。刀具补偿包括刀具半径补偿和刀具长度补偿。

（5）插补。插补的目的是控制加工运动，使刀具相对于工件做出符合零件轮廓轨迹的相对运动。具体的说，插补就是数控装置根据输入的零件轮廓数据，通过计算把零件轮廓描述出来，边计算边根据计算结果向各坐标轴发出运动指令，使机床在相应的坐标方向上移动，将工件加工成所需的轮廓形状。插补只有在辅助功能（换刀、换档、冷却液等）完成之后才能进行。

（6）位置控制和机床加工。插补的结果是产生一个周期内的位置增量。位置控制的任务是在每个采样周期内，将插补计算出的指令位置与实际反馈位置相比较，用其差值去控制伺服电动机，电动机使机床的运动部件带动刀具按规定的轨迹和速度进行加工。在位置控制中通常还应完成位置回路的增量调整、各坐标方向的螺距误差补偿和方向间隙补偿，以提高机床的定位精度。

1.3.2　数控机床的组成

数控机床一般由控制介质、数控装置、伺服系统和机床本体所组成，如图 1-2 所示，图中实线部分为开环系统，虚线部分包含检测装置，构成闭环系统，各部分简述如下。

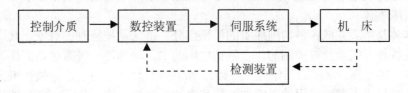

图1-2　数控机床的组成

（1）控制介质

数控机床工作时，不需人参与直接操作，但人的意图又必须体现出来，所以人和数控机床之间必须建立某种联系，这种联系的媒介质称为控制介质或输入介质。

控制介质上存储着加工零件所需要的全部操作信息和刀具相对于工件的位移信息。常用的信息载体有标准穿孔带、磁带和磁盘等。信息载体上记载的加工信息由按一定规则排列的文字、数字和代码所组成。目前国际上通常使用 EIA（Electronic Industries Association）代码以及 ISO（International Organization For Standardization）代码，这些代码经输入装置送给数控装置。常用的输入装置有光电纸带输入机、磁带录音机和磁盘驱动器等。

（2）数控装置

数控装置是数控机床的核心，也是区别于普通机床最重要的特征之一。用来接受并处理控制介质的信息，并将代码加以识别、存储、运算，输出相应的命令脉冲，经过功率放大驱动伺服系统，使机床按规定要求动作。它能完成加工程序的输入、编辑及修改，实现信息存储、数据交换、代码转换、插补运算以及各种控制功能。通常由一台通用或专用微型计算机构成，包括输入接口、存储器、中央处理器、输出接口和控制电路等部分，如图 1-3 所示。

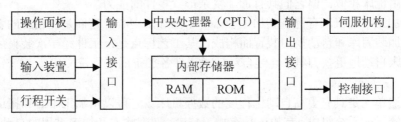

图1-3　数控装置的组成

（3）伺服系统

伺服系统包括驱动部分和执行机构两大部分。常用的位移执行机构有功率步进电机、直流伺服电机和交流伺服电机等。伺服系统将数控装置输出的脉冲信号放大，驱动机床移动部件运动或使执行机构动作，以加工出符合要求的零件。

伺服驱动系统性能的好坏直接影响数控机床的加工精度和生产率，因此要求伺服驱动系统具有良好的快速响应性能，能准确而迅速地跟踪数控装置的数字指令信号。

（4）机床本体

机床本体是用于完成各种切削加工的机械部分。机床是被控制的对象，其运动的位移和速度以及各种开关量是被控制的。它包括机床的主运动部件、进给运动部件、执行部件和基础部件，如底座、立柱、工作台（刀架）、滑鞍、导轨等。为了保证数控机床的快速响应特性，数控机床上普遍采用精密滚珠丝杠和直线运动导轨副。为了保证数控机床的高精度、高效率和高自动化加工，数控机床的机械结构具有较高的动态特性、动态刚度、阻尼精度、耐磨性和抗热变形等性能。在加工中心上，还具备有刀库和自动交换刀具的机械手。为了保证数控机床功能的充分发挥，还有一些配套部件如冷却、润滑、防护、排屑、照明、储运等，另外还有一些特殊应用装置，如检测装置、监控装置、编程机、对刀仪等。

1.4　数控机床的分类

1.4.1　按功能用途分类

（1）金属切削类数控机床

这类机床的品种与传统的通用机床一样，有数控车床、数控钻床、数控铣床、数控镗床、数控磨床和加工中心等。根据其自动化程度的高低，又可将金属切削类数控机床分为普通数控机床、加工中心机床和柔性制造单元（FMC）。

普通数控机床和传统的通用机床一样，有车、铣、钻床等，这类数控机床的工艺特点和相应的通用机床相似，但它们具有加工复杂形状零件的能力。

常见的加工中心机床有镗铣类加工中心和车削加工中心，它们是在相应的普通数控机床的基础上加装刀库和自动换刀装置而构成。其工艺特点是：工件经一次装夹后，数控系统能控制机床自动地更换刀具，连续自动地对工件各加工面进行铣（车）、镗、钻等多工序加工。

柔性制造单元是具有更高自动化程度的数控机床。它可以由加工中心和搬运机器人等自动物料存储运输系统组成，有的还具有加工精度、切削状态和加工过程的自动监控功能。

（2）金属成型类数控机床

这类机床有数控折弯机、数控弯管机和数控压力机等。

（3）数控特种加工机床

这类机床有数控线切割机、数控电火花成形机和数控激光切割机等。

（4）其他类型数控机床

这类机床有火烟切割数控机、数控三坐标测量机等。

1.4.2　按运动轨迹分类

（1）点位控制数控机床

这种机床的特点是在刀具相对于工件移动过程中，不进行切削加工，对运动的轨迹没有严格的要求，控制上只要求获得准确的孔系坐标位置，实现从一点坐标到另一点坐标位置的准确移动。这一类数控机床包括数控镗床、数控钻床、数控冲床及数控测量机等，其数控装置中对位移功能控制比较简单。

（2）直线控制数控机床

这种机床不仅要求具有准确的定位功能，还要求从一点到另一点按直线运动进行切削加工，刀具相对于工件移动的轨迹是平行机床各坐标轴的直线，或两轴同时移动构成 45° 的斜线，并能控制位移速度、选择不同的切削用量，以适应不同刀具及材料的加工。这一类数控机床包括数控铣床、数控车床、数控磨床和加工中心，其数控装置的控制功能比点位数控机床复杂。这些机床有两个到三个可控轴，但受控制的轴只有一个。

（3）轮廓控制数控机床

这种机床能对两个或两个以上的坐标轴进行联动切削加工控制，以加工出任意斜率的直线、圆弧、抛物线及其他函数关系的曲线或曲面，如图 1-4 所示。为了满足刀具沿工件轮廓的相对运动轨迹符合工件加工轮廓的表面要求，必须将各坐标运动的位移控制和速度控制按照规定的比例关系精确地协调起来。因此要求其数控装置应有很好的补偿功能，如刀具补偿、丝杠螺距误差补偿、传动反向间隙补偿、直线和圆弧插补等。轮廓控制数控机床包括数控车床、数控磨床、数控铣床、数控线切割机、加工中心等。

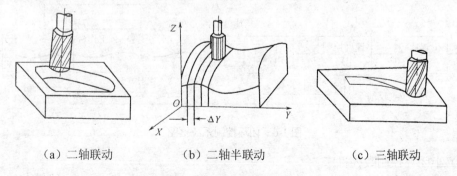

（a）二轴联动　　　　　（b）二轴半联动　　　　　（c）三轴联动

图1-4　联动轴的轮廓控制切削加工

1.4.3 按伺服系统的控制原理分类

（1）开环控制数控机床

这种机床运动部件的位移没有检测反馈装置（见图1-5），数控装置发出信号而没有反馈信息，因此称为开环控制。开环控制数控机床容易掌握，调试方便，维修简便，但控制精度和速度受到限制。目前，国内经济型数控系统多采用这种方式，旧机床改造也广泛采用这种系统。

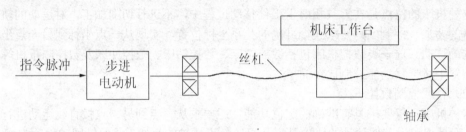

图1-5 开环控制系统框图

（2）全闭环控制数控机床

与开环控制数控机床不同，这类机床带有检测反馈装置（见图1-6），它可将测量出的实际位移值反馈到数控装置中与输入的指令位移值相比较，用差值进行控制，直至差值为零，以实现运动部件的精确定位，此即闭环控制系统。从理论上讲，闭环控制系统的运动精度主要决定于检测装置精度，而与传动链中误差无关。但闭环控制系统对机床结构的刚性、传动部件的间隙及导轨移动的灵敏性等都有严格的要求，其特点是位移精度高，但调试、维修都较复杂，成本较高，一般适用于精度很高的数控机床，如超精车床、超精磨床、镗铣床、大型数控机床等。

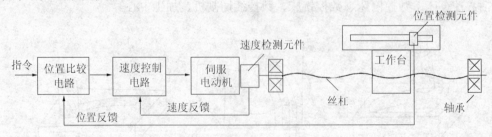

图1-6 闭环控制系统框图

（3）半闭环控制数控机床

这类机床不是直接测量工作台位移量，而是通过检测丝杠转角，间接地测量工作台位移量，然后再反馈给数控装置（见图1-7）。由于工作台位移没有完全包括在控制回路中，故称半闭环控制系统。这种控制系统结构简单，安装、调试较方便，控制特性比较稳定，但系统的精度没有闭环系统高。通过采用精密的滚珠丝杠或采用丝杠螺距误差的补偿措施，丝杠等机械传动误差虽然不能通过反馈来随时校正，但可采用软件定值补偿的方法来适当提高其精度。目前，大多数中小型数控机床广泛采用半闭环控制系统。

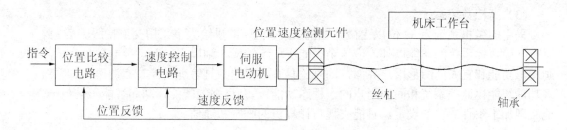

图 1-7　半闭环控制系统

1.4.4　按数控系统的功能水平分类

按数控系统的功能水平，通常把数控系统相对的分为低、中、高三类，其功能及指标见表 1-1。

表 1-1　数控系统不同档次的功能和指标

功　　能	低　　档	中　　档	高　　档
系统分辨率	10 μm	1 μm	0.1 μm
G00 速度	3～8 m/min	10～24m/min	24～100m/min
伺服类型	开环及步进电动机	半闭环及直、交流伺服	闭环及直、交流伺服
联动轴数	2～3 轴	2～4 轴	5 轴或 5 轴以上
通信功能	无	RS232C 或 DNC	RS232C、DNC、MAP
显示功能	数码管显示	CRT：图形、人机对话	CRT：三维图形、自诊断
内装 PLC	无	有	强功能内装 PLC
主 CPU	8 位、16 位 CPU	16 位、32 位 CPU	32 位、64 位 CPU
结构	单片机或单板机	单微处理机或多微处理机	分布式多微处理机

（1）低档经济型数控系统

这一档次的数控机床仅能满足一般精度要求的加工，能加工形状较简单的直线、斜线、圆弧及带螺纹的零件，采用的微机系统为单板机或单片机系统，具有数码显示、CRT 字符显示功能，机床进给由步进电动机实现开环驱动，控制的轴数和联动轴数在 3 轴或 3 轴以下。

（2）中档普及型数控系统

这类数控系统功能较多，除了具有一般数控系统的功能以外，还具有一定的图形显示功能及面向用户的宏程序功能等，采用的微机系统为 16 位或 32 位微处理机，具有 RS232C 通信接口，机床的进给多用交流或直流伺服驱动，一般系统能实现 4 轴或 4 轴以下的联动控制。

（3）高档数控系统

采用的微机系统为 32 位以上微处理机系统，机床的进给大多采用交流伺服驱动，除了具有一般数控系统的功能以外，应该至少能实现 5 轴或 5 轴以上的联动控制。具有三维动画图形功能和宜人的图形用户界面，同时还具有丰富的刀具管理功能、宽调速主轴系统、多功能智能化监控系统和面向用户的宏程序功能，还有很强的智能诊断和智能工艺数据库，能实现加工条件的自动设定，且能实现与计算机的联网和通信。

1.5　数控机床的发展

1.5.1　数控机床的发展概况

1952 年美国研制出世界上第一台数控铣床，开创了世界数控机床发展的先河。随后，德、日、前苏联等国于 1956 年分别研制出本国第一台数控机床。我国于 1958 年由清华大学和北京第一机床厂合作研制了我国第一台数控铣床。

20 世纪 50 年代末期，美国 K&T 公司开发了世界上第一台加工中心，从而揭开了加工中心的序幕。1967 年，英国首先把几台数控机床连接成具有柔性的加工系统，这就是最初的柔性制造系统（FMS）。20 世纪的 70 年代，由于计算机数控（CNC）系统和微处理机数控系统的研制成功，使数控机床进入了一个较快的发展时期。

20 世纪 80 年代，随着数控系统和其他相关技术的发展，数控机床的效率、精度、柔性和可靠性进一步提高，品种规格系列化，门类扩展齐全，FMS 也进入了实用化。20 世纪的 80 年代初出现了投资较少、见效快的柔性制造单元（FMC）。

20 世纪 90 年代以来，随着微电子技术、计算机技术的发展，以 PC（Personal Computer）技术为基础的 CNC 逐步发展成为世界的主流，它是自有数控技术以来最有深远意义的一次飞跃。以 PC 为基础的 CNC 通常是指运动控制板或整个 CNC 单元（包括集成的 PLC）插入到 PC 机标准插槽中，使用标准的硬件平台和操作系统。20 世纪 90 初开发的下一代数控系统，都是基于 PC 或 VME（Versa Modul Eurocard）总线构成开放式体系结构的新一代数控系统。

数控机床系统的发展历程见表 1-2。它由当初的电子管式起步，经历了分立式晶体管式、小规模集成电路式、大规模集成电路式、小型计算机式、超大规模集成电路和微机式的数控系统等几个发展阶段。

表 1-2　数控系统发展的历程

发展阶段	数控系统的发展	世界产生年代	中国产生年代
硬件数控	第一代电子管数控系统	1952 年	1958 年
	第二代晶体管数控系统	1961 年	1964 年
	第三代集成电路数控系统	1965 年	1972 年
软件数控	第四代小型计算机数控系统	1968 年	1978 年
	第五代微处理器数控系统	1974 年	1981 年
	第六代基于工控 PC 机的通用 CNC 系统	1990 年	1992 年

近年来，随着微电子和计算机技术的日益成熟，先后开发出了计算机直接数字控制系统（DNC）、柔性制造系统（FMS）和计算机集成制造系统（CIMS）。数控加工设备的应用范围也迅速延伸和扩展，除金属切削机床外，还扩展到铸造机械、锻压设备等各种机械加工设备，并延伸到非金属加工行业中的玻璃、陶瓷制造等各类设备。数控机床已成为国家工业现代化和国民经济建设中的基础与关键设备。

1.5.2　数控机床上几种先进的自动化生产系统

1. 直接数字控制系统

直接数字控制（DNC）系统是用一台计算机直接控制和管理一群数控机床进行零件加工或装配的系统。它将一群数控机床与存储有零件加工程序和机床控制程序的公共存储器相连接，根据加工要求向机床分配数据和指令，具有编程与控制相结合及零件程序存储容量大等特点。在 DNC 系统中，基本保留原来各数控机床的计算机数控（CNC）系统，中央计算机并不取代各数控装置的常规工作，CNC 系统与 DNC 系统的中央计算机组成计算机网络，实现分级管理。它具有计算机集中处理和分时控制、现场自动编程、对零件程序进行编辑和修改，以及生产管理、作业调度、工况显示监控、刀具寿命管理等功能。DNC系统可分为间接控制型和直接控制型两类。

（1）间接控制型 DNC 系统

是由已有的数控机床，配上集中管理和控制的中央计算机，并在中央计算机和数控机床的数控装置之间加上通讯接口所组成。在该系统中，各数控机床的数控装置仍然承担着原来的控制功能，中央计算机与接口，只起了原有数控机床的纸带阅读机的作用。间接控制型 DNC 系统比较容易建立，并且当中央计算机出了故障时，仍可用原有的纸带阅读机工作，机床的数控装置仍可完成原有的常规工作，故经济性较好。

（2）直接控制型 DNC 系统

装有该系统的数控机床不再配置普通的数控装置，原来由数控装置完成的运算功能全部或部分由中央计算机集中完成，各台数控机床只需配置一个简单的机床控制器，用于数据传递、驱动控制和手动操作。装有该系统的数控机床，其控制功能主要由计算机软件执行，所以灵活性大，适应性强，可靠性也比较高，但是投资比较大。现有的 DNC 系统中，也有将直接控制型与间接控制型混合使用的。

2. 柔性制造单元及柔性制造系统

（1）柔性制造单元（FMC）

FMC 既可作为独立运行的生产设备进行自动加工，也可作为柔性制造系统的加工模块，具有占地面积小、便于扩充、成本低、功能完善和加工适应范围广等特点，非常适用于中小企业。它由加工中心（MC）与自动交换工件（AWC，APC）装置组成，同时数控系统还增加了自动检测与工况自动监控等功能。其结构形式根据不同的加工对象、CNC 机床的类型与数量以及工件更换与存储的方式不同，可以有多种形式。但主要有托盘搬运式和机器人搬运式两大类型。

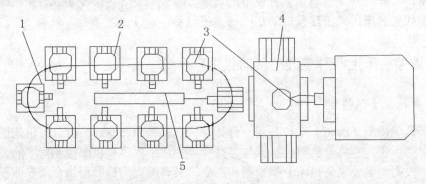

1-环形交换工作台　2-托盘座　3-托盘　4-加工中心　5-托盘交换装置

图 1-8　FMC-1 型柔性制造单元

① 托盘搬运式　以北京精密机床厂生产的 FMC-1 型柔性制造单元来介绍托盘搬运式的结构及工作情况（见图 1-8）。该柔性制造单元由卧式加工中心、环形工件交换工作台、工件托盘及托盘交换装置组成。托盘作为固定工件的器具，在加工过程中，它与工件一起流动，类似通常的随行夹具。环形工作台是一个独立的通用部件，与加工中心并不直接相连，装有工件的托盘在环形工作台的导轨上由环形链条驱动进行回转，每个托盘座上有地址编码。当一个工件加工完毕后，托盘交换装置将加工完的工件连同托盘一起拖回至环形工作台的空位，然后，按指令将下一个待加工的托盘与工件转到交换位置，由托盘交换装

置将它送到机床的工作台上，定位夹紧以待加工。已加工好的工件连同托盘转至工件的装卸工位，由人工卸下，并装上待加工的工件。托盘搬运的方式多用于箱体类零件或大型零件。托盘上可装夹几个相同的零件，也可以是不同的数个零件。

　　② 机器人搬运式　以日立精工生产的一种 FMC 来介绍机器人搬运式的工作情况（见图 1-9）。它由一个机器人为一台加工中心和一台车削中心服务，每一台机床用一台交换工作台作为输送与缓冲存储。由于机器人的抓重能力及同一规格的抓取手爪对工件形状与尺寸的限制，这种搬运方式主要适用于小件或回转件的搬运。对于车削或磨削中心等机床，可以使用机器人搬运式的结构进行工件的交换。

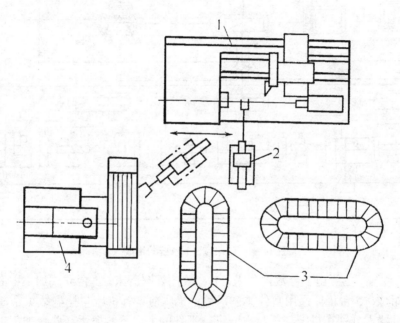

1-车削中心　2-机器人　3-交换工作台　4-加工中心

图 1-9　机器人搬运式 FMC

（2）柔性制造系统（FMS）

　　FMS 是 20 世纪 70 年代末发展起来的先进的机械加工系统，它具有多台制造设备，大多在 10 台以下，一般以 4～6 台为最多，这些设备包括切削加工、电加工、激光加工、热处理、冲压剪切、装配、检验等设备。一个典型的 FMS 由计算机辅助设计、生产系统、数控机床、智能机器人、自动上下料装置、全自动化输送系统和自动仓库等组成。其全部生产过程由一台中央计算机进行生产调度，若干台控制计算机进行工位控制，组成一个各种制造单元相对独立而又便于灵活调节、适应性很强的制造系统。FMS 系统由一个物料运输系统将所有设备连接起来，可以进行没有固定加工顺序和无节拍的随机自动制造。它具有高度的柔性，是一种计算机直接控制的自动化可变加工系统。它由计算机进行高度自动的多级控制与管理，对一定范围内的多品种、中小批量的零部件进行制造。

北京机床研究所研制的 JCS-FMS-1 柔性制造系统由加工系统、物流系统、中央管理系统和监控系统四部分组成，见图 1-10。

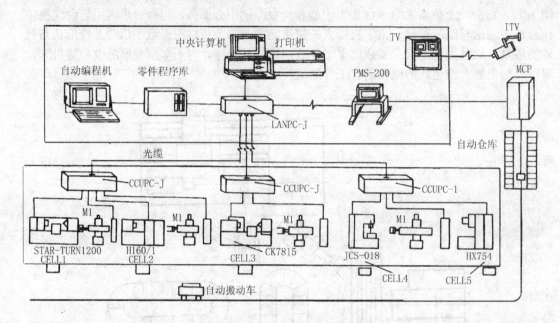

图 1-10　JCS-FMS-1 系统的组成

① 加工系统　主要由 2 台数控车床、1 台数控外圆磨床、1 台立式加工中心和 1 台卧式加工中心组成。5 台机床采用直线排列，每台机床前设置机床与托盘站 1 个，并由 4 台 M1 型工业机器人分别在机床与托盘之间进行工件的上、下料搬运（两台加工中心合用 1 台工业机器人）。以机床为核心分设 5 个加工单元，其中：单元 1 由 STAR-TURN1200 数控机床和工业机器人组成；单元 2 由 H160/1 数控端面外圆磨床、工业机器人以及中心孔清洗机各一台组成；单元 3 由 CK7815 数控车床、工业机器人以及专用支架与反转装置各一台组成；单元 4 由 JCS-018 立式加工中心、工业机器人以及专用支架与反转、回转定位装置组成；单元 5 由 HX754 卧式加工中心、工业机器人（与 4 单元合用）以及专用支架与反转、回转定位装置组成。这 5 个单元分别与具有多路接口的单元控制器 CCU 连接，每个 CCU 可进行上、下级的数据交换以及对下属设备的协调与监控。

② 物流系统　机床的托盘站与仓库之间采用一台电缆感应式自动引导小车进行工件的运输。平面仓库具有 15 个工件出入托盘站，它们由物流管理计算机 PMS-200 和控制装置 MCP 进行控制。

③ 中央管理系统　中央计算机承担整个系统的生产计划与作业调度、集中监控以及加工程序管理。工件的加工程序采用日本 FANUC 公司的 P-G 型自动编程机进行自动编程，并将编好的零件程序存入程序库，以便加工时调用。

④ 监控系统　该系统采用具有摄像头（ITV）的工业电视（TV）对 5 个部件进行监视，即监视平面仓库、单元 2、单元 4、单元 5 以及引导小车的运行情况。

3. 计算机集成制造系统

计算机集成制造系统（CIMS）是一种先进的生产模式，它是将企业的全部生产、经营活动所需的各种分布的自动化子系统，通过新的生产管理模式、工艺理论和计算机网络有机地集成起来，以获得适应于多品种、中小批量生产的高效益、高柔性和高质量的智能制造系统。它是在柔性制造技术、计算机技术、信息技术、自动化技术和现代管理科学的基础上发展产生的，其最基本的内涵是用集成的观点组织生产经营，即用全局的、系统的观点处理企业的经营和生产。"集成"包括信息的集成、功能的集成、技术的集成以及人、技术、管理的集成。集成的发展大体可划分为信息集成、过程集成和企业集成 3 个阶段。目前，CIMS 的集成已经从原先的企业内部的信息集成和功能集成，发展到当前的以并行工程为代表的过程集成，并正在向以敏捷制造为代表的企业集成发展。

一个典型的 CIMS 系统由信息管理、工程设计自动化、制造自动化、质量保证、计算机网络和数据库等 6 个子系统组成，其相互关系如图 1-11 所示。企业能否获得最大的效益，很大程度上取决于这些子系统各种功能的协调程度，下面分述各子系统的组成及功用。

（1）管理信息系统　具有生产预测、决策、计划、技术、销售、供应、财务、成本、设备、工具、人力资源等信息的管理功能。通过信息集成，达到缩短产品生产周期、减少占用的流动资金、提高企业应变能力的目的。

（2）工程设计自动化系统　即为 CAD/CAPP/CAM 系统，具有计算机辅助产品设计、制造准备和产品性能测试等功能。其目的是提高产品开发的自动化程度，使其更高效、优质。

（3）制造自动化系统　其功能是根据产品的工程技术信息、车间层的加工指令，完成对工件毛坯加工的作业调度、制造等工作。

（4）质量保证系统　具有质量保证决策、质量检测与数据采集、质量评估、控制与跟踪等功能。它负责保证从产品设计、制造、检验到售后服务的整个过程。

（5）计算机网络系统　采用国际标准和工业标准规定的网络协议，以分布方式，满足各应用子系统对网络支持服务的不同需求，具有支持资源共享、分布处理、分布数据库和实时控制等功能。

（6）数据库系统　具有支持 CIMS 各子系统所需信息的数据，为实现企业数据共享和信息集成提供信息资源。

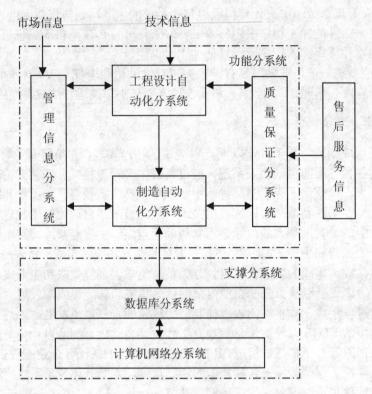

图 1-11　CIMS 的组成

1.5.3　数控机床的发展趋势

为了满足市场和科学技术发展的要求,适应现代制造技术对数控技术提出的更高需要,当前世界数控机床发展趋势主要体现在以下几个方面。

（1）高速、高效、高精度、高可靠性

要提高加工效率,首先必须提高切削速度和进给速度,同时,还要缩短加工时间;要确保加工质量,必须提高机床部件运动轨迹的精度,而可靠性则是上述目标的基本保证。为此,必须要有高性能的数控装置作保证。

① 高速、高效

机床向高速化方向发展,可充分发挥现代刀具材料的性能,不但可大幅度提高加工效率、降低加工成本,而且还可提高零件的表面加工质量和精度。超高速加工技术对制造业实现高效、优质、低成本生产有广泛的适用性。

20 世纪的 90 年代以来,欧、美、日各国争相开发应用新一代高速数控机床,加快机床高速化发展步伐。高速主轴单元（电主轴转速 15000～100000 r/min）、高速且高加/减速度的进给运动部件（快移速度 60～120 m/min，切削进给速度高达 60 m/min）、高性能数控和伺服系统以及数控工具系统都出现了新的突破，达到了新的技术水平。随着超高速切削机理、超硬耐磨长寿命刀具材料和磨料磨具，大功率高速电主轴、高加/减速度直线电机驱动进给部件以及高性能控制系统（含监控系统）和防护装置等一系列技术领域中关键技术的解决，将开发出新一代高速数控机床。新一代数控机床（含加工中心）只有通过高速化大幅度缩短切削工时才可能进一步提高其生产率。超高速加工特别是超高速铣削与新一代高速数控机床特别是高速加工中心的开发应用紧密相关。

目前，由于采用了新型刀具，车削和铣削的切削速度已达到 5000～8000 m/min 以上；主轴转数在 30000 r/min （有的高达 100000 r/min）以上；工作台的移动速度，进给速度在分辨率为 1μm 时，在 100 m/min(有的到 200 m/min)以上，在分辨率为 0.1μm 时，在 24 m/min以上；自动换刀速度在 1 秒以内；小线段插补进给速度达到 12 m/min。根据高效率、大批量生产需求和电子驱动技术的飞速发展，高速直线电机的推广应用，开发出一批高速、高效的高速响应的数控机床以满足汽车、农机、航空和军事等行业的需求。

② 高精度

随着现代科学技术的发展，对超精密加工技术不断提出了新的要求。新材料及新零件的出现，更高精度等要求的提出都需要超精密加工工艺，发展新型超精密加工机床，完善现代超精密加工技术，以提高机电产品的性能、质量和可靠性。

从精密加工发展到超精密加工（特高精度加工），是世界各工业强国致力发展的方向。其精度从微米级到亚微米级，乃至纳米级（<10nm），其应用范围日趋广泛。当前，机械加工高精度的发展情况是：普通的加工精度提高了 1 倍，达到 5μm；精密加工精度提高了两个数量级，超精密加工精度进入纳米级（0.001μm），主轴回转精度要求达到 0.01～0.05μm，加工圆度为 0.1μm，加工表面粗糙度 R_a=0.003μm 等。超精密加工主要包括超精密切削（车、铣）、超精密磨削、超精密研磨抛光以及超精密特种加工（三束加工及微细电火花加工、微细电解加工和各种复合加工等）。

提高数控机床加工的精度有两种方法：

● 减少数控系统的误差，可采取提高数控系统的分辨率、提高位置检测精度、在位置伺服系统中采用前馈控制与非线性控制等方法；

● 采用机床误差补偿技术，可采用齿隙补偿、丝杠螺距误差补偿、刀具补偿和设备热变形误差补偿等技术。

③ 高可靠性

数控机床的可靠性一直是用户最关心的主要指标。这里的高可靠性是指数控系统的可靠性要高于被控设备的可靠性一个数量级以上，但也不是可靠性越高越好，而是适度可靠，因为商品受性能价格比的约束。当前国外数控装置的平均无故障运行时间（MTBF）值已达 6000 小时以上，驱动装置达 30000 小时以上。

提高数控系统可靠性的措施有：采用更高集成度的电路芯片，利用大规模或超大规模的专用及混合式集成电路，以减少元器件的数量，提高可靠性；通过硬件功能软件化，以适应各种控制功能的要求，同时采用硬件结构机床本体的模块化、标准化、通用化及系列化设计，既可提高硬件生产批量，又便于组织生产和质量把关；通过自动运行启动诊断、在线诊断、离线诊断等多种诊断程序，实现对系统内硬件、软件和各种外部设备进行故障诊断和报警；利用报警提示，及时排除故障；利用容错技术，对重要部件采用"冗余"设计，以实现故障部恢复；利用各种测试、监控技术，当发生生产超程、刀损、干扰、断电等各种意外时，自动进行相应的保护。

（2）模块化、个性化、智能化、柔性化和网络化

① 模块化、个性化

为了适应数控机床多品种、小批量的特点，机床结构模块化、数控功能专门化、数控机床个性化是近几年来特别明显的发展趋势。但机床性能价格比也显著提高。

② 智能化

随着人工智能在计算机领域的不断渗透与发展，以模糊数学、神经网络、数据库和知识库等为基础的决策系统、专家系统在制造业中得到成功运用，智能化正成为数控设备研究及发展的热点，它不仅贯穿于生产加工的全过程，还贯穿在产品的售后服务和维修中，其内容包括在数控系统中的各个方面：

● 自适应控制技术　根据切削条件的变化，自动调节工作参数，使加工过程中能保持最佳工作状态，以得到较高的加工精度和较小的表面粗糙度，提高刀具的使用寿命和设备的生产效率，达到改进系统运行状态的目的。如 Mitsubishi Elexric 公司的数控电火花成型机床上的"Miracle Fuzzy"自适应控制器，利用基于模糊逻辑的自适应控制技术，自动控制和优化加工参数，操作者即使不具备专门的技能也能较好地使用机床。

● 专家系统技术　将专家经验和切削加工一般规律与特殊规律存入计算机中，以加工工艺参数数据库为支撑，建立具有人工智能的专家系统，提供经过优化的切削参数，使加工系统始终处于最优和最经济的工作状态，从而提高编程效率和降低对操作人员的技术要求，缩短生产准备时间。例如，日本牧野公司在电火花数控系统 MAKINO-MCE20 中，用带自学习功能的神经网络专家系统代替操作人员进行加工监视。

● 故障自诊断技术　在整个工作状态中，随时对数控机床系统本身及相连的各种设备进行自诊断、检查，一旦出现故障立即进行故障报警或采用停机等措施，并提示发生故障的部位、原因等。

● 智能化编程技术　应用声控和图像识别等技术开发出的会话自动编程系统，可自动选择刀具、生成工艺路线、计算切削深度和速度，实现切削仿真，极大地提高了在线编程和复杂型面编程的效率。

● 智能化交流伺服驱动技术　研究能自动识别负载并自动调整参数的智能化伺服系

统,包括智能主轴交流驱动装置和智能化进给伺服装置,使驱动系统获得最佳运行。

③ 柔性化和网络化

柔性化技术是制造业适应动态市场需求及产品迅速更新的主要手段,是各国制造业发展的主流趋势,是先进制造领域的基础技术。其重点是以提高系统的可靠性、实用化为前提,以易于联网和集成为目标,在提高单机柔性化的同时,朝着单元柔性化和系统柔性化方向发展。数控机床及其柔性制造系统还能方便地与 CAD、CAM、CAPP、MTS 联结,向信息集成方向发展。

现代数控机床为了适应工厂自动化规模越来越大和各厂家不同类型数控机床联网的需要,配备了与工业局域网(LAN)通讯的功能以及 MAP(Manufacturing Automation Protocol－制造自动化协议)接口,为现代数控机床进入 FMS 及 CIMS 创造了条件,促进了系统集成化和信息综合化,使远程操作、监控、遥控及远程故障诊断成为可能。

(3)开放性

为适应数控进线、联网、个性化、多品种、小批量、柔性化等迅速发展的要求,设计生产开放式的数控系统是一个重要的趋势,并且这一趋势在全球制造业中已成为潮流。

开放式体系结构可以大量采用通用微机的先进技术,如多媒体技术,实现声控自动编程、图形扫描自动编程等。新一代数控系统的硬件、软件和总线规范都是对外开放的,由于有充足的软、硬件资源可供利用,不仅使数控系统制造商和用户进行系统集成得到有力的支持,而且也为用户的二次开发带来极大方便,促进了数控系统多档次、多品种的开发和广泛应用。既可通过升档或剪裁构成各种档次的数控系统,又可通过扩展构成不同类型数控机床的数控系统,开发生产周期大大缩短。这种数控系统可随 CPU 升级而升级,结构上不必变动,使数控系统有更好的通用性、柔性、适应性、扩展性,并向智能化、网络化方向发展。美国、欧共体及日本等都开发有开放式数控系统。

1.6 思 考 题

1. 什么叫数控机床?其特点是什么?

2. 数控机床是如何工作的?它由哪几部分组成?各组成部分有什么作用?

3. 什么叫点位控制、直线控制和轮廓控制?它们的主要特点与区别是什么?

4. 什么叫开环、闭环、半闭环系统?它们之间有什么区别?

5. 什么叫直接数字控制系统、柔性制造系统和计算机集成制造系统?

6. 数控机床的发展趋势是什么?

7. NC 机床适用于加工哪些类型的零件,不适用于加工哪些类型的零件,为什么?

第 2 章　数控装置及控制原理

数控机床的核心部分是数控系统，数控系统在软件和硬件有机结合下，控制数控机床根据需要完成规定功能。本章主要介绍数控系统的组成与特点、硬件和软件结构、数控插补原理、数控刀具补偿控制及进给速度控制。

2.1　概　　述

2.1.1　CNC 系统的组成

CNC 系统（又称计算机数控系统）是数控机床的重要部分，它随着计算机技术的发展而发展。现在的数控装置都是由计算机完成以前由硬件数控所做的工作。数控系统是由操作面板、输入/输出设备、CNC 装置、可编程控制器（PLC）、主轴伺服单元、进给伺服单元、主轴驱动装置和进给驱动装置（包括检测装置）等组成，有时也称为 CNC 系统。CNC 系统框图见图 2-1 所示。CNC 系统的核心是 CNC 装置。CNC 装置由硬件和软件组成，CNC 装置的软件在硬件的支持下，合理地组织、管理整个系统正常运行。随着计算机技术的发展，CNC 装置性能越来越优，价格越来越低。

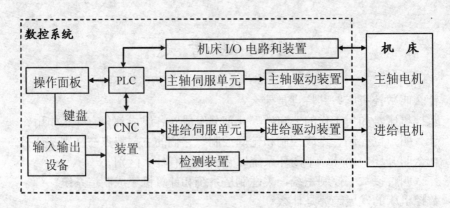

图 2-1　CNC 系统框图

2.1.2　CNC 装置的功能特点

CNC 装置的硬件采用计算机式微处理器，它靠执行系统内的软件来实现许多复杂的功能。CNC 装置的功能通常包括基本功能和选择功能。基本功能是数控系统必备的功能；而选择功能是供用户根据机床特点和用途进行选择的功能。不同类型、档次的数控机床，其 CNC 装置的功能有很大差异，但主要功能是相同的。下面介绍 CNC 装置的一些主要功能。

（1）控制功能。控制功能是指 CNC 装置能够控制的以及能够同时控制联动的轴数，它是 CNC 装置的重要性能指标，也是档次之分的重要依据。控制轴有移动轴和回转轴、基本轴和附加轴。数控机床一般控制轴数不少于两轴（即两轴联动）。联动轴数越多，CNC 装置的功能越强，加工的零件越复杂。

（2）主轴功能。主轴功能又称主轴转速功能。用来指令机床主轴转速、主轴恒定线速度和主轴准停等功能，用地址符及其后的数字表示。

（3）进给功能。进给功能给出各进给轴的进给速度。进给速度包括切削进给速度、同步进给速度和快速进给速度等，用地址符及其后的数字表示。

（4）准备功能。准备功能用来指明机床下一步如何动作。它包括基本移动、程序暂停、平面选择、坐标设定、刀具补偿、镜像、固定循环加工、公英制转换、子程序等指令，用地址符和其后的数字表示。

（5）辅助功能。辅助功能主要用于指定主轴的正转、反转、停止、冷却泵的打开和关闭、换刀等动作，用地址符和其后的两位数表示。

（6）插补功能。插补功能用于对零件轮廓加工的控制，一般的 CNC 装置有直线插补、圆弧插补功能，特殊的还有其他二次曲线和样条曲线的插补功能。实现插补运算的方法有逐点比较法和数字积分法等。

（7）固定循环功能。固定循环功能指令是将一些典型的加工工序（如钻孔、铰孔、攻螺纹、深孔钻削、切螺纹等）事先编好程序并储存在内存中，用代码进行指定。数控机床进行这些典型的加工工序时，使用固定循环功能指令加工可以使编程工作简化。

（8）刀具功能。刀具功能用来选择刀具并且指定有效刀具的几何参数地址。

（9）补偿功能。补偿包括刀具补偿（刀具半径补偿、刀具长度补偿、刀具磨损补偿）和丝杠螺距误差补偿等。CNC 装置采用补偿功能可以把刀具长度或半径的相应补偿量、丝杠的螺距误差的补偿量输入到其内部储存器，在控制机床进给时按一定的计算方法将这些补偿量补上。

（10）通信功能。通信功能是 CNC 装置与外界进行信息和数据传送的功能。通常 CNC 装置带有 RS232C 串行接口，可与上级计算机进行通信，传输零件加工程序；也可实现 DNC 方式加工。高级一些的 CNC 装置带有 FMS 接口，按 MAP（制造自动化协议）通信，以适应 FMS、CIMS、IMS 等制造系统集成的要求，实现车间和工厂自动化。

（11）自诊断功能。CNC 装置安装了各种诊断程序，这些程序可以嵌入其他功能程序中，在 CNC 装置运行过程中进行检查和诊断。诊断程序也可作为独立的服务性程序，在 CNC 装置运行前或故障停机后进行诊断，查找故障的部位。有些 CNC 装置可以进行远程诊断。从而可使系统故障发生的频率和发生故障后的修复时间降低。

（12）显示功能。CNC 装置配置 CRT 显示器或液晶显示器，用作显示程序、零件图形、人机对话编程菜单、故障信息等。

2.2　CNC 装置硬件结构

CNC 装置按硬件的制造方式，可以分为专用型结构和通用型结构。按价格、功能、使用等综合指标考虑可分为经济型数控装置和标准型（全功能型）数控装置。按微处理器的个数可以分为单微处理器结构和多微处理器结构；经济型数控装置一般采用单微处理器结构，标准型 CNC 装置常采用多微处理器结构。CNC 装置采用多微处理器结构，可以使数控机床向高速度、高精度和高智能化方向发展。

2.2.1　单微处理器结构的 CNC 装置

在单微处理器结构的 CNC 装置中，只有一个中央处理器（CPU），对存储、插补运算、输入/输出控制、CRT 显示等功能进行集中控制和分时处理。微处理器通过总线与存储器、输入/输出等各种接口相连，构成 CNC 系统。对于有些 CNC 装置虽然有两个以上的 CPU，但只有一个 CPU（主 CPU）能控制总线并访问存储器，其他的 CPU（从 CPU）只是完成键盘管理、CRT 显示等辅助功能。这些从 CPU 也接受主 CPU 的指令，它们组成主从结构，为主从结构单微处理器结构。单微处理器结构的 CNC 装置采用总线控制，模块化结构，具有结构简单，易于实现的特点。单微处理器结构的 CNC 装置框图如图 2-2 所示（虚线左边部分）。

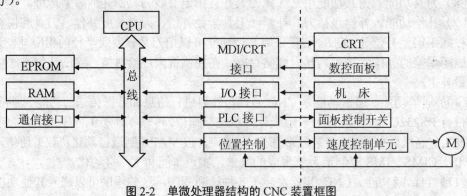

图 2-2　单微处理器结构的 CNC 装置框图

（1）微处理器。微处理器执行数控系统的运算和管理，它由控制器和运算器组成，是数控系统的核心。在 CNC 装置中，运算器是对数据进行算术运算和逻辑运算的部件，如零件加工程序的译码，刀补计算、插补计算、位置控制计算及其他数据的计算和逻辑运算，在运算过程中运算器不断地得到由存储器提供的数据，并将运算结果送回存储器保存起来。控制器从程序储存器中依次取出程序指令，经过解释，向数控系统各部分按顺序发出执行操作的控制信号，使指令得以执行。而且又接收执行部件发回来的反馈信号，控制器根据程序中的指令信息及这些反馈信息，决定下一步的命令操作。控制器是统一指挥和控制数控系统各部件的中央机构。CNC 装置中常用 8 位、16 位、32 位或 64 位的微处理器，中、低档数控系统一般采用 8 位、16 位或 32 位的微处理器（如 M6800、Z80、MCS－51），高档数控系统一般采用 32 位以上的微处理器（如 Intel80386）。在实际使用时主要根据实时控制和处理速度考虑字长、寻址能力和运算速度。

（2）总线。总线是将微处理器、存储器和输入/输出接口等相对独立的装置或功能部件联系起来，并传送信息的公共通道。它包括数据总线、地址总线和控制总线。数据总线为双向总线，地址总线和控制总线为单向总线。

（3）存储器。CNC 装置的存储器包括只读存储器（ROM）和随机存储器（RAM）两类。只读存储器存放系统程序和操作工具，在掉电情况下，存储器信息也不会丢失。随机存储器 RAM 用于存放中间运行结果，显示数据以及运算中的状态、标志信息等，掉电时，存储器信息将丢失。存储器容量的大小由系统的复杂程度和用户加工零件的程序长度决定。

（4）I/O（输入/输出）接口。CNC 装置和机床之间的信息交换是通过输入（Input）和输出（Output）接口（I/O 接口，又称为"机床/数控接口"）电路实现的。接口电路的主要任务是：实现电气隔离，进行模拟量与数字量之间的转换和功率放大，防止干扰信号引起误动作。I/O 信号经接口电路送至系统寄存器，CPU 定时读取寄存器状态，经数据滤波后作相应处理。同时 CPU 定时向输出接口送出相应的控制信号。

（5）MDI/CRT 接口。MDI 接口即手动数据输入接口，数据通过数控操作面板上的键盘输入。CRT 接口是在 CNC 软件配合下，在显示器上实现字符和图形显示。显示器有电子阴极射线管（CRT）和液晶显示器（LCD）两种，使用液晶显示器可缩小 CNC 装置的体积。

（6）位置控制器。位置控制器在 CNC 装置的指令下对数控机床的进给运动的坐标轴位置进行控制，如工作台前后左右移动、主轴的旋转运动等。每一进给轴对应一套位置控制器。轴控制是数控机床上要求最高的位置控制，不仅对单个轴的运动和位置的精度有严格要求，而且在多轴联动时，还要求各移动轴有很好的动态配合。对主轴的控制要求在很宽的范围内速度连续可调，并且每一种速度下均能提供足够的切削所需的功率和转矩。在某些高性能的 CNC 机床上还要求主轴位置可任意控制（即 C 轴位置控制）。

（7）可编程序控制器（PLC）。它是用来代替传统机床强电的继电器逻辑控制，利用 PLC 的逻辑运算功能实现各种开关量的控制。"内装型" PLC 从属于 CNC 装置，PLC 与

NC 之间的信号传送在 CNC 装置内部实现。PLC 与机床间则通过 CNC 输入/输出接口电路实现信号传输。数控机床中的 PLC 多采用内装式，它已成为 CNC 装置的一个部件。"独立型" PLC 又称"通用型" PLC，它不属于 CNC 装置，可以独立使用，具有完备的硬件和软件结构。

（8）通信接口。通信接口用来与外设进行信息传输，如与上级计算机或直接数字控制器 DNC 等进行数字通信，传输零件加工程序。

2.2.2　多微处理器结构的 CNC 装置

在单微处理器结构的 CNC 装置中，一个 CPU 既要对键盘输入和 CRT 显示处理，又要进行译码、刀补计算以及插补等实时控制处理，影响了系统的速度。多微处理器结构的 CNC 装置是由两个或两个以上微处理器组成，一般采用紧耦合结构形式或者松耦合结构形式。在前一种结构中，由各微处理器构成处理部件，处理部件之间采取紧耦合方式，有集中的操作系统，共享资源。在后一种结构中，由各微处理器构成功能模块，功能模块之间采取松耦合方式，有多重操作系统，可以有效地实行并行处理。克服了单微处理器结构的不足，使 CNC 装置的性能有较大提高。因此，多微处理器硬件结构的 CNC 装置得到迅速发展，许多数控装置都采用这种结构，它代表了当今数控系统的新水平。此外，多微处理器结构的 CNC 装置具有许多特点：采用模块化结构，扩展性好；运算速度快，性能价格比高；可供选择功能多，可靠性高；通信能力强，便于 FMS、CIMS 集成。

1.　多微处理器 CNC 装置的功能模块

多微处理器 CNC 装置的结构都采用模块化技术，设计和制造了许多功能组件电路或功能模块。CNC 装置中包括哪些模块，可根据具体情况合理安排。一般包括下面几种功能模块。

（1）CNC 管理模块　管理和组织整个 CNC 系统的工作，主要包括初始化、中断管理、总线裁决、系统出错识别和处理、软件硬件诊断等功能。

（2）CNC 插补模块　完成零件程序的译码、刀具半径补偿、坐标位移量的计算和进给速度处理等插补前的预处理。然后进行插补计算，为各坐标轴提供位置给定值。

（3）PLC 模块　零件程序中的开关功能和由机床来的信号在这个模块中作逻辑处理，实现各功能和操作方式之间的联锁，机床电气设备的启停、刀具交换、回转工作台分度、工件数量和运转时间的计数等。

（4）位置控制模块　插补后的坐标位置给定值与位置检测装置测得的位置实际值进行比较，进行自动加减速、回基准点、伺服系统滞后量的监视和漂移补偿，最后得到速度控制的模拟电压，去驱动进给电机。

（5）存储器模块　为程序和数据的主存储器，或为各功能模块间进行数据传送的共享存储器。

（6）操作面板监控和显示模块　零件程序、参数、各种操作命令和数据的输入、输出、显示所需要的各种接口电路。如果 CNC 装置需要扩展功能，则可再增加相应的模块。

2. 多微处理器 CNC 装置的两种典型结构

多微处理器 CNC 装置一般采用总线互联方式，来实现各模块之间的互联和通信，典型的结构有共享总线和共享存储器两种结构。

（1）共享总线结构　以系统总线为中心的多微处理器 CNC 装置，把组成 CNC 装置的各个功能部件划分为主模块与从模块，带有 CPU 或 DMA 器件的各种模块称为主模块，不带 CPU、DMA 器件的各种 RAM/ROM 或 I/O 称为从模块。所有主、从模块都插在配有总线插座的机柜内，共享严格设计定义的标准系统总线。系统总线的作用是把各个模块有效地连接在一起，按照要求交换各种数据和控制信息，构成一个完整的系统，实现各种预定的功能。如图 2-3 所示。

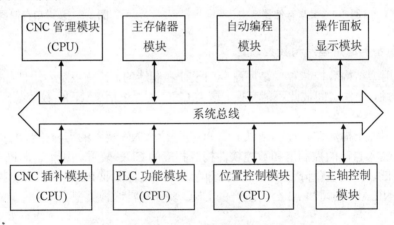

图 2-3　多微处理器结构的 CNC 装置框图

这种结构中只有主模块有权控制使用系统总线，由于某一时刻只能由一个主模块占有总线，当有多个主模块占有总线时，必须由仲裁电路来裁决。以判别出各模块优先权的高低。每个主模块按其担负的任务的重要程度已预先安排好优先级别的高低顺序。这种结构的优点是：结构简单、系统配置灵活、扩展模块容易，无源总线造价低。不足之处是会引起"竞争"，信息传输率较低，一旦总线出现故障，整个系统就会受影响。

（2）共享存储器结构　这种结构的多微处理器，通常采用多端口存储器来实现各微处理器之间的连接与信息交换，由多端口控制逻辑电路解决访问冲突，其结构框图如图 2-4 所示。

图 2-5 所示为一个双端口存储器结构，它配有两套数据、地址与控制线，可供两个端

口访问，访问优先权预先安排好。当两个端口同时访问时，由内部硬件电路裁决其中一个端口优先访问。但这种方式由于同一时刻只能有一个微处理器对多端口存储器读或写，所以功能复杂。当要求微处理器数量增多时，会因争用共享存储器而造成信息传输的阻塞，降低系统效率，因此扩展功能很困难。

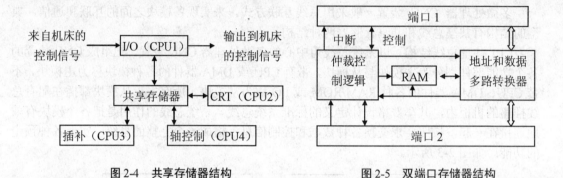

图 2-4　共享存储器结构　　　　图 2-5　双端口存储器结构

3. 专用型和通用型结构数控装置

（1）专用型结构数控装置　是厂商专门设计和制造的，其特点是专用性强，布局合理，但没有通用性，硬件之间彼此不能交换。这类 CNC 装置包括 FANUC 数控装置、SIEMENS 数控装置。

（2）通用型结构数控装置　是以工业 PC 机作为 CNC 装置的支撑平台，再由各数控厂商根据需要装入自己的控制卡和数控软件构成相应的 CNC 装置。由于工业 PC 机大批量生产，成本很低，因而也就降低了 CNC 系统的成本，同时工业 PC 机维护和更换均很容易。如美国的 ANILAM 公司和 AI 公司生产的 CNC 装置均属这种类型。

2.3　CNC 装置软件结构

CNC 装置的软件是为完成 CNC 数控机床的各项功能而专门设计和编制的，是一种专用软件，其结构取决于软件的分工，也取决于软件本身的工作特点。软件功能是 CNC 装置的功能体现。

2.3.1　CNC 软件的组成

CNC 装置的软件又称系统软件，由管理软件和控制软件两部分组成。管理软件包括零件程序的输入/输出程序、显示程序和 CNC 装置的自诊断程序等；控制软件包括译码程序、刀具补偿计算程序、插补计算程序和位置控制程序等。CNC 装置的软件框图见图 2-6 所示。下面就几个主要程序作一介绍。

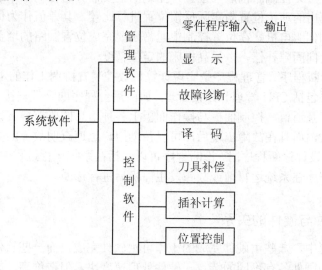

图 2-6　CNC 装置的软件框图

（1）输入程序。CNC 系统中的零件加工程序，一般都是通过键盘、磁盘、纸带阅读机或通讯等方式输入的。在软件设计中，这些输入方式大都采用中断方式来完成，且每一种输入法均有一个相对应的中断服务程序，无论哪一种输入方法，其存储过程总是要经过零件程序的输入，然后将输入的零件程序存放到缓冲器中，再经缓冲器到达零件程序存储器。

（2）译码程序。译码程序对零件程序进行处理，把零件加工程序中的各种零件轮廓信息（如起点、终点、直线或圆弧等）、加工速度信息和其他辅助信息按照一定的语法规则解释成计算机能够识别的数据形式，并以一定的数据格式存放在指定的内存单元里。在译码过程中，还要完成对程序段的语法检查，若发现语法错误便立即报警。

（3）数据处理和插补计算。数据处理即预计算，通常包括刀具长度补偿、刀具半径补偿、反向间隙补偿、丝杠螺距补偿、过象限及进给方向判断、进给速度换算、加减速控制及机床辅助功能处理等。数据处理是为了减轻插补工作的负担及速度控制程序的负担，提高系统的实时处理能力。

插补计算的任务是在一条给定起点、终点和形状的曲线上进行"数据点的密化"。根据规划的进给速度和曲线形状，计算一个插补周期中各坐标轴进给的长度。数控系统的插补精度直接影响工件的加工精度，而插补速度决定了工件的表面粗糙度和加工速度。所以插补是一项精度要求较高、实时性很强的运算。通常插补是由粗插补和精插补组成，精插补的插补周期，一般取伺服系统的采样周期，而粗插补的插补周期是精插补的插补周期的若干倍。

（4）伺服（位置）控制。伺服（位置）控制的主要任务是在伺服系统的每个采样周期内，将精插补计算出的理论位置与实际反馈位置进行比较，其差值作为伺服调节的输入，经伺服驱动器控制伺服电机。在位置控制中通常还要完成位置回路的增益调整、各坐标的螺距误差补偿和反向间隙补偿，以提高机床的定位精度。

（5）管理与诊断程序。管理程序是实现计算机数控装置协调工作的主体软件。CNC系统的管理软件主要包括CPU管理和外设管理，如前后台程序的合理安排与协调工作、中断服务程序之间的相互通信、控制面板与操作面板上各种信息的监控等。诊断程序可以防止故障的发生或扩大，而且在故障出现后，可以帮助用户迅速查明故障的类型和部位，减少故障停机时间。在设计诊断程序时，诊断程序可以包括在系统运行过程中进行检查与诊断，也可以作为服务程序在系统运行前或故障发生停机后进行诊断。

2.3.2 CNC 软件与硬件的关系

在 CNC 装置中，一些由硬件完成的工作可由软件完成，而一些软件工作也可由硬件完成，但是软件和硬件各有不同的特点。硬件处理速度快，但造价高。软件设计灵活，适应性强，但处理速度较慢。因此在 CNC 装置中，软件和硬件的分工是由性能价格比决定的。

早期的 NC 装置中，数控系统中的全部信息处理都是由硬件来实现，现代 CNC 装置中，软件和硬件处理信息的分工是不固定的。图 2-7 列出了三种典型 CNC 装置的软硬件分工。

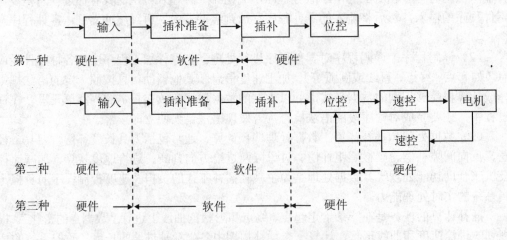

图 2-7　三种典型 CNC 装置的软硬件分工关系

2.3.3　CNC 软件的结构特点

CNC 系统是一个专用的实时多任务系统，在其控制软件设计中，采用了许多现今计算机软件设计的先进思想和技术。其中多任务并行处理、前后台型软件结构和中断型软件结构三个特点最为突出。

1.　多任务并行处理

CNC 系统软件一般包含管理软件和控制软件，数控加工时，多数情况下 CNC 装置要同时进行管理和控制的许多任务。例如，CNC 装置控制加工的同时，还要向操作人员显示其工作状态，因此，管理软件中的显示模块，必须与控制软件的插补、位置控制等任务同时处理，即并行处理。并行处理是指计算机在同一时刻或同一时间间隔内完成两种或两种以上性质相同或不相同的工作。并行处理分为"时间重叠"并行处理方法和"资源共享"并行处理方法。资源共享是根据"分时共享"的原则，使多个用户按时间顺序使用同一套设备。时间重叠是根据流水线处理技术，使多个处理过程在时间上相互错开，轮流使用同一套设备的几个部分。并行处理的显著特点是运行速度高。图 2-8 所示为多任务的并行处理。图中双箭头表示两个模块之间存在并行处理关系。

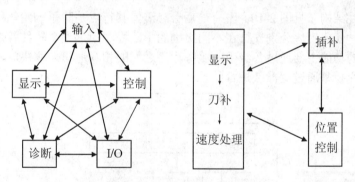

图 2-8　多任务的并行处理

2.　前后台型软件结构

前后台型软件结构适合于采用集中控制的单微处理器 CNC 装置。在这种软件结构中，前台程序是一个实时中断服务程序，承担了几乎全部的实时功能，实现与机床动作直接相关的功能，如插补、位置控制和监控等。后台程序是一个循环执行程序，一些适时性要求不高的功能，如显示、系统的输入/输出、插补预处理（译码、刀补处理、速度预处理）和零件加工程序的编辑管理程序等均由后台程序承担，又称背景程序。

在背景程序循环运行的过程中，前台的实时中断程序不断定时插入，二者密切配合，共同完成零件加工任务。如图 2-9 所示，程序一经启动，经过一段初始化程序后便进入后台程序循环。同时开放定时中断，每隔一定时间间隔发生一次中断，执行一次实时中断服务程序，执行完毕后返回后台程序，如此循环往复，共同完成数控的全部功能。

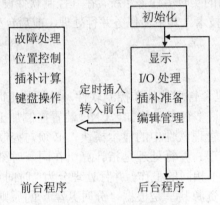

图 2-9　前后台型软件结构

3. 中断型软件结构

中断型软件结构（见图 2-10）没有前后台之分，其特点是除了初始化程序之外，整个系统软件的各种任务模块分别安排在不同级别的中断程序中，整个软件就是一个大的中断系统。其管理的功能主要通过各级中断服务程序之间的相互通讯来解决，各级中断服务程序之间的信息交换是通过缓冲区进行的。

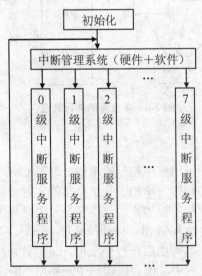

图 2-10　中断型软件结构

表 2-1 将控制程序分成为 8 级中断，其中 7 级中断级别最高，0 级中断级别最低。位置控制被安排在级别较高的中断程序中，其原因是刀具运动的实时性要求最高，CNC 装置必须提供及时的服务。CRT 显示级别最低，在不发生其他中断的情况下才进行显示。

表 2-1　控制程序中断级别

中 断 级 别	主 要 功 能	中 断 源
0	控制 CRT 显示	硬件
1	译码、刀具中心轨迹计算、显示处理	软件，16 ms 定时
2	键盘监控、I/O 信号处理、穿孔机控制	软件，16 ms 定时
3	外部操作面板、电传打字机处理	硬件
4	插补计算、终点判别及转段处理	软件，8 ms 定时
5	阅读机中断	硬件
6	位置控制	4 ms 硬件时钟
7	测试	硬件

2.4　数控插补原理

2.4.1　插补的基本概念

数控机床上进行加工的各种工件，其轮廓大部分由直线和圆弧这两种简单、基本的曲线构成，若加工的轮廓由其他非圆曲线构成，可采用一小段直线或圆弧来拟合。数控系统的主要任务之一是控制执行机构按工件的轮廓轨迹运动。一般已知工件轮廓的运动轨迹的起点坐标、终点坐标和轮廓轨迹的曲线方程，由数控系统计算出各个中间点的坐标，"插入"、"补上"运动轨迹中间点的坐标值，通常把这个过程称为"插补"。换言之，就是沿着规定的工件轮廓，在轮廓的起点和终点之间按一定的算法进行数据点的密化。插补结果输出运动轨迹中间点的坐标值，机床伺服系统根据此坐标值控制各坐标轴协调运动，走出预定轨迹。需要指出的是，刀具的运动轨迹是折线，而不是光滑的曲线。刀具不能严格地沿着要求的曲线运动，只能沿折线逼近所要加工的曲线。数控机床中常用的插补计算方法有脉冲增量型插补法和数据采样插补法等。

1. 脉冲增量型插补法

在插补过程中不断地向各个坐标轴发出进给脉冲，驱动各坐标轴的伺服电动机转动。每发出一个脉冲，工作台就移动一个基本长度单位，即脉冲当量。脉冲当量的大小决定了加工精度，发送给各坐标轴的脉冲数目决定了相对运动距离，而脉冲的频率代表了坐标轴的速度。脉冲增量插补的实现方法比较简单，既可以用硬件来实现，也可以用软件来实现。

脉冲增量插补有多种方法，最常用的是逐点比较插补法和数字积分插补法。

2. 数据采样插补法

数据采样插补法是软件插补法，用于闭环伺服系统中，其输出的结果不是脉冲，而是数据。计算机定时地对反馈回路采样，得到的采样数据与插补产生的指令数据相比较，用误差信号驱动伺服电动机。各系统采样周期不尽相同，一般取 10 ms 左右。采样周期太短则计算机来不及处理，太长会损失信息影响伺服精度。这种方法所产生的最大速度不受计算机最大运算速度的限制，但插补程序比较复杂。

2.4.2 逐点比较插补法

逐点比较插补法的原理是：计算机在控制加工过程中，每进给一步都要将加工点的瞬时坐标与规定的轨迹相比较，判断加工偏差，然后决定下一步的进给方向。进给方向总是向着逼近给定轨迹的方向，如果实际加工点在给定轨迹的上方，下一步就向给定轨迹的下方进给；如果实际加工点在给定轨迹的里面，下一步就向给定轨迹的外面进给。如此每进给一步，算一次偏差，比较一次，决定下一步的进给方向，以逼近给定的轨迹，直至加工结束。逐点比较插补法是以折线来逼近直线或圆弧曲线的，插补误差小于一个脉冲当量，因而只需将脉冲当量（即每走一步的距离）取得足够小就可达到加工精度的要求。逐点比较插补法既可做直线插补，又可做圆弧插补。

1. 直线插补

（1）位置判别

假定加工如图 2-11 所示的第Ⅰ象限直线 OE。取直线的起点为坐标原点，终点坐标 E (X_e, Y_e) 为已知，即直线 OE 为给定轨迹，M (X_m, Y_m) 点为加工点即动点。若 M 点在直线 OE 上，则该直线的方程为

$$X_m/Y_m = X_e/Y_e$$

即

$$Y_m X_e - X_m Y_e = 0$$

由此，可定义直线插补的偏差判别式为

$$F_m = Y_m X_e - X_m Y_e$$

若 $F_m=0$，表示动点在直线 OE 上，如 M；
若 $F_m>0$，表示动点在直线 OE 上方，如 M'；
若 $F_m<0$，表示动点在直线 OE 下方，如 M''。

（2）坐标进给

坐标进给应逼近给定直线方向，根据这个原则：

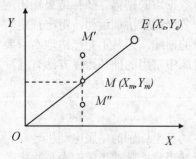

图 2-11 直线插补原理图

当 $F_m>0$ 时，向+X方向进给—步；

当 $F_m<0$ 时，向+Y方向进给一步；

当 $F_m=0$ 时，为保证插补继续进行，可以向+X方向进给，也可以向+Y方向进给，这里规定向+X方向进给一步。

（3）偏差计算

当 $F_m \geqslant 0$ 时，动点向+X方向进给一步，进给后的新坐标值为

$$X_{m+1} = X_m+1$$
$$Y_{m+1} = Y_m$$

新点偏差为

$$
\begin{aligned}
F_{m+1} &= Y_{m+1} X_e - X_{m+1} Y_e \\
&= Y_m X_e - (X_m+1) \ Y_e \\
&= Y_m X_e - X_m Y_e - Y_e \\
&= F_m - Y_e
\end{aligned}
$$

（2.4-1）

当 $F_m<0$ 时，动点向+Y方向进给一步，同理可得

$$F_{m+1} = F_m + X_e$$

（2.4-2）

从式（2.4-1）和式（2.4-2）可以看出，偏差计算与终点坐标值有关，而与动点的坐标值无关，式中只有加、减运算，算法简单，易于实现。但要一步步递推，且需知道加工点处的偏差值。一般是采用人工方法将刀具移到加工起点（对刀），这时刀具正好处于直线上，没有偏差，所以递推开始偏差的初始值为 $F_m=0$。

（4）终点判别

终点判别的方法一般有两种。

① 在终点计数器中存入 X 和 Y 两坐标进给的总步数 $N=|X_e|+|Y_e|$，当 X 或 Y 坐标进给时，N 值逐步减 1，直至 $N=0$ 时停止插补。也可以设置两个计数器，在计数器中分别存入终点坐标 X_e 和 Y_e，X 或 Y 坐标方向每进给一步，就在相应的计数器中减去 1，直到两个计数器中的数都减为零时停止插补。

② 在终点计数器中存入插补循环数 i 的初始值 0 和两坐标进给的总步数 N，每进行一次插补循环即 X 或 Y 坐标方向每进给一步，就在循环数 i 上加 1，直到 $i=N$ 时停止插补。

其他象限的插补偏差计算式可同理推导，见表 2-2 所示。四个象限直线插补偏差符号和进给方向如图 2-12 所示。图 2-13 为第 Ⅰ 象限逐点比较法直线插补的程序框图。

表 2-2　直线进给插补计算公式及进给方向

$F_m \geqslant 0$			$F_m < 0$		
直线线型	进给方向	偏差计算	直线线型	进给方向	偏差计算
L_1、L_4	+X	$F_{m+1}=F_m-Y_e$	L_1、L_4	+Y	$F_{m+1}=F_m+X_e$
L_2、L_3	-X		L_2、L_3	-Y	

注：表中 L_1、L_2、L_3、L_4 分别表示第 Ⅰ、第 Ⅱ、第 Ⅲ、第 Ⅴ 象限直线，偏差计算式中 X_e 和 Y_e 均代入坐标绝对值。

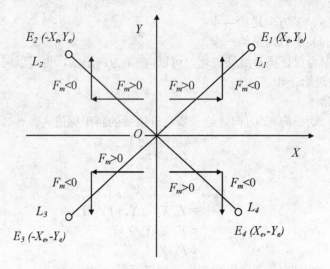

图 2-12　不同象限直线插补偏差符号和进给方向

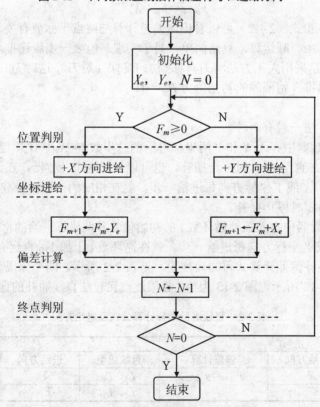

图 2-13　第 I 象限直线插补的程序框图

例 2-1　设加工第 I 象限直线，起点为坐标原点，终点坐标 $X_e=5$，$Y_e=4$，试进行插补计算并画出插补轨迹。

解　由上述可知，加工完该段直线后刀具沿 X、Y 轴应进给的总步数为 $N=|X_e|+|Y_e|=5+4=9$。

插补计算过程如表 2-3 所示。表中的终点判别采用第一种方法，即设置一个终点计数器，用来寄存 X 和 Y 两坐标的进给总步数 N，每进给一步 N 减 1。当 $N=0$ 时，到达终点，插补停止。插补轨迹如图 2-14 所示。

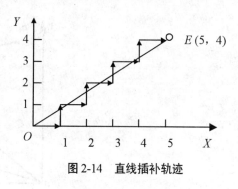

图 2-14　直线插补轨迹

表 2-3　直线插补计算过程

步　数	偏差判别	坐标进给	偏差计算	终点判别
起点			$F=0$	$N=9$
1	$F_0=0$	$+X$	$F_1=F_0-Y_e=0-4=-4$	$N=9-1=8$
2	$F_1<0$	$+Y$	$F_2=F_1+X_e=-4+5=1$	$N=8-1=7$
3	$F_2>0$	$+X$	$F_3=F_1-Y_e=1-4=-3$	$N=7-1=6$
4	$F_3<0$	$+Y$	$F_4=F_3+X_e=-3+5=2$	$N=6-1=5$
5	$F_4>0$	$+X$	$F_5=F_4-Y_e=2-4=-2$	$N=5-1=4$
6	$F_5<0$	$+Y$	$F_6=F_5+X_e=-2+5=3$	$N=4-1=3$
7	$F_6>0$	$+X$	$F_7=F_6-Y_e=3-4=-1$	$N=3-1=2$
8	$F_7<0$	$+Y$	$F_8=F_7+X_e=-1+5=4$	$N=2-1=1$
9	$F_8>0$	$+X$	$F_9=F_8-Y_e=4-4=0$	$N=4-1=0$

2．圆弧插补

（1）位置判别

图 2-15 中 $\overset{\frown}{AB}$ 是要加工的第 I 象限逆圆弧。圆弧的圆心在坐标原点，半径为 R，起点为 A（X_A，Y_A），终点为 B（X_B，Y_B）。动点为 M（X_m，Y_m），它到圆心的距离为 R_m。

当动点 M 位于圆弧上则有

$$X_m{}^2+Y_m{}^2=R^2$$

由此可定义圆弧偏差判别式为

$$F_m=X_m{}^2+Y_m{}^2-R^2$$

若 $F_m=0$，表示动点在圆弧上；

若 $F_m>0$，表示动点在圆弧外；

若 $F_m<0$，表示动点在圆弧内。

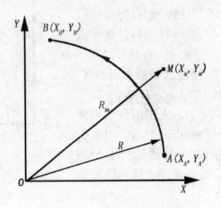

图 2-15　圆弧插补原理图

（2）坐标进给

与直线插补同理，坐标进给应使加工点逼近给定圆弧，规定如下：

当 $F_m \geq 0$ 时，向 -X 方向进给一步；

当 $F_m < 0$ 时，向 +Y 方向进给一步。

（3）偏差计算

当 $F_m \geq 0$ 时，加工动点向 -X 方向进给一步，走步后的新坐标值为

$$X_{m+1} = X_m - 1$$
$$Y_{m+1} = Y_m$$

新点偏差为

$$
\begin{aligned}
F_{m+1} &= X_{m+1}{}^2 + Y_{m+1}{}^2 - R^2 \\
&= (X_m - 1)^2 + Y_m{}^2 - R^2 \\
&= X_m{}^2 + Y_m{}^2 - R^2 - 2X_m + 1 \\
&= F_m - 2X_m + 1
\end{aligned}
\tag{2.4-3}
$$

若 $F_m < 0$，加工动点向 +Y 方向进一步，走步后的新坐标值为

$$X_{m+1} = X_m$$
$$Y_{m+1} = Y_m + 1$$

新点偏差为

$$
\begin{aligned}
F_{m+1} &= X_{m+1}{}^2 + Y_{m+1}{}^2 - R^2 \\
&= X_m{}^2 + (Y_m + 1)^2 - R^2 \\
&= X_m{}^2 + Y_m{}^2 - R + 2Y_m + 1 \\
&= F_m + 2Y_m + 1
\end{aligned}
\tag{2.4-4}
$$

由式（2.4-3）和式（2.4-4）可知，新点的偏差可由前一点的偏差及前一点的坐标计算得到。其他象限圆弧插补计算可同理推导。图 2-16 表示出八种圆弧的进给情况，表 2-4 列

出了八种圆弧的插补计算公式和进给方向。

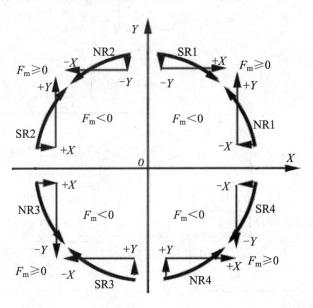

图 2-16　四象限直线插补偏差符号和进给方向

表 2-4　圆弧插补计算公式和进给方向

| 圆弧线型 | $F_m \geqslant 0$ | | | 圆弧线型 | $F_m < 0$ | | |
	进给方向	偏差计算	坐标计算		进给方向	偏差计算	坐标计算
SR1、NR2	$-Y$	$F_{m+1}=F_m$ $-2Y_m+1$	$X_{m+1}=X_m$ $Y_{m+1}=Y_m-1$	SR1、NR4	$+X$	$F_{m+1}=F_m$ $+2X_m+1$	$X_{m+1}=X_m+1$ $Y_{m+1}=Y_m$
SR3、NR4	$+Y$			SR3、NR2	$-X$		
NR1、SR4	$-X$	$F_{m+1}=F_m$ $-2X_m+1$	$X_{m+1}=X_m-1$ $Y_{m+1}=Y_m$	NR1、SR2	$+Y$	$F_{m+1}=F_m$ $+2Y_m+1$	$X_{m+1}=X_m$ $Y_{m+1}=Y_m+1$
NR3、SR2	$+X$			NR3、SR4	$-Y$		

注：① SR1～SR4 表示第 I 象限至第 IV 象限顺圆；NR1～NR4 表示第 I 象限至第 IV 象限逆圆。

② 偏差计算式中 X_m、Y_m 均代入坐标绝对值。

（4）终点判别

圆弧插补终点判别方法同直线插补终点判别的方法。图 2-17 为第 I 象限逆圆弧逐点比较法插补的程序框图。

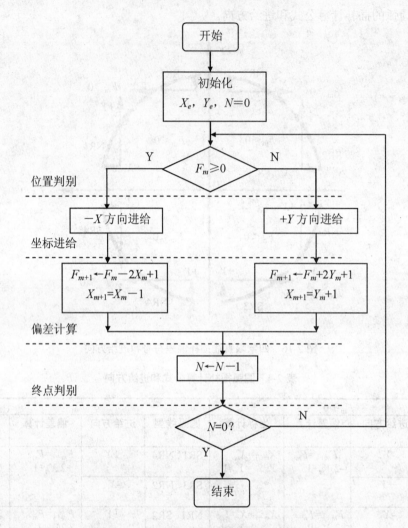

图 2-17　第 I 象限逆圆弧插补的程序框图

　　例 2-2　设加工第 I 象限逆圆 AB，已知起点 A（5，0），终点 B（0，5）。试进行插补计算，并画出插补轨迹。

　　解　加工完该圆弧后刀具沿 X、Y 轴应进给的总步数为 $N=|X_e|+|Y_e|＝5+5＝10$

　　终点判别采用了第二种方法，即在终点计数器中，存入插补循环数 i 的初始值和两坐标进给的总步数 $N=10$，每进行一次插补循环就在循环数 i 上加 1，直到 $i=N$ 时停止插补。计算过程如表 2-5 所示，根据表 2-5 作的插补轨迹如图 2-18 所示。

表 2-5　圆弧插补计算过程

步数	偏差判别	坐标进给	偏差计算	坐标计算	终点判别
起点			$F_0=0$	$X_0=5, Y_0=0$	$i=0, N=10$
1	$F_0=0$	$-X$	$F_1=F_0-2$ $X_0+1=0-2\times5+1=-9$	$X_1=4, Y_1=0$	$i=0+1=1$
2	$F_1<0$	$+Y$	$F_2=F_1+2$ $Y_1+1=-9+2\times0+1=-8$	$X_2=4, Y_2=1$	$i=1+1=2$
3	$F_2<0$	$+Y$	$F_3=F_2+2$ $Y_2+1=-8+2\times1+1=-5$	$X_3=4, Y_3=2$	$i=2+1=3$
4	$F_3<0$	$+Y$	$F_4=F_3+2$ $Y_3+1=-5+2\times2+1=0$	$X_4=4, Y_4=3$	$i=3+1=4$
5	$F_4=0$	$-X$	$F_5=F_4-2$ $X_4+1=0-2\times4+1=-7$	$X_5=3, Y_5=3$	$i=4+1=5$
6	$F_5<0$	$+Y$	$F_6=F_5+2$ $Y_5+1=-7+2\times3+1=0$	$X_6=3, Y_6=4$	$i=5+1=6$
7	$F_6=0$	$-X$	$F_7=F_6-2$ $X_6+1=0-2\times3+1=-5$	$X_7=2, Y_7=4$	$i=6+1=7$
8	$F_7<0$	$+Y$	$F_8=F_7+2$ $Y_7+1=-5+2\times4+1=4$	$X_8=2, Y_8=5$	$i=7+1=8$
9	$F_8>0$	$-X$	$F_9=F_8-2$ $X_8+1=4-2\times2+1=1$	$X_9=1, Y_9=5$	$i=8+1=9$
10	$F_9>0$	$-X$	$F_{10}=F_9-2$ $X_9+1=1-2\times1+1=0$	$X_{10}=0, Y_{10}=5$	$i=9+1=10=N$

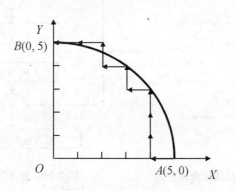

图 2-18　圆弧插补轨迹

2.4.3　数字积分插补法

数字积分插补法又称数字积分分析法（DDA），是利用数字积分的方法，计算刀具沿各坐标轴的位移，使刀具沿着所加工的轨迹运动。它具有运算速度快、脉冲分配均匀、易实现多轴联动等优点，不仅能方便地实现一次、二次曲线的插补，还可以用于各种函数运算，因此在数控系统中得到广泛应用。

1. 数字积分法直线插补

（1）基本原理

如图 2-19 所示，OE 为第 I 象限直线，起点在原点，终点为 $E(X_e, Y_e)$，设进给速度是均匀的，则下式成立

$$v/OE = v_X/X_e = v_Y/Y_e = k$$

式中 k 为比例系数。

在 Δt 时间内，X 轴和 Y 轴方向上的微小位移增量 ΔX 和 ΔY 应为

$$\Delta X = v_X \Delta t = k X_e \Delta t$$
$$\Delta Y = v_Y \Delta t = k Y_e \Delta t$$

若取 $\Delta t = 1$，则坐标轴的位移量为

$$X = k \sum X_e$$
$$Y = k \sum Y_e$$

据此，可以作出平面数字积分法直线插补框图，如图 2-20 所示。

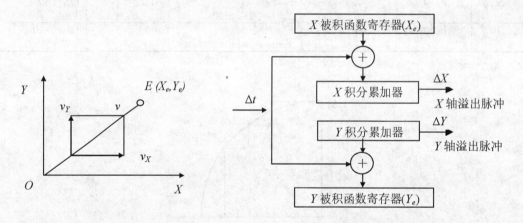

图 2-19　数字积分法直线插补原理　　　　　图 2-20　数字积分法直线插补原理

在图 2-20 中，插补运算由两个数字积分器进行，每个坐标轴的积分器由累加器和被积函数寄存器组成。被积函数寄存器存放终点坐标，每来一个 Δt 脉冲，被积函数寄存器里的函数值送往相应的累加器中相加一次。当累加和超过累加器的容量时，便溢出脉冲，作为驱动相应坐标轴的进给脉冲 ΔX（或 ΔY），而余数仍存在累加器中。

设积分累加器为 n 位，则累加器的容量为 2^n，当计数至 2^n 时，必须发生溢出。两个坐标轴同步插补时，用溢出脉冲控制机床的进给，就可走出所需的直线轨迹。

设经过 m 次累加后，X 和 Y 分别到达终点 $E(X_e, Y_e)$，则

$$X_e = kX_e\,m$$
$$Y_e = kY_e\,m$$

由此可见，比例系数 k 和累加次数 m 之间的关系为

$$km=1$$

即：

$$m=1/k$$

k 的数值与累加器容量有关。累加器的容量应大于各坐标轴的最大坐标值，一般二者的位数相同，以保证每次累加最多只溢出一个脉冲。设累加器有 n 位，则

$$k=1/2^n$$

故累加次数

$$m=1/k=2^n$$

上述关系表明，若累加器的位数为 n，则整个插补过程要进行 2^n 次累加才能到达直线的终点，用与逐点比较法相同的处理方法，便可对不同象限的直线进行插补。

（2）终点判别

由上可知，数字积分法直线插补的终点判别条件应是 $m=2^n$。换言之，直线插补只需完成 $m=2^n$ 次累加运算，即可到达直线的终点。所以，只要设置一个位数为 n 位的终点计数器，用以记录累加次数，当计数器记满 2^n 数时，插补停止。

例 2-3　直线 OA 的起点为坐标原点，终点坐标为 A（10，5），累加器和寄存器的位数均为四位，用数字积分法对直线 OA 进行插补并画出插补轨迹。

解　该直线为第 1 象限直线，根据 $m=2^n=2^4=16$，插补累加次数为 16。插补计算过程见表 2-6 所示，插补轨迹见图 2-21 所示。

表 2-6　数字积分法直线插补计算过程

累加次数	积 分 值		进 给 方 向	积 分 修 正		终 点 判 别
	$X=X+X_e$	$Y=Y+Y_e$		$X=X-24$	$Y=Y-24$	
0	0	0				$m=0<16$
1	0+10=10	0+5=5				$m=0+1=1<16$
2	10+10=20	5+5=10	$+X$	20-16=4		$m=1+1=2<16$
3	4+10=14	10+5=15				$m=2+1=3<16$
4	14+10=24	15+5=20	$+X,+Y$	24-16=8	20-16=4	$m=4<16$
5	8+10=18	8+5=9	$+X$	18-16=2		$m=5<16$
6	2+10=12	9+5=14				$m=6<16$
7	12+10=22	14+5=19	$+X,+Y$	22-16=6	19-16=3	$m=7<16$
8	6+10=16	3+5=8				$m=8<16$
9	16+10=26	8+5=13	$+X$	26-16=10		$m=9<16$
10	10+10=20	13+5=18	$+X,+Y$	20-16=4	18-16=2	$m=10<16$
11	4+10=14	2+5=7				$m=11<16$

（续表）

累加次数	积 分 值		进 给 方 向	积 分 修 正		终 点 判 别
	$X=X+X_e$	$Y=Y+Y_e$		$X=X-24$	$Y=Y-24$	
12	14+10=24	7+5=12	+X	24-16=8		$m=12<16$
13	8+10=18	12+5=17	+X, +Y	18-16=2	17-16=1	$m=13<16$
14	2+10=12	1+5=6				$m=14<16$
15	12+10=22	6+5=11	+X	22-16=6		$m=15<16$
16	6+10=16	11+5=16	+X, +Y	16-16=0	16-16=0	$m=16$

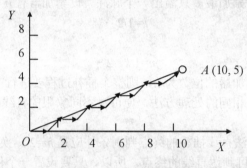

图 2-21　直线插补轨迹

2. 数字积分圆弧插补

（1）基本原理

以第 I 象限逆圆弧为例进行讨论。如图 2-22 所示，圆弧的起点 A (X_A, Y_A)，终点为 B (X_B, Y_B)，半径为 R，加工时，P (X_i, Y_i) 为动点，刀具沿圆弧切线方向的进给速度 v 恒定，沿坐标轴方向的速度分量为 v_X，v_Y。则有下式成立：

$$v/R=v_X/Y_i=v_Y/X_i=k$$

即　　$v_X=kY_i$ ，　　$v_Y=kX_i$

设在 Δt 时间间隔内，X、Y 坐标轴方向的位移增量分别为 ΔX 和 ΔY，并考虑到对于第 I 象限逆圆弧，X 坐标轴的位移量为负值，Y 坐标轴的位移量为正值，因此

$$\Delta X=-kY_i\Delta t$$

$$\Delta Y=kX_i\Delta t$$

若取 $\Delta t=1$，则坐标轴的位移量为

$$X=-k\sum Y_i$$

$$Y=k\sum X_i$$

据此，可作出数字积分法圆弧插补原理框图，如图 2-23 所示。

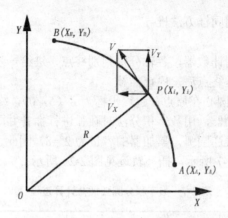

图 2-22　数字积分圆弧插补原理图

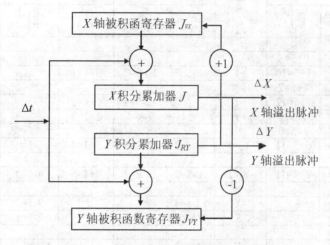

图 2-23　数字积分法圆弧插补原理框图

在图 2-23 中，运算开始时，X 轴和 Y 轴的被积函数寄存器 J_{VX} 和 J_{VY} 中分别存入起点坐标值 Y、X，X 轴被积函数寄存器与其累加器 J_{RX} 的数累加，得出的溢出脉冲发到 $-X$ 方向，而 Y 轴被积函数寄存器与其累加器 J_{RY} 的数累加，得出的溢出脉冲发到 $+Y$ 方向。每发出一个进给脉冲，必须将被积函数寄存器内的坐标值修正。即当 X 轴方向发出进给脉冲时，在 Y 轴被积函数寄存器内减 1；当 Y 轴方向发出进给脉冲时，在 X 轴被积函数寄存器内加 1。

由以上讨论可知，圆弧插补与直线插补的区别为：

① 圆弧插补坐标值 X、Y 存入寄存器 J_{VX} 和 J_{VY} 的对应关系与直线插补时正好相反，即在 J_{VX} 中存入 Y 值，在 J_{VY} 中存入 X 值；

② 存入的坐标值不同，直线插补时寄存的是终点坐标，是常数；而圆弧插补时寄存的是动点坐标，是变量。

其他象限圆弧插补可用同样方法推导。

（2）终点判别

可以采用两个终点判别计数器，各轴分别判别终点，进给一步减1，计数器减为0时该轴停止进给。两轴都到达终点后，停止插补。

例 2-4　已知一圆弧的圆心在原点，起点坐标为 A（5，0），终点坐标为 B（0，5），采用三位二进制寄存器和累加器，用数字积分法对圆弧进行插补并画出插补轨迹。

解　该圆弧为第Ⅰ象限逆圆弧。累加器的容量为 $2^3=8$，因此，当计数至8时，溢出脉冲。其插补计算过程见表2-7所示，插补轨迹见图2-24所示。

表 2-7　数字积分圆弧插补计算过程

脉冲个数	积分运算		进给方向	积分修正		坐标计算		终点判断	
	$J_{RX}+J_{VX}$ $=J_{RX}$	$J_{RY}+J_{VY}$ $=J_{RY}$		$J_{RX}=$ $J_{RX}-2^3$	$J_{RY}=$ $J_{RY}-2^3$	$J_{VX}+1$ $=J_{VX}$	$J_{VX}-1$ $=J_{VY}$	$N_X=5$	$N_Y=5$
0	0	0						5	5
1	0+0=0	0+5=5						5	5
2	0+0=0	5+5=10	+Y		10-8=2	0+1=1		5	5-1=4
3	0+1=1	2+5=7						5	4
4	1+1=2	7+5=12	+Y		12-8=4	1+1=2		5	4-1=3
5	2+2=4	4+5=9	+Y		9-8=1	2+1=3		5	3-1=2
6	4+3=7	1+5=6						5	2
7	7+3=10	6+5=11	-X,+Y	10-8=2	11-8=3	3+1=4	5-1=4	5-1=4	2-1=1
8	2+4=6	3+4=7						4	1
9	6+4=10	7+4=11	-X,+Y ·	10-8=2	11-8=3	4+1=5	4-1=3	4-1=3	1-1=0
10	2+5=7								
11	7+5=12		-X	12-8=4			3-1=2	3-1=2	
12	4+5=9		-X	9-8=1			2-1=1	2-1=1	
13	1+5=6								
14	6+5=11		-X	11-8=3			1-1=0	1-1=0	

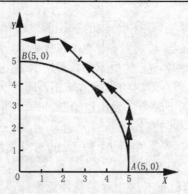

图 2-24　圆弧插补轨迹

2.4.4 数据采样插补

随着数控技术的发展，以交流伺服为驱动元件的计算机闭环数字控制系统已成为数控系统的主流。采用这类伺服系统的数控系统，一般采用数据采样插补法。

数据采样插补是根据编程的进给速度，将轮廓曲线分割为插补采样周期的进给段，即进给步长。数据采样插补一般由粗、精插补两步完成。第一步是粗插补，由它在给定曲线的起、终点之间插入若干个中间点，将曲线分割成若干个微小直线段，即用一组微小直线段来逼近曲线；第二步在粗插补形成的微小直线段基础上，由精插补进一步进行数据点的密化工作，即进行对直线的脉冲增量插补。数据采样插补的插补周期必须大于插补运算所占用的 CPU 时间。因为数控系统进行轮廓控制时，CPU 除了完成插补运算外，还必须实时地完成其他的一些工作，如显示、监控甚至精插补等。

时间分割插补法是典型的数据采样插补方法。时间分割法是每隔时间 T（称插补周期，单位：ms）进行一次插补计算，即先通过速度计算，按进给速度 v（mm/min）计算 T（ms）内的合成进给量 f，然后进行插补计算，并送出 T（ms）内各轴的进给量，合成进给量 f 为

$$f = \frac{v \times 1000 \times T}{60 \times 1000} = \frac{vT}{60} (\mu m / ms)$$

时间分割法插补算法的关键是，计算插补周期内各个坐标轴的进给量 ΔX、ΔY，根据前一插补周期末的动点位置和本次插补周期内的各坐标轴的进给量 ΔX、ΔY，就可算出本次插补周期末动点位置的坐标。对于直线插补，用插补所形成的步长子线段逼近给定直线，与给定直线重合，不存在轨迹计算误差，如图 2-25 所示。在圆弧插补时，用切线、弦线和割线逼近圆弧，常用的是切线和弦线。在满足精度的前提下，用切线或弦线来逼近圆弧，故不可避免地会带来轮廓误差。其中，用切线逼近圆弧的方法会带来较大误差，故一般用弦线逼近圆弧的方法，如图 2-26 所示。

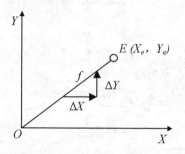

图 2-25 数据采样法直线插补

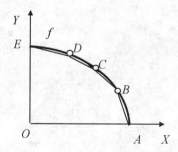

图 2-26 数据采样法圆弧插补

2.5　数控刀具补偿控制

2.5.1　刀具补偿的基本原理

数控系统的刀具补偿即垂直于刀具轨迹的位移，用来修正刀具实际半径与工件轮廓程序规定的值之差。数控系统经过译码后的程序段数据不能直接用于插补程序，要经过刀具补偿计算，将编程时工件轮廓数据转换成刀具中心轨迹数据。刀具补偿有长度补偿和半径补偿。长度补偿计算比较简单，这里主要介绍刀具半径补偿的软件计算方法。

1. 刀具半径补偿的概念

编制零件加工程序时，一般只考虑零件的实际轮廓外形尺寸，即零件程序段中的尺寸信息取自零件轮廓线。但是实际切削控制时，是以刀具中心为控制中心的，这样刀具和工件之间相对切削运动实际形成的轨迹就不是零件轮廓线了，而是偏离了一个刀具半径值。因此，CNC 系统必须能够根据零件轮廓信息和刀具半径自动计算中心轨迹，使其自动偏移零件轮廓一个刀具半径值。这种偏移计算称为刀具半径补偿。刀具半径补偿指令有：G40（取消刀补）、G41（左刀补）、G42（右刀补）。

2. 刀具半径补偿的工作过程

在切削零件轮廓过程中，刀具半径补偿的执行过程分为三步：

（1）刀具半径补偿建立　刀具从起刀点（位于零件轮廓及零件毛坯之外，距离加工零件轮廓切入点较近且偏置于零件轮廓延长线上的一点）出发沿直线接近加工零件，依据 G41 或 G42 使刀具中心在原来的编程零件轨迹的基础上伸长或缩短一个刀具半径值，如图 2-27 所示。

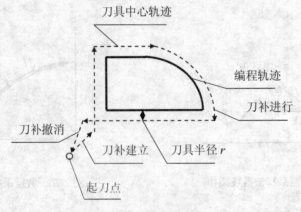

图 2-27　刀具半径补偿建立

（2）刀具半径补偿进行　刀补指令是模态指令，一旦刀具半径补偿建立了，则一直有效，直到取消刀具半径补偿为止。在刀具补偿进行期间，刀具中心轨迹始终偏离零件轮廓一个刀具半径值的距离。

（3）刀具半径补偿取消　刀具撤离工件，回到起刀点，取消刀具半径补偿。与刀补建立时相似，在轨迹终点的刀具中心处开始沿一直线到达起刀点，起刀点与刀具中心重合。

在零件加工过程中，采用刀具半径补偿功能，可大大简化编程的工作量；在刀具磨损或因换刀引起的刀具半径变化时，通过修改相应的偏置参数，不必重新编程；在粗、精加工时，粗加工要为精加工预留加工余量，粗、精加工程序相同，通过修改偏置参数实现加工余量的预留。在进行刀具半径补偿时，CNC 系统自动完成两方面的工作：

① 根据刀具号 H（D）确定半径值 r 及其走向，使刀具沿零件的加工轮廓偏移一个 r 值，即控制刀具中心沿零件加工轮廓的等距曲线运动；

② 在零件轮廓的非光滑过渡的拐角处，CNC 系统自动进行尖角过渡。根据尖角过渡的方法不同，刀具半径补偿又可分为 B（Basic，基本的）刀具半径补偿和 C（Complete，完全的）刀具半径补偿。

2.5.2　B 功能刀具半径补偿

B 刀具半径补偿为基本的刀具半径补偿，根据程序段中零件轮廓尺寸和刀具半径计算出刀具中心的运动轨迹。对于一般的 CNC 装置，所能实现的轮廓控制仅限于直线和圆弧。对直线而言刀具补偿后的刀具中心轨迹仍然是与原直线相平行的直线，因此刀具补偿计算只要计算出刀具中心轨迹的起点和终点坐标值。对于圆弧而言，刀具补偿后的刀具中心轨迹仍然是一个与原圆弧同心的一段圆弧，因此对圆弧的刀具补偿计算只需要计算出刀具补偿后圆弧的起点和终点坐标值，以及刀具补偿后的圆弧半径值。

B 刀具半径补偿要求编程轮廓线之间以圆弧过渡，如图 2-28 所示（内切时，尖角处切出圆弧轮廓；外切时，有圆弧过渡 $\overset{\frown}{B'B''}$）。编程轮廓圆弧过渡，则前一段程序刀具中心轨迹终点即为后一段程序刀具中心的起点，系统不需要计算轮廓线段与轮廓线段之间刀具轨迹交点。因此，只有 B 刀具半径补偿的 CNC 系统，编程人员必须事先估计出进行刀具补偿后两个程序段间可能出现的尖角，在零件的尖角处必须人为编制出附加圆弧加工程序段，才能实现尖角过渡。这对编程人员将很不方便，而且这种方法会使刀具在尖角处停顿，工艺性差。

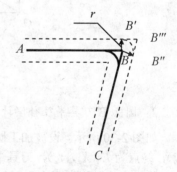

图 2-28　B 刀具半径补偿圆弧过渡

1. 直线 B 刀具半径补偿计算

如图 2-29 所示。被加工直线段的起点在坐标原点上，终点 E 的坐标为 (X, Y)，假定上一程序加工完后，刀具中心在 O' 点且坐标值已知。刀具半径为 r，现在要计算的是刀具补偿后直线 $O'E'$ 的终点坐标 (X', Y')。设刀具补偿矢量 EE' 的投影坐标为 ΔX 和 ΔY，则

$$X' = X + \Delta X$$
$$Y' = Y + \Delta Y$$

由于 $\angle XOE = \angle E'EK = \alpha$

则有

$$
\begin{cases}
\Delta X = r \sin \alpha = \dfrac{rY}{\sqrt{X^2 + Y^2}} \\[3mm]
\Delta Y = r \cos \alpha = -\dfrac{rX}{\sqrt{X^2 + Y^2}}
\end{cases}
$$

$$
\begin{cases}
X' = X + \dfrac{rY}{\sqrt{X^2 + Y^2}} \\[3mm]
Y' = Y - \dfrac{rX}{\sqrt{X^2 + Y^2}}
\end{cases}
$$

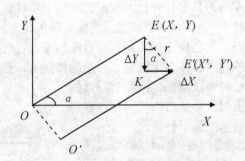

图 2-29　直线 B 刀具补偿

2. 圆弧 B 刀具半径补偿计算

如图 2-30 所示。设被加工圆弧的圆心在坐标原点，圆弧半径为 R，圆弧起点为 A (X_a, Y_a)，终点为 E (X_e, Y_e)，刀具半径为 r。设 A' (X_a', Y_a') 为前一段程序刀具中心轨迹的终点，且坐标为已知。因为是圆角过渡，A' 点一定在半径 OA 或其延长线上，与 A 点的距离为 r。A' 点即为本段程序刀具中心轨迹的起点。圆弧刀具半径补偿计算的目的，是要计算刀具中心轨迹的终点 E' (X_e', Y_e') 和半径 R'。因为 E' 在半径 OE 或其延长线上，三角形 $\triangle OEP$ 与 $\triangle OE'P'$ 相似。根据相似三角形定理，有

$$\frac{X'_e}{X_e} = \frac{Y'_e}{Y_e} = \frac{R+r}{R}$$

则有

$$\begin{cases} X'_e = \dfrac{X_e(R+r)}{R} = X_e + r\dfrac{X_e}{R} \\[3mm] Y'_e = \dfrac{Y_e(R+r)}{R} = Y_e + r\dfrac{Y_e}{R} \\[3mm] R' = R + r \end{cases}$$

以上为刀具偏向圆外侧的情况。刀具偏向圆内侧时与此类似。

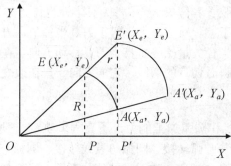

图 2-30　圆弧 B 刀具补偿

2.5.3　C 功能刀具半径补偿

1. C 功能刀具半径补偿的原理

C 功能刀具半径补偿能处理两个程序段之间转接（即尖角过渡）的各种情况，它是由数控系统直接求出刀具中心轨迹的转接交点的坐标值，然后再对原来的刀具中心轨迹作伸长或缩短修正。现代 CNC 装置都采用 C 功能刀具半径补偿。

CNC 系统中 C 功能刀具半径补偿的方式如图 2-31 所示，在 CNC 系统中设置工作寄存器 AS，存放正在加工的程序段信息，刀具半径补偿缓冲区 CS，存放下一个加工程序段的信息，缓冲寄存器 BS 存放再下一个加工程序段的信号，输出寄存器 OS 存放进给伺服系统的控制信息。CNC 装置 C 功能刀具补偿的工作过程如下：当刀补开始后，第一段程序先被 BS 读入，在 BS 中算得其编程轨迹后送到 CS 暂存；又将第二段程序读入 BS，算出其编程轨迹，并对第一、第二段程序的编程轨迹连接方式进行判别，按判别结果对第一段编程轨迹作相应修正；修正结束后，顺序地将修正后的第一段编程轨迹由 CS 送到 AS，第二段编程轨迹由 BS 送到 CS。随后，由 CPU 将 AS 中的内容送到 OS 进行插补运算，运算结果送伺服机构执行。正当执行时，CPU 又命令 BS 读入第三段程序，再根据 BS、CS 中的第二、第三段编程轨迹的连接方式，对 CS 中的第二段编程轨迹进行修正，如此下去。可见工作状态下 CNC 系统内总是同时存有三个程序段的信息，以保证 C 功能刀具半径补偿的实现。

图 2-31　C 功能刀具半径补偿信息流

在 C 功能刀具补偿具体实现时，将 C 功能刀具补偿方法所有的编程输入轨迹都当作矢量来看待，以便于点的计算及编程情况分析。直线段本身就是一个矢量，而圆弧是将起点、终点的半径及起点到终点的弦长看做矢量，零件刀具半径也作为矢量看待。刀具半径矢量，是指在加工过程中始终垂直于编程轨迹，大小等于刀具半径值，方向指向刀具中心的一个矢量。在直线加工时，刀具半径矢量始终垂直于刀具移动方向。在圆弧加工时，刀具半径矢量始终垂直于编程圆弧的瞬时切点的切线，它的方向一直在改变。

2. 程序段间转接类型

CNC 装置通常只有直线和圆弧加工能力，所有程编轨迹一般有以下四种轨迹转接方式：直线与直线转接、直线与圆弧转接、圆弧与直线转接、圆弧与圆弧转接。根据两个程序段轨迹矢量的夹角 α（锐角和钝角）和刀具补偿的不同，又有以下过渡类型：伸长型、缩短型和插入型。

（1）直线与直线转接　直线转接直线时，根据程编指令中的刀补方向 G41/G42 和过程类型有 8 种情况。图 2-32 是直线与直线相交进行左刀补的情况。图中程编轨迹为 $\overline{OA}$ 和 $\overline{AF}$。

① 缩短型转接　在图 2-32（a）、（b）中，$\angle JCK$ 相对于 $\angle OAF$ 来说，是内角，AB、AD 为刀具半径。对应于程编轨迹 $\overline{OA}$ 和 $\overline{AF}$，刀具中心轨迹 $\overline{JB}$ 和 $\overline{DK}$ 将在 C 点相交。这样，相对于 $\overline{OA}$ 和 $\overline{AF}$ 来说，缩短了 CB 和 DC 的长度。

② 伸长型转接　在图 2-32（c）中，$\angle JCK$ 相对于 $\angle OAF$ 是外角，C 点处于 $\overline{JB}$ 和 $\overline{DK}$ 的延长线上。

③ 插入型转接　在图 2-32（d）、（e）中，$\angle OAF$ 是锐角，需要外角过渡，若仍采用伸长型转接，则将增加刀具的非切削空行程时间，甚至行程超过工作台加工范围，可插入直线段或圆弧段过渡。在 $\overline{JB}$ 和 $\overline{DK}$ 之间增加一段过渡圆弧 $\overline{BD}$，如图 2-32（e）所示，计算简单，但会使刀具在转角处停顿，零件加工工艺性差。插入直线段过渡较好，如图 2-32（d）所示，令 BC 等于 $C'D$ 且等于刀具半径长度 AB 和 AD，同时，在中间插入过渡直线 CC'。也就是说，刀具中心除了沿原来的程编轨迹伸长移动一个刀具半径长度外，还必须增加一个沿直线 CC' 的移动，等于在原来的程序段中间插入了一个程序段。

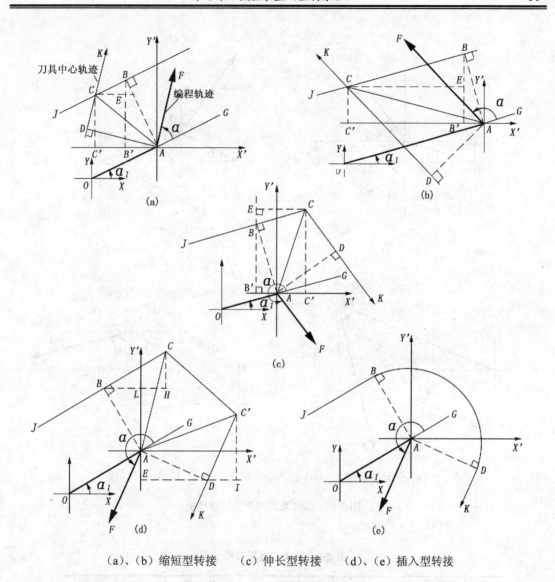

（a）、（b）缩短型转接　（c）伸长型转接　（d）、（e）插入型转接

图 2-32　G41 直线与直线转接情况

同理，直线接直线右刀补的情况示于图 2-33 中。

在同一个坐标平面内直线接直线时，当一段程编轨迹的矢量逆时针旋转到第二段程编轨迹的矢量的旋转角在 0～360°范围变化时，相应刀具中心轨迹的转接将顺序地按上述三种类型（伸长型、缩短型、插入型）的方式进行。

对应于图 2-32 和图 2-33，表 2-8 列出了直线与直线转接时的全部分类情况。

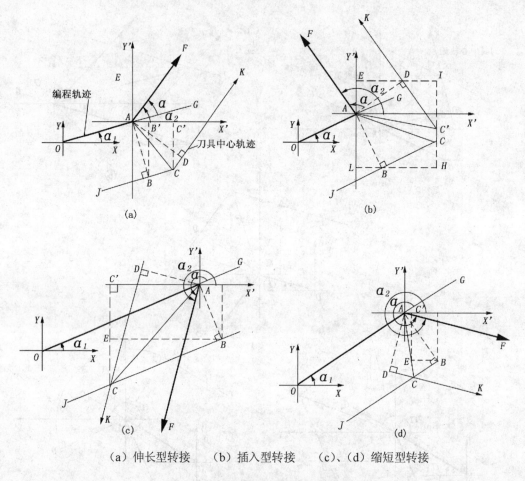

（a）伸长型转接　　（b）插入型转接　　（c）、（d）缩短型转接

图 2-33　G42 直线与直线转接情况

表 2-8　直线与直线转接分类

刀具补偿半径	$\sin\alpha$	$\cos\alpha$	象　限	转　接　类　型
G41	≥0	≥0	I	缩短
	≥0	<0	II	
	<0	<0	III	插入（I）
	<0	≥0	IV	伸长
G42	≥0	≥0	I	伸长
	≥0	<0	II	插入（II）
	<0	<0	III	缩短
	<0	≥0	IV	

（2）圆弧与圆弧转接　　与直线接直线一样，圆弧接圆弧时转接类型的区分也可以通过相接的两圆之起、终点半径矢量的夹角 α 的大小来判别。不过，为了便于分析，往往将圆弧等效于直线处理。

图 2-34 是圆弧接圆弧时的左刀补情况。图中，当程编轨迹为 $\overset{\frown}{PA}$ 接 $\overset{\frown}{AQ}$ 时，O_1A 和 O_2A 分别为终点和起点半径矢量，对于 G41 左刀补，α 角将仍为 $\angle GAF$。以图 2-34（a）为例，$\alpha = \angle X_2 O_2 A - \angle X_1 O_1 A = \angle X_2 O_2 A\text{-}90° - (\angle X_1 O_1 A\text{-}90°) = \angle GAF$。

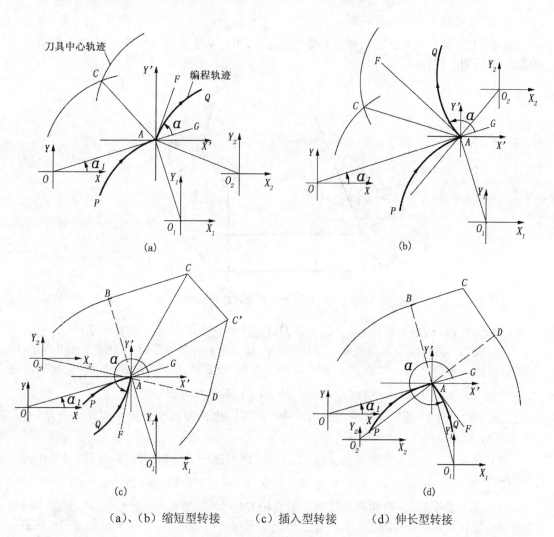

（a）、（b）缩短型转接　　　（c）插入型转接　　　（d）伸长型转接

图 2-34　G41 圆弧接圆弧转接情况

比较图 2-32 和图 2-33，它们的转接类型分类和判别是完全相同的，即左刀补顺圆接顺圆，它的转接类型等效于左刀补直线接直线。

（3）直线与圆弧的转接（圆弧与直线转接）图 2-34 还可看作直线与圆弧的转接，即 $\overline{OA}$ 接 $\overparen{AQ}$ 和 $\overparen{PA}$ 接 AF。因此，它们的转接类型的判别也等效于直线接直线。

由上述分析可知，根据刀补方向，等效方法以及 α 角的变化这三个条件，就可以区分各种轨迹间的转接类型。

3．C 功能刀具半径补偿举例

图 2-35 所示为一个 C 刀具半径补偿的例子。CNC 系统要完成从 O 点到 E 点的编程轨迹加工，其加工过程如下。

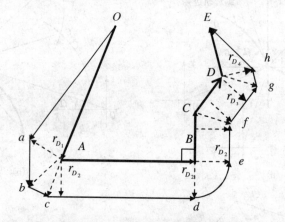

图 2-35　C 功能刀具半径补偿实例

（1）首先读入 OA，算出 OA。因为是刀具补偿建立，所以继续读下一段。

（2）读入 AB，因为矢量夹角 ∠OAB<90°，且又是右刀补（G42），因此，此时段间转接的过渡形式是插入型，算出 r_{D_1}、Ab、Ac、r_{D_2} 和 AB。由于上一段是刀具补偿建立，直接命令走 Oa，ab，bc。$Oa=OA+r_{D_1}$；$ab=Ab-r_{D_1}$；$bc=Ac-Ab$。

（3）读入 BC。因为矢量夹角 ∠ABC=90°，判断出是伸长型转接，因此命令走 cd。$cd=AB+r_{D_2}-Ac$。

（4）读入 CD。因为矢量夹角 ∠BCD>180°，因判断出是缩短型转接，所以只算出 r_{D_3}、Cf、CD。命令走 de，ef。de 是以 B 为圆心、r_{D_2} 为半径的圆弧；$ef=BC+r_{D_2}-Cf$。

（5）读入 DE（假定有撤消刀具补偿的 G40 命令）。矢量夹角 90°<∠CDE<180°，判断出是伸长型转接，尽管是撤消刀具补偿，但仍要算出 r_{D_3}、DE、r_{D_4}，继续走 fg。$fg=CD-Cf+Dg$。

（6）由于上段是刀具补偿撤消，所以要做特殊处理，直接命令走 gh。$gh=r'_{D_4}-Dg$。

（7）最后走 hE。$hE=DE-r_{D_4}$。

（8）刀具半径补偿处理结束。

刀具补偿计算时，首先要判断矢量夹角 α 的大小，然后决定过渡方式和求算交点坐标。α 角可以根据两相邻编程矢量（即轨迹）的矢量角来决定。

2.6　数控装置的进给速度控制

轮廓控制系统中，既要对运动轨迹严格控制，也要对运动速度严格控制，以保证被加工零件的精度、表面粗糙度、刀具和机床的寿命以及生产效率。

2.6.1　进给速度控制

速度控制的任务是为插补提供必要的速度信息。由于各种 CNC 系统采用的脉冲增量插补和数据采样插补计算方法不同，其速度控制方法也有不同。

1. 脉冲增量插补算法的进给速度控制

脉冲增量插补方式用于以步进电动机为执行元件的系统中，坐标轴运动是通过控制步进电动机输出脉冲的频率来实现的。速度计算是根据编程的 F 值来确定脉冲频率值。步进电动机走一步，相应的坐标轴移动一个对应的距离 δ（脉冲当量）。进给速度 v 与脉冲频率 f 成正比，即 $f=v/(60×\delta)$。

两轴联动时，各坐标轴的进给速度分别为

$$v_x=60\delta f_x$$
$$v_y=60\delta f_y$$

式中：v_x、v_y 分别为 x 轴、y 轴的进给速度；f_x、f_y 分别为 x 轴、y 轴步进电动机的脉冲频率。合成进给速度为 $v=\sqrt{v^2_x+v_y^2}$。

2. 数据采样插补算法的进给速度控制

数据采样法插补程序在每个插补周期内被调用一次，向坐标轴输出一个微小位移增量。这个微小的位移增量被称为一个插补周期内的插补进给量，用 f_s 表示。根据数控加工程序中的进给速度 v 和插补周期 T，可以计算出一个插补周期内的插补进给量为数据采样插补根据程编进给速度计算一个插补周期内合成速度方向上的进给量。

$$f_s=KvT/(60×1000)$$

式中：f_s 为系统在稳定进给状态下的插补进给量，称为稳定速度（mm/min）；v 为程编进给速度（mm/min）；T 为插补周期（ms）；K 为速度系数，包括快速倍率，切削进给倍率等。

2.6.2 加减速度控制

数控机床进给系统的速度是不能突变的，进给速度的变化必须平稳过渡，以避免冲击、失步、超程、振荡或引起工件超差。在进给轴起动、停止时需要进行加减速控制。在程序段之间，为了使程序段转接处的被加工面不留痕迹，程序段之间的速度必须平滑过渡，不应有停顿或速度突变，这时也需要进行加减速控制。加减速控制多采用软件来实现。加减速控制可以在插补前进行，称为前加减速控制；也可以在插补之后进行，称为后加减速控制，如图 2-36 所示。

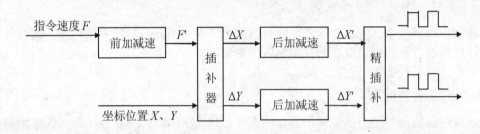

图 2-36　前、后加减速控制示意图

（1）前加减速控制　其优点是只对编程进给速度 F 进行控制，不会影响实际插补输出的位置精度，其缺点是需要预测加减速点。其控制方法有线性加减速控制算法等。

当进给速度因数控机床起动、停止或进给速度指令改变而变化时，系统自动进行线性加减速处理。设进给速度为 $v(\mathrm{mm/min})$，加速到 v 所需要的时间为 t，则加减速率 $\alpha(\mu\mathrm{m/ms}^2)$

$$\alpha = 1.67 \times 10^3 v/t$$

每加/减速一次，瞬时速度为

$$f_{i+1} = f_i + \alpha t$$

减速需在减速区域内进行，减速区域 S 为

$$S = \Delta S + f_s^2/2\alpha$$

式中 ΔS 为提前量。

（2）后加减速控制　其优点是对各坐标轴分别进行控制，不需要预测加减速点；缺点是实际各坐标轴的合成位置就可能不准确。后加减速控制常用算法有指数加减速控制和直线加减速控制。

① 指数加减速控制算法。这种算法是将起动或停止时的突变速度处理成随时间按指数规律上升或下降的速度，如图 2-37（a）所示。指数加减速控制时速度与时间的关系如下。

加速时　　$v(t) = v_c(1 - e^{-\frac{t}{T}})$

式中：v_c 为稳定速度；T 为时间常数。

匀速时　　$v(t) = v_c$

减速时　　　$v(t) = v_c e^{-\frac{t}{T}}$

② 直线加减速控制算法。这种算法使数控机床起动/停止时，速度沿一定斜率的斜线上升/下降，如图 2-37（b）所示。

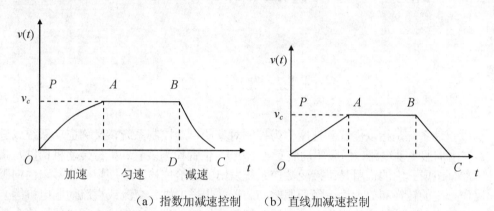

（a）指数加减速控制　　　（b）直线加减速控制

图 2-37　后加减速控制

2.7　思 考 题

1. CNC 系统由哪儿部分组成?

2. CNC 系统软件一般包括哪几部分?各完成什么工作?

3. 何谓插补?有哪两类插补算法?

4. 逐点比较法的四个节拍。

5. 单微处理器结构和多微处理器结构各有何特点?

6. CNC 系统中，常见的软件结构有哪几种，并简述其特点。

7. 欲用逐点比较法插补直线 OE，起点为 O（0，0），终点为 E（-6，5），试写出插补运算过程并绘出插补轨迹。

8. FANUC 系列数控系统和 SIEMENS 系列数控系统特有何特点?

第3章 数控机床的伺服系统

3.1 概　　述

伺服驱动系统是指以位置和速度作为控制对象的自动控制系统，又称拖动系统或进给系统。它由伺服驱动电路、伺服驱动装置（电机）、位置检测装置、机械传动机构以及执行部件等部分组成。它的作用是：接受数控系统发出的进给位移和速度指令信号，由伺服驱动电路作一定的转换和放大后，经伺服驱动装置（步进电机、交流或直流伺服电机等）和机械传动机构，驱动机床的工作台、主轴头架等执行部件进行工作进给和快速进给。数控机床的伺服驱动系统作为一种实现切削刀具与工件间运动的进给驱动和执行机构，是数控机床的一个重要部分，在很大程度上决定了数控机床的性能。数控机床的最高转动速度、跟踪精度、定位精度等一系列重要指标主要取决于伺服驱动系统性能的优劣，在很大程度上决定了数控机床的加工精度、加工表面质量和生产效率。因此，研究和开发高性能的伺服系统，一直是现代数控机床的关键技术之一。

3.1.1　数控机床对伺服系统的要求

数控机床的伺服系统应满足以下基本要求：

（1）位移精度高　数控机床不可能像传统机床那样用手动操作来调整和补偿各种误差，因此它要求输出很高的位移精度、定位精度和重复定位精度。所谓精度是指伺服系统的输出量跟随输入量的精确程度。脉冲当量越小，机床的精度越高。一般脉冲当量为 0.01 mm～0.001 mm，甚至可达 0.1 μm。

（2）动态响应快　动态响应是伺服系统动态品质的标志之一。伺服系统跟随指令信号，不仅跟随误差要小，而且响应要快，稳定性要好。即系统在给定输入后，能在短暂的调节之后达到新的平衡或受外界干扰作用下能迅速恢复原来的平衡状态。一般是在 200 ms 以内，甚至小于几十毫秒。

（3）稳定性好　数控机床使用率高，常常在不同负载或切削条件下 24 小时连续工作不停机，要求其负载特性要硬，因而工作稳定性好（负载特性硬是指：当负载发生变化或承受外界干扰的情况下，输出速度应基本不变，而且保持平稳均匀）。

（4）调速范围宽　调速范围是指最高进给速度与最低进给速度之比。由于工件材料、刀具以及加工要求各不相同，要保证数控机床在任何情况下都能得到最佳切削条件，伺服系统就必须有足够宽的调速范围，既能满足高速加工要求，又能满足低速进给要求。一般的数控机床，其进给速度都在 1 mm/min～24 m/min 的范围之内。即调速范围为 1∶24000。在这一调速范围内，要求速度均匀、稳定、低速时无爬行。而且在低速切削时，还要求伺服系统能输出较大的转矩。

3.1.2　数控机床的伺服系统的分类

数控机床的伺服驱动系统按其控制原理和有无位置检测反馈环节分为开环伺服系统、闭环伺服系统和半闭环伺服系统；闭环伺服系统中按反馈比较控制方式可分为脉冲比较伺服系统、相位比较伺服系统、幅值比较伺服系统以及全数字伺服系统；按其用途和功能分为进给驱动伺服系统和主轴驱动伺服系统；按使用的伺服电机又分为直流伺服驱动系统和交流伺服驱动系统。下面介绍开环控制和闭环控制，脉冲比较伺服系统、相位比较伺服系统、幅值比较伺服系统以及全数字伺服系统，进给驱动与主轴驱动。

1.　开环控制和闭环控制

（1）开环伺服系统　图 3-1 所示为开环伺服系统构成原理图。它主要由步进电机及其驱动线路构成。数控系统发出指令脉冲经过驱动线路变换与放大，传给步进电机。步进电机每接受一个指令脉冲，就旋转一个角度，再通过齿轮副和丝杠螺母副带动机床工作台移动。步进电机的转速、转过的角度和旋转方向取决于指令脉冲的频率、个数和通电顺序，反映到工作台上就是工作台的移动速度、位移大小和运动方向。然而，由于系统中没有检测和反馈环节，工作中移动到位不到位，取决于步进电机的步距角精度，齿轮传动间隙，丝杠螺母副的精度等，所以它的精度较低。但其结构简单，易于调整，工作可靠，价格低廉。该系统应用于精度要求不高的数控机床。

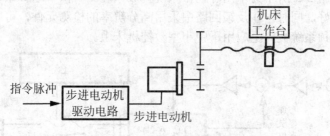

图 3-1　开环进给伺服系统

（2）闭环伺服系统　由于开环伺服系统只接受数控系统的指令脉冲，至于执行情况的好坏系统则无法控制。如果能对执行情况进行监控，其加工精度无疑会大大提高。图 3-2

所示为闭环伺服系统构成原理图。它由比较环节、驱动线路（包括位置控制和速度控制）、伺服电机、检测反馈单元等组成。安装在机床工作台的位置检测装置，将工作台的实际位移量测出并转换成电信号。经反馈线路与指令信号进行比较，并将其差值经伺服放大，控制伺服电机带动工作台移动，直到两者差为零为止，因此称这类伺服系统为闭环伺服系统。由于闭环伺服系统是直接以工作台的最终位移为目标，从而消除了进给传动系统的全部误差。所以精度很高（从理论上讲，其精度取决于检测装置的测量精度）。然而另一方面，正是由于各个环节都包括在反馈回路内，因此它们的磨擦特性、刚度和间隙等都直接影响伺服系统的调整参数。所以闭环伺服系统的结构复杂，其调试和维护都有较大的技术难度，价格也较贵。因此一般只在大型精密数控机床上采用。

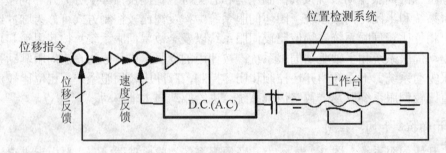

图 3-2　闭环伺服系统构成原理图

（3）半闭环伺服系统　闭环伺服系统由于检测的是机床最末端的位移量，其影响因素多而复杂，极易造成系统不稳定，且其安装调试都很复杂，而测量转角则容易得多，伺服电机在制造时将测速发电机、旋转变压器等转角测量装置直接装在电机轴端上，工作时将所测的转角折算成工作台的位移，再与指令值进行比较，进而控制机床运动。这种检测装置不在机床末端而在中间传动件（电机轴端或丝杠末端）拾取反馈信号的伺服系统就称为半闭环伺服系统。图 3-3 所示为半闭环伺服系统构成原理图。由于这种系统结构与调试均较简单，稳定性也好，同时，在反馈回路中采用高分辨率的检测元件，可以获得比较满意的精度。因此，这种系统被广泛应用于中小型数控机床上。

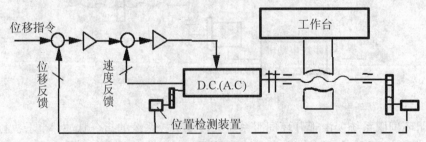

图 3-3　半闭环伺服系统

2. 脉冲比较、相位比较、幅值比较伺服系统以及全数字伺服系统

（1）脉冲比较伺服系统

脉冲比较伺服系统普遍采用光电编码器作为位置检测元件，以半闭环形式构成伺服系统。该系统主要由比较器、D/A 转换器、位置检测元件和执行元件（伺服电动机）组成，如图 3-4 所示，它的结构较为简单，易于实现数字化的闭环位置控制，应用比较普遍。

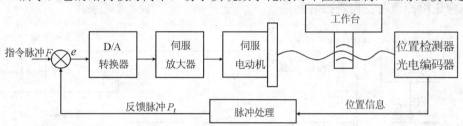

图 3-4 脉冲比较伺服系统原理框图

工作过程为：指令脉冲 F 和反馈脉冲 P_t 经比较器得位置偏差 $e=F-P_t$。若工作台静止时，指令脉冲 $F=0$，反馈脉冲 $P_t=0$，则 $e=F-P_t=0$，工作台仍保持静止不动；随着指令脉冲的输出，$F \neq 0$，在工作台尚未移动之前，反馈脉冲 P_t 仍然为零，经比较后得位置偏差 $e \neq 0$。若指令脉冲 F 为正，则 $e=F-P_t >0$，偏差 e 经 D/A 转换变成模拟电压，控制伺服电动机驱动工作台正向进给；随着电动机的运转，光电编码器的反馈脉冲 P_t 变成非零状态，如 $e=F-P_t \neq 0$，继续运动，不断反馈，直到 $e=F-P_t=0$，工作台停在指令规定的位置上；若指令脉冲 F 为负，控制过程与 F 为正类似，此时位置偏差 $e <0$，工作台反向进给。

（2）相位比较伺服系统

相位比较伺服系统常用感应同步器和旋转变压器作为检测元件，采用相位比较方法实现位置闭环控制，是高性能数控机床所使用的一种伺服系统。相位比较伺服系统主要由基准信号发生器、脉冲调相器、鉴相器、伺服放大器、检测元件和执行元件（伺服电动机）等组成，如图 3-5 所示。它工作可靠，抗干扰性强，精度高，但结构比较复杂，调试也比较困难。

工作过程为：指令脉冲 F 经脉冲调相器转换为指令相位信号 $F_1(\theta)$，定尺的位置检测信号经整形后得到位置反馈信号 $F_2(\theta)$。$F_1(\theta)$ 和 $F_2(\theta)$ 是两个同频的脉冲信号，它们的相位差反映了指令位置和实际位置的偏差。当指令脉冲 $F=0$ 且工作台处于静止时，$F_1(\theta)$ 和 $F_2(\theta)$ 为两个同频同相的脉冲信号，经鉴相器相位比较得相位差 $\Delta\theta=0$。当指令脉冲 $F \neq 0$ 时，工作台将从静止状态向指令位置移动。设一个正向脉冲转变的指令相位信号超前基准信号的相位为 θ_1，在工作台进给之前，感应同步器位置反馈信号与基准信号同频同相，即位置反馈信号 $F_2(\theta)$ 与基准信号相位差 $\theta_2=0$。θ_1 和 θ_2 信号经鉴相器比较得相位差 $\Delta\theta=\theta_1-\theta_2>0$。该信号经放大器放大后，驱动伺服电动机使工作台正向进

给。工作台正向进给后，感应同步器检测出进给位移，经信号处理线路转变为超前基准信号相位为 θ_2 的位置反馈信号 $F_2(\theta)$。该信号进入鉴相器，与指令相位信号 $F_1(\theta)$ 再进行比较。若鉴相器的输出 $\Delta\theta = \theta_1 - \theta_2 > 0$，说明工作台实际进给位置还未达到，则伺服电动机继续驱动工作台向指令规定的位置进给。若鉴相器的输出 $\Delta\theta = \theta_1 - \theta_2 = 0$，则说明工作台实际进给位置已到达指令规定的位置。此时，伺服电动机停止对工作台的驱动。工作台反向进给原理与正向进给时相同。

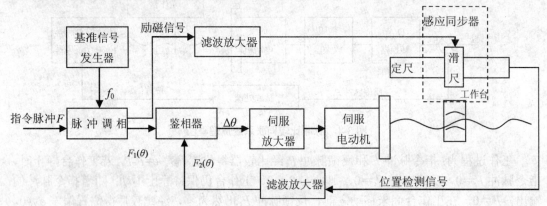

图 3-5　相位比较伺服系统原理框图

（3）幅值比较伺服系统

幅值比较伺服系统常用感应同步器和旋转变压器作为位置检测元件，是以位置检测信号的幅值变化来反映机械位移的大小，并以此作为位置反馈信号与指令信号进行比较的闭环控制系统。该系统主要由比较器、D/A 转换器、伺服放大器、检测元件、鉴幅器、电压/频率变换器和执行元件等组成，如图 3-6 所示。其中，鉴幅器的作用是将感应同步器的定尺输出信号，转换成方向与工作台移动方向相对应，幅值与工作台位移成正比的直流电压信号；电压/频率变换器的作用是将鉴幅器输出的直流电压信号转变成数字脉冲。幅值比较伺服系统显著特点是所有位置检测元件都以幅值工作方式工作。

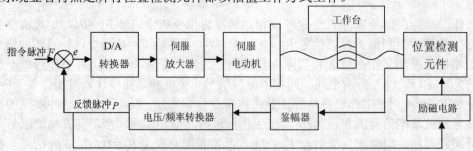

图 3-6　幅值比较伺服系统原理框图

工作过程为：检测元件感应同步器的输出电压 $U = kU_m \sin\omega t \cdot \cos(\alpha - \theta)$，（式中：$k$ 为电磁耦合系数；U_m 为激磁电压幅值；α 为激磁电压幅值的电气角；θ 为定、滑尺绕组相对位移角）指令脉冲 F 和反馈脉冲 P 经比较器得位置偏差 $e = F - P$。若工作台静止时，指令脉冲 $F=0$，$\alpha=\theta$，电压 $U=0$，反馈脉冲 $P=0$，则 $e = F - P = 0$，工作台仍保持静止不动；当系统接收到正的指令脉冲，即 $F>0$ 时，在工作台尚未移动之前，α 和 θ 均没有变化，反馈脉冲 P 仍然为零，$e = F - P > 0$，数字量 e 作用于伺服系统，驱动工作台正向进给，感应同步器滑尺相对于定尺产生位移，此时 θ 超前于激磁信号的电气角 α，电压 $U>0$，经电压/频率变换器，转换成相应的反馈脉冲 P。脉冲 P 一方面与指令脉冲 F 做比较，获得位置偏差 $e = F - P$，另一方面输入激磁电路，作为修改激磁信号电气角 α 的设定输入，使 α 跟随 θ 变化。若仍有 $e = F - P > 0$，则工作台还没有到达指令要求的位置，伺服电动机继续带动工作台移动，反馈脉冲 P 和激磁信号电气角 α 继续变化，直至使位置偏差 $e = F - P = 0$，伺服电动机速度给定值为 0。此时，$\alpha=\theta$，电压 $U=0$，工作台又回到静止状态。工作台反向进给原理与正向进给时相同。

（4）全数字伺服系统

随着微电子技术、计算机技术和伺服控制技术的发展，数控机床的伺服系统已经开始采用高速度、高精度的全数字伺服系统。使伺服控制技术从模拟方式、混合方式走向全数字方式。由于位置、速度和电流构成的三环反馈全部数字化，应用数字 PID 控制算法，使用灵活，柔性好。数字伺服系统采用了许多新的控制技术和改进伺服性能的措施，使控制精度和品质大大提高。

3. 进给驱动与主轴驱动

进给驱动用于数控机床工作台或刀架坐标的控制系统，控制机床各坐标轴的切削进给运动，并提供切削过程所需的转矩。主轴驱动控制机床主轴的旋转运动，为机床主轴提供驱动功率和所需的切削力。一般地，对于进给驱动系统，主要关心它的转矩大小、调节范围的大小和调节精度的高低，以及动态响应速度的快慢。对于主轴驱动系统，主要关心其是否具有足够的功率、宽的恒功率调节范围及速度调节范围。

3.2　数控机床伺服驱动装置

在数控机床伺服进给系统中，伺服驱动装置是关键部件。它接收数控系统发出的进给指令信号，并将其转变为角位移或直线位移，从而驱动执行部件实现所要求的运动。在现代数控机床的进给伺服系统中，伺服驱动装置主要采用步进电机，交、直流伺服电机等。

3.2.1 步进电机

1. 步进电机的结构与工作原理

步进电机由定子和转子两部分组成，转子和定子均由带齿的硅钢片叠成，其中定子又分为定子铁心和定子绕组。定子绕组是绕置在定子铁心齿上，在直径方向上相对的两个齿上的线圈串联在一起，构成一相控制绕组。图 3-7 所示为三相步进电机结构。若任一相绕组通电，便形成一组定子磁极。在定子的每个磁极上，即定子铁心上的每个齿上又开了 5 个小齿，齿槽等宽，齿间夹角是 9°，转子上没有绕组，只有均匀分布的 40 个小齿，齿槽也是等宽的，齿间夹角也是 9°，与磁极上的小齿一致。此外，三相定子磁极上的小齿在空间位置上依次错开 1/3 齿距，如图 3-8 所示。当 A 相磁极上的小齿与转子上的小齿对齐时，B 相磁极上的齿刚好超前（或滞后）转子齿 1/3 齿距角，C 相磁极齿超前（或滞后）转子齿 2/3 齿距角。

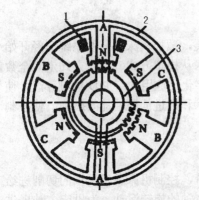

1—绕组 2—定子铁心 3—转子铁心

图 3-7 三相步进电机结构原理图　　　　**图 3-8 步进电机齿距**

步进电机的工作原理实际上是电磁铁的作用原理。以图 3-7 所示为例，当 A 相绕组通电时，转子的齿与定子 AA 上的齿对齐。若 A 相断电，B 相通电，由于磁力的作用，转子的齿与定子 BB 上的齿对齐，转子沿顺时针方向转过 1/3 齿距即 3°，如果控制线路不停地按 A→B→C→A… 的顺序控制步进电机绕组的通/断电，转子便按顺时针方向一步一步转动。定子绕组每通/断电一次，则转子前进一个步距角（步距角 $\beta = \dfrac{齿数}{拍数} = \dfrac{360°}{Z×拍数} = \dfrac{360°}{ZKm}$，其中：$Z$ 为齿数，K 为通电状态系数，m 为相数）。若通电顺序改为 A→C→B→A…，步进电机的转子将逆时针转动。这种通电方式称为三相三拍，而常用的通电方式为三相六拍，其通电顺序为 A→AB→B→BC→C→CA→A… 及 A→AC→C→CB→B→BA→A…，相应地，定子绕组的通电状态每改变一次，转子转过 1.5°。

2. 步进电机的使用特性

（1）步距角和步距误差　步进电机的步距角 β 是决定开环伺服系统脉冲当量的重要参数，数控机床中常见的反应式步进电机的步距角一般为 $0.5°\sim3°$，一般情况下，步距角越小，加工精度越高。步距误差指理论的步距角和实际的步距角之差。步距误差主要由步进电机齿距制造误差、定子和转子间气隙不均匀以及各相电磁转矩不均匀等因素造成的。步距误差直接反映步进电机的动态特性及工作精度。

（2）空载启动频率 f_q 和最高工作频率 f_{max}　空载时步进电机由静止突然启动，并进入不丢步的正常运行所允许的最高频率，称为启动频率或突跳频率，用 f_q 表示。若启动时频率大于突跳频率，步进电机就不能正常启动。f_q 与负载惯量有关，一般来说随着负载惯量的增加而下降；步进电机连续运行时，电动机不丢步运行的极限频率 f_{max}，称为最高工作频率。它是决定定子绕组通电状态最高变化频率的参数，它决定了步进电机的最高转速。其值远大于 f_q，且随负载的性质和大小而异，与驱动电源也有很大关系。

（3）加减速特性　步进电机的加减速特性是描述步进电机由静止到工作频率和由工作频率到静止的加减速过程中，定子绕组通电状态的变化频率与时间的关系。当要求步进电机启动到大于突跳频率的工作频率停止时，变化速度必须逐渐下降。逐渐上升和下降的加速时间、减速时间不能过小，否则会出现失步或超步。我们用加速时间常数 T_a 和 T_d 来描述步进电机的升速和降速特性，如图 3-9 所示。

（4）矩频特性与动态转矩　矩频特性 $M = F(f)$ 是描述步进电机连续稳定运行时输出转矩与连续运行频率之间的关系。如图 3-10 所示，该特性上每一个频率对应的转矩称为动态转矩。可见，动态转矩随连续运行频率的上升而下降。

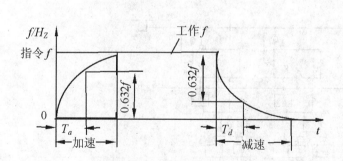

图 3-9　加减速特性曲线

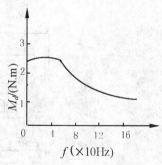

图 3-10　转矩-频率特性曲线

步进电机的使用特性除与其制造因素有关外，还与驱动电源有很大关系。驱动电源性能好，步进电机的特性可得到明显改善。

3．步进电机的驱动电路

数控装置根据进给速度指令，通过译码与脉冲发生器（硬件或软件）产生与进给速度相对应的一定频率的指令脉冲，再经环形分配器，按步进电机的通电方式进行脉冲分配，并经功率放大后送给步进电机的各相绕组，以驱动步进电机旋转。步进电机驱动系统框图如图 3-11 所示。

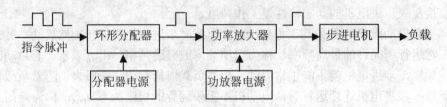

图 3-11　步进电机驱动系统框图

（1）环形分配器

环形分配器可以由硬件电路或计算机软件来实现。下面介绍硬件环形分配器的结构及原理。

硬件环形分配器需根据步进电机的相数和要求设计，图 3-12 所示为三相六拍的环形分配器逻辑原理图，环形分配器的主体是三个 J-K 触发器，J-K 触发器的 Q 输出端分别经各自的功放电路与步进电动机 A、B、C 相绕组连接。当 $Q_A=1$ 时，A 相绕组通电；当 $Q_B=1$ 时，B 相绕组通电；当 $Q_C=1$ 时，C 相绕组通电。若 $W_{+\Delta x}$ 和 $W_{-\Delta x}$ 是步进电动机的正、反转控制信号。

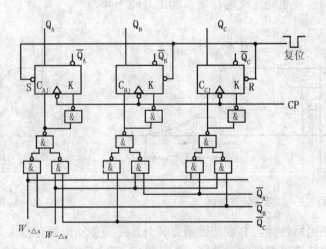

图 3-12　三相六拍的环形分配器逻辑原理图

正转时，各相通电顺序为 A-AB-B-BC-C-CA，$W_{+\Delta x}=1$，$W_{-\Delta x}=0$。

反转时，各相通电顺序为 A-AC-C-CB-B-BA，$W_{+\Delta x}=0$，$W_{-\Delta x}=1$。

根据上述各相通电顺序，可得环形分配器的逻辑真值表如表 3-1（表中以正转各相通电顺序为例）。

表 3-1 环形分配器逻辑真值表

序号	控制信号状态			输出状态			通电相
	C_{AJ}	C_{BJ}	C_{CJ}	Q_A	Q_B	Q_C	
0	1	1	0	1	0	0	A
1	0	1	0	1	1	0	AB
2	0	1	1	0	1	0	B
3	1	0	1	0	1	1	BC
4	1	0	1	0	0	1	C
5	1	0	0	0	0	1	CA
6	1	1	0	1	0	0	A

（2）功率放大器

从环形分配器输出的脉冲信号功率很小，要进行功率放大，使脉冲电流达到 1～10 A，才足以驱动步进电机旋转。因此，提供较大的高频转矩和前后沿较好的高频电流，需要适宜、经济的功率放大电路。常用的电路有以下两种。

① 单电压供电功放器：图 3-13（a）是三相步进电机单电压供电的功率放大器的一种线路，步进电机的每一相绕组都有一套这样的电路。电路由二级射极跟随器和一级功率反相器组成。第一级射极跟随器 VT_1 起隔离作用，使功率放大器对环形分配器的影响减小，第二级射极跟随器 VT_2 管处于放大区，用以改善功放器的动态特性。当环形分配器的 A 输出端为高电平时，VT_3 饱和导通，步进电机 A 相绕组 L_4 中的电流从零开始按指数规律上升到稳态值。当 A 端为低电平时，VT_1、VT_2 处于小电流放大状态，VT_2 的射极电位，也就是 VT_3 的基极电位不可能使 VT_3 导通，绕组 L_4 断电。此时由于绕组的电感存在，将在绕组两端产生很大的感应电势，它和电源电压一起加到 VT_3 管上，将造成过压击穿。因此，绕组 L_4 并联有续流二极管 D_1，VT_3 的集电极与发射极之间并联 RC 吸收回路以保护功率管 VT_3 不被损坏。在绕组 L_4 上串联电阻 R_0，用以限流和减小供电回路的时间常数，并联加速电容 C_0 以提高绕组的瞬时电压，这样可使 L_4 中的电流上升速度提高，从而提高启动频率。但是串入电阻 R_0 后，无功功耗增大，为保持稳态电流，相应的驱动电压较无串接电阻时也要大为提高，对晶体管的耐压要求更高。为了克服上述缺点，出现了双电压供电电路。

② 双电压供电功放器：其电路如图 3-13（b）所示，在环形分配器送来的脉冲使 VT_1 管导通的同时，触发了单稳态触发器 D，在 D 输出的窄脉冲宽度的时间内使 VT_2 管导通，60 V 的高压电源经限流电阻 R_0 给绕组 L_4 供电。由于 D_1 承受反压，因而切断了 12 V 的低压电源。在高压供电下，绕组 L_4 的电流迅速上升，前沿很陡。当超过 D 输出的窄脉冲宽

度时，VT$_2$管截止。这时 D$_1$ 导通，12 V 低压向绕组供电以维持所需电流。当 VT$_1$ 管断电时，绕组 L_A 的自感电势使续流二极管 D$_2$ 导通，电流继续流过绕组。续流回路中串接电阻可以减小时间常数和加快续流过程。采用以上措施大大提高了电机的工作频率。

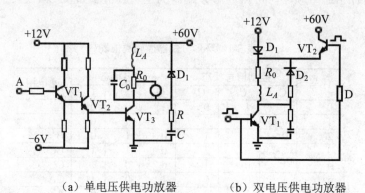

（a）单电压供电功放器   （b）双电压供电功放器

图 3-13　步进电机功放器

这种电路的特点是：开始由高压供电，使绕组中的冲击电流波形上升，前沿很陡，利于提高启动频率和最高连续工作频率，其后切断高压，由低压供电以维持额定稳态电流值，只需很小的限流电阻，因而功耗很低；当工作频率高，其周期小于单稳 D 的延迟周期时，变成纯高压供电，可获得较大的高频电流，具有较好的矩频特性。

3.2.2　直流伺服电机

直流伺服电机具有良好的启动、制动和调速特性，可以方便地在宽范围内实现平滑无级调速。尤其是大惯量宽调速直流伺服电机在数控机床中广泛的应用，为现代数控机床的执行元件提供了较为理想的动力。大惯量宽调速直流伺服电机分为电激磁和永久磁铁激磁两种，在数控机床中占主导地位的是永久磁铁激磁式（永磁式）电机，下面主要介绍永磁式直流伺服电机。

1. 永磁直流伺服电机的结构与特点

永磁式直流伺服电机由机壳、定子磁极和转子电枢三部分组成。其中定子磁极是个永久磁体，它一般采用铝镍钴合金、铁氧体、稀土钴等材料制成，这种永久磁体具有较好的磁性能的稳定性，可以产生极大的峰值转矩。其电枢铁心上有较多斜槽和齿槽，齿槽分度均匀，与极弧宽度配合合理。因此，永磁式直流伺服电机具有以下特点：

（1）输出转矩高　其设计的力矩系数较大，在相同的转子外径和电枢电流的情况下，可以产生较大的力矩，从而有利于提高电机的加速性能和响应特性；在低速时输出力矩较大，可以不经减速齿轮而直接驱动丝杠，从而避免由于齿轮传动中的间隙所引起的噪声、振动及齿隙造成的误差。

（2）动态响应好　定子采用了矫顽力很高的铁氧体永磁材料，在电机电流过载较大情况下也不会出现退磁现象，这就大大提高了电机瞬时加速转矩，改善了动态响应性能。

（3）调速范围宽　它采用增加槽数和换向片数等措施，减小电机转矩的波动，提高低转速的精度，从而大大地扩大了调速范围。它不但在低速时提供足够的转矩，在高速时，也能提供所需的功率。

（4）过载能力强　由于采用了高级的绝缘材料，转子的惯性又不大，允许过载转矩大，具有大的热容量，可以长时间地超负荷运转。

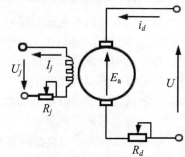

2. 永磁式直流伺服电机的工作原理

永磁式直流伺服电机的工作原理与普通直流电机相同。用永久磁铁代替普通直流电机的激磁绕组和磁极铁心，在电机气隙中建立主磁通，产生感应电势和电磁转矩。图 3-14 是永磁式直流伺服电机电路原理图。

图 3-14　永磁式直流伺服电机电路原理

电机电枢电路的电压平衡方程式为

$$U=E_a+i_dR_d \qquad\qquad (3.2\text{-}1)$$

感应电动势为

$$E_a=C_en\phi \qquad\qquad (3.2\text{-}2)$$

由以上两个方程可得电动机转速特性

$$n=\frac{U-i_dR_d}{C_e\phi} \qquad\qquad (3.2\text{-}3)$$

式中：U 为电动机电枢回路外加电压；R_d 为电枢回路电阻；i_d 电枢回路电流；C_e 为反电动势系数；ϕ 为气隙磁通量。

电动机的电磁转矩为

$$T_d=C_m\phi i_d \qquad\qquad (3.2\text{-}4)$$

因此可得电动机机械特性方程式为

$$n=\frac{U}{C_e\phi}-\frac{R_d}{C_eC_m\phi^2}T_d \qquad\qquad (3.2\text{-}5)$$

式中：C_m 为转矩系数。

可以看出，调节电机转速的方法有以下三种：

（1）改变电枢回路电压 U；

（2）改变电枢回路电阻 R_d；

（3）改变气隙磁通量 ϕ，通过改变激磁回路电阻 R_j 达到改变 ϕ 的目的。

改变电枢回路电压 U 可满足数控机床的调速需要，利用减小输入功率来减小输出功率，具有恒转矩的调速特性、机械特性和经济性能好等优点。

3. 直流伺服电机的脉宽调速系统

直流伺服电机的调速系统较多采用晶闸管（即晶闸管 SCR）调速系统和晶体管脉宽调制（Pulse Width Modulation，PWM）调速系统。晶体管脉宽调制调速系统，简称 PWM 系统，是近几年出现的一种调速系统。PWM 系统的工作原理是：利用大功率晶体管开关作用，将整流后的恒压直流电压，转换成幅值不变、脉冲宽度（持续时间）可调的高频方波电压，加到直流电动机电枢的两端。通过对方波脉冲宽度的控制，改变电枢平均值，从而达到调整电动机转速的目的。

如图 3-15 所示为直流伺服电机的脉宽调速系统原理框图。系统由晶体管脉宽放大器 PWM（主电路）、速度控制回路和电流控制回路组成，它是一个双闭环的脉宽调速系统。测速发电机或脉冲编码器 TG 检测电机的速度并变换成反馈电压 U_G，与速度给定电压 U_p 在速度控制器 ST 的输入端进行比较，构成速度环。电机的电枢电流由霍尔元件检测器测量，并输出反馈电压 U_i，与速度控制器的输出电压 U_i^* 在电流控制器 LT 的输入端进行比较，这样构成电流环。电流控制器的输出 U_c 是经变换后的速度指令电压，它与三角波 U_T 经脉宽调制电路 C，调制后得到调宽的脉冲系列，它作为控制信号输送到晶体管脉宽调制放大器 PWM 各相关晶体管的基极，使调宽脉冲系列得到放大，成为直流伺服电机电枢的输入电压。

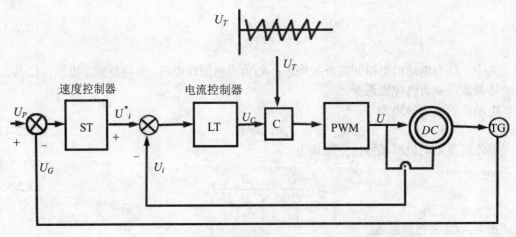

图 3-15　直流伺服电机的脉宽调速系统原理框图

（1）脉宽调制器 脉冲宽度调制器的任务是：将速度指令电压信号通过调制电路转换成脉冲周期固定而宽度可由速度指令电压信号调节变化的脉冲电压。由于脉冲周期固定，脉冲宽度的改变将使脉冲电压的平均电压改变，也就是脉冲平均电压将随速度指令电压的改变而改变，经放大后，输入电枢电压也跟着改变，从而达到调速的目的。

脉冲宽度调制器由调制信号发生器（即三角波发生器）、比较器和脉冲分配器等部分组成。图 3-16 为调制后得到的一种形式的调宽脉冲，它将三角波作为载波信号，其幅值与频率固定不变，速度指令直流电压 U_c 有正有负，经调制与脉冲分配后得到脉宽放大器基极 $b_1 \sim b_4$ 的控制电压，其特点有 $U_{b2}=U_{b3}=-U_{b1}=-U_{b4}$，在脉冲分配器中有一个延时环节，使调宽脉冲能控制脉宽放大器（图 3-17 所示）的两组三极管 VT_1、VT_4 和 VT_2、VT_3，使之一组先截止，而后另一组再导通，以防它们在交替工作时发生短路损坏。

（2）晶体管脉宽放大器 图 3-17 所示为 H 形双极性脉宽放大器的原理。放大器实际上是一个双向晶体管开关电桥的工作电路和续流电路。有四只晶体三极管，VT_1 和 VT_4 为一组，VT_2 和 VT_3 为另一组，同一组的两个三极管同时导通，同时关断。工作时两组三极管交替导通和关断。放大器的直流电源 U_d 是由功率整流器获得的，加到各晶体管基极上的电压波形如图 3-16（a）所示。

当 $0<t<t_1$ 时，$U_{b1}=U_{b4}$ 为正，$U_{b2}=U_{b3}$ 为负，使 VT_1 和 VT_4 饱和导通，VT_2 和 VT_3 截止，加在电枢端电压 $U_c=+U_c$(忽略 VT_1 和 VT_4 的饱和压降)，电枢电流 i_a 从 B 流向 A，电机即在正转状态工作，i_a 的波形见图 3-16（b）中的 i_a。

当 $t_1<t<T$ 时，U_{b1} 和 U_{b4} 为负，U_{b2} 和 U_{b3} 为正，使 VT_1 和 VT_4 截止，但 VT_2 和 VT_3 并不能立即导通。这是因为在电枢电感反电势的作用下，电枢电流 i_a 经 D_2 和 D_3 续流。由于 D_2 和 D_3 的压降使 VT_2 和 VT_3 承受反压的缘故。VT_2 和 VT_3 能否导通，取决于续流电流的大小。当 i_a 较大时，在 t_1 至 T 时间内，续流较大，则 i_a 一直为正，如图 3-16（b）所示。此时，VT_2 和 VT_3 没来得及导通，下一个周期即到来，又使 VT_1 和 VT_4 导通，电枢电流 i_a 又开始上升，使 i_a 维持在一个正值附近波动；当 i_a 较小时，在 t_1 至 T 时间内，续流可能降到零，于是 VT_2 和 VT_3 在电源电压和反电势的共同作用下导通，电动机处于反接制动状态，直到下一个周期(电枢平均电压 $U_c<0$ 情况)，VT_1 和 VT_4 导通，i_a 才开始回升，如图 3-16（c）所示。

直流伺服电动机的转向取决于电枢电流的平均值，即取决于电枢两端的电流的平均值。

若在一个周期（T）内，$t_1=T/2$，则加在 VT_1 和 VT_4 基极上的正脉冲宽度(t_1)和加在 VT_1 和 VT_3 基极上的正脉冲宽度($T-t_1$)相等，VT_1、VT_4 与 VT_2、VT_3 的导通时间相等，则电枢电压平均值为零，电机静止不动。

若 $t>T-t_1$，电枢平均电压大于零，电动机正转，平均值越大，转速越高。若 $t<T-t_1$，电枢平均电压小于零，电动机反转，平均值的绝对值越大，反转速度越高。

由上述过程可知，只要能改变加在功率放大器上的控制脉冲的宽度，就能控制电机的转向、停止和速度，并且电机的停止是动态静止，有利于消除正反转死区。

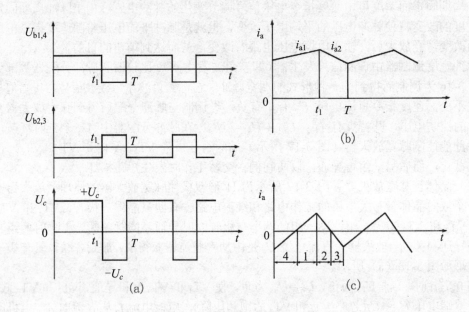

图 3-16　直流脉宽调制信号

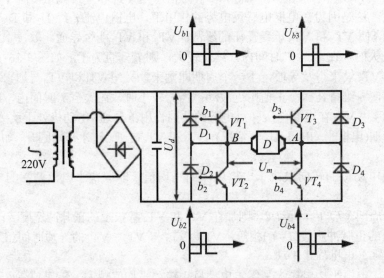

图 3-17　H 形双极性脉宽放大器原理

此外，PWM 调速系统具有下列特点。

① 频带宽　晶体管的"结电容"小，截止频率高于晶闸管，因此可允许系统有较高的工作频率，较宽的频带，系统动态性能好，动态响应迅速，能给出极快的定位速度和很高的定位精度，适合于起动频繁的场合。

② 电机脉动小　晶体管输出电流接近于直流，纹波系数小，电机输出转矩平稳，运行平稳，对低速加工有利。

③ 电源的功率因数高　整个工作范围内功率因素可达 90%。

④ 动态硬度好　系统具有良好的线性。

3.2.3　交流伺服电机

直流伺服电机在数控进给伺服系统中曾得到广泛的应用，它具有良好的调速和转矩特性，但是它的结构复杂、制造成本高、体积大，而且电机的电刷容易磨损，需经常维护，换向器会产生火花，使直流伺服电机的容量和使用场合受到限制。交流伺服电机结构简单，成本低廉，没有电刷和换向器等结构上的缺点，使用可靠、基本上无需维修，并且随着新型功率开关器件、专用集成电路、计算机技术和控制算法等的发展，使得交流伺服驱动的调速特性更能适应数控机床进给伺服系统的要求。现代数控机床都倾向采用交流伺服驱动，交流伺服驱动大有取代直流伺服驱动之势。交流伺服电机可分为交流异步（感应）电机和交流同步电机。目前数控机床进给驱动中多采用永磁式交流同步电机，下面主要介绍永磁式交流同步电机。

1. 永磁式交流同步电机的结构和原理

永磁式交流伺服电机主要由三部分组成，包括定子、转子和检测元件，如图 3-18 所示。转子由多块永磁铁和铁心组成，同一种铁心和相同的磁铁块数可以装成不同的级数。定子有齿槽，内有三相绕组，形状与普通感应电机的定子相同，但其外轮廓设计为多边形，且无外壳，以利于散热。检测元件一般都用脉冲编码器，也可用旋转变压器加测速发电机，用以检测电机的转角位置、位移和旋转速度。

永磁式交流伺服电机的工作原理与普通异步电机相似。当定子三相绕组通上交流电后，就产生一个旋转磁场，该旋转磁场以同步转速旋转。由于磁极同性相斥，异性相吸，定子旋转磁极与转子的永磁磁极互相吸引，并带着转子一起旋转，转子也以同步转速与旋转磁场一起旋转。当转子加上负载转矩之后，将造成定子与转子磁场轴线的不重合，转子磁极轴线将落后定子磁场轴线一个角度，该角度随着负载的增加而增大。在一定的限度内，转子始终跟着定子的旋转磁场以恒定的同步转速旋转。

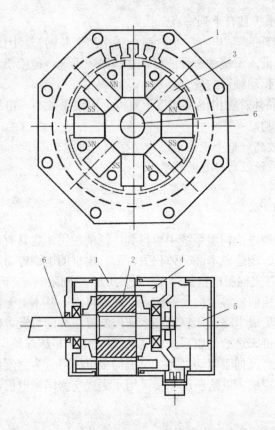

1-定子　2-转子　3-磁铁　4-绕组　5-检测元件　6-主轴

图 3-18　永磁式交流同步电机的结构

2. 交流伺服电机的变频调速

交流伺服电机的速度调节通常由调频调速的方法实现。交流电机的转速 n，与电源频率 f，电机极对数 p 以及转速的转差率 S 之间的关系为

$$n=60f（1-S）/p \qquad (3.2\text{-}6)$$

对于异步电机 $S\neq0$，由式（3.2-6）可知，改变 f，电机的转速 n 与 f 成比例变化。但在异步电机中，定子绕组的反电势为

$$E = 4.44f\omega k\phi \qquad (3.2\text{-}7)$$

如果略去定子的阻抗压降，则端电压

$$U\approx E=4.44f\omega k\phi \qquad (3.2\text{-}8)$$

由式（3.2-8）可见，在感应系数为定值的情况下，若端电压不变，则随着频率 f 与相

应的同步角度 ω 的升高，气隙磁通 ϕ 将减小。

$$M = C_m \phi I_2 \cos \phi \tag{3.2-9}$$

由转矩公式 3.2-9 可以看出，ϕ 值减小，电机转子的感应电流 I_2 相应减小，势必导致电机的允许输出转矩 M 下降。因此，变频调速时，为了获得恒转矩输出，需同时改变定子端电压 U 以维持 ϕ 从而使 M 接近不变。可见交流伺服电机变频调速的关键问题是要获得调频调压的交流电源。

实现调频调压有多种多样的方法，通常都是采用交流－直流－交流的变换电路来实现，这种电路的主要组成部分是电流逆变器。图 3-19 所示是两种典型的变频电路的原理框图。在图 3-19（a）的电路中，由担任调压任务的晶闸管整流器、中间直流滤波环节和担任调频任务的逆变器组成，这是一种脉冲幅值调制（PAM）的控制方法。这种电路要改变逆变器输入端的电流电压，以控制逆变器的输出电压，即交流电压，而在逆变器内只对输出的交流电压的频率进行控制。图 3-19（b）所示的电路，由交流－直流变换的二极管整流电路获得恒定的直流电压，再由脉宽调制（PWM）的逆变器完成调频和调压任务，这是脉宽调制的控制方法。逆变器输入为恒定的直流电压，在逆变器对输出的交流电的电压和频率进行控制。这种方案只有一个可控功率级、装置的体积小，价格低，可靠性高，电网的功率因数高，电压和频率的调节速度快，动态性能好，输出的电压电流波形接近于正弦波，因而电机的运行特性好，是一种常用的方案。

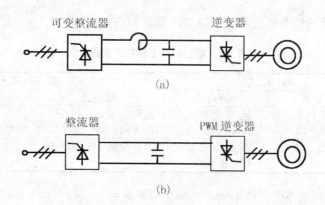

图 3-19　变频调速电路的原理框图

对于交流伺服电机的变频调速系统，正弦控制波可以由矢量变换控制原理来获得。异步电机的矢量变换控制，是一种新的控制理论方法，它的作用是使得异步电机能像直流电机那样，实现磁通和转矩的单独控制，使异步电机能够获得与直流电机同样的控制灵活性和动态特性。

3.3 数控机床检测装置

检测装置是闭环伺服系统的重要组成部分。它的作用是检测各种位移和速度，发送反馈信号，构成伺服系统的闭环控制。闭环控制的数控机床的加工精度主要取决于检测系统的精度。位移检测系统能够测量出的最小位移量称为分辨率。分辨率不仅取决于检测装置本身，也取决于检测电路。因此，研制和选用性能优越的检测装置是很重要的。一般来说，数控机床上使用的检测装置应满足以下要求：

（1）满足数控机床的精度和速度要求 随着数控机床的发展，其精度和速度要求越来越高。从精度上讲，通常要求其检测装置的检测精度在 $\pm 0.002 \sim 0.02$ mm/m 之间，测量系统分辨率在 $0.001 \sim 0.01$ mm 之间；从速度上讲，进给速度已从 10 m/min 提高到 $20 \sim 30$ m/min，主轴转速也达到 10000 r/min，有些高达 100000 r/min，因此要求检测装置必须满足数控机床高精度和高速度的要求。

（2）高可靠性和高抗干扰性 检测装置应具有强的抗电磁干扰的能力，对温、湿度敏感性低，工作可靠。

（3）使用维护方便，适合机床运行环境 测量装置安装时要达到安装精度要求，同时整个测量装置要有较好的防尘、防油雾、防切屑等防护措施，以适应使用环境。

（4）成本低。

用于数控机床上的检测装置的类型很多，见表 3-2。

表 3-2 数控机床上的检测装置

类型	数 字 式		模 拟 式	
	增量式	绝对式	增量式	绝对式
回转型	增量式光电脉冲编码器、圆光栅	绝对式光电脉冲编码器	旋转变压器、圆型感应同步器、圆型磁尺	多极旋转变压器、三速圆型感应同步器
直线型	计量光栅、激光干涉仪	多通道透射光栅、编码尺	直线型感应同步器、磁尺	三速直线型感应同步器、绝对值式磁尺

按其测量方式和所获信号的不同，可分为以下两种。

1. **数字式与模拟式**

（1）数字式测量 是将被测量单位量化为数字形式表示，测量信号量化后转换成电脉冲，便于比较和显示处理。数字式检测装置比较简单，脉冲信号抗干扰能力强，其测量精度与量程基本无关。

（2）模拟式测量 是将被测量单位用连续的变量来表示，如电压的幅值变化、相位变化。测量信号无需量化，直接进行检测；也可将模拟信号转换成数字脉冲信号后，进行比较和显示。在大量程内作精确的模拟式检测，在技术上有较高的要求，数控机床中模拟式检测主要用于小量程测量。

2. 增量式与绝对式

（1）增量式测量　只测量位移增量，移动一个测量单位即发出一个测量信号，位移的距离由增量值累计求得。其优点是检测装置比较简单，能做到高精度，任何一个对中点均可作为测量起点，其缺点是一旦计数有误，此后结果全错。发生故障时（如断电、断刀等），事故排除后，很难找到正确位置。

（2）绝对式测量　被测量的任一点都以一个固定的零点作基准，每一被测点都有一个相应的测量值。这样就避免了增量式检测方式的缺陷，但其结构较为复杂，而且测量的分辨率与位移量均受到一定的限制。

不同类型数控机床对检测装置的精度和适应的速度要求是不同的，对大型机床以满足速度要求为主。对中、小型机床和高精度机床以满足精度要求为主。选择测量系统的分辨率应比加工精度高一个数量级。下面就数控机床上常用的检测装置作一介绍。

3.3.1　旋转变压器

旋转变压器是一种常用的电磁感应式位移检测元件，由于它结构简单，可单独和滚珠丝杠相连，也可与伺服电动机组成一体，且工作可靠，精度较好，因此被广泛应用在数控机床上。

1. 旋转变压器的结构

旋转变压器的结构和两相绕线式异步电机的结构相似，可分为定子和转子两大部分。定子和转子的铁心由铁镍软磁合金或硅钢薄板冲成的槽状片叠成。它们的绕组分别嵌入各自的槽状铁心内。定子绕组通过固定在壳体上的接线柱直接引出。转子绕组有两不同的引出方式。根据转子绕组两种不同的引出方式，旋转变压器分为有刷式和无刷式两种类型。

有刷旋转变压器定子与转子上两相绕组轴线分别互相垂直，转子绕组的端点通过电刷与滑环引出，如图 3-20 所示，由于可靠性差，寿命短，较少在数控机床上使用；无刷旋转变压器如图 3-21 所示，由分解器与变压器组成，无电刷和滑环。分解器结构与有刷旋转变压器基本相同；变压器的一次绕组绕在与分解器转子轴固定在一起的线轴上，与转子一起转动，二次绕组绕在与转子同心的定子轴线上。分解器定子线圈外接激磁电压，转子线圈输出信号接到变压器的一次绕组，从变压器的二次绕组引出最后的输出信号。无刷旋转变压器的特点是：输出信号大，可靠性高且寿命长，不用维修，更适合数控机床使用。

常见的旋转变压器一般有两极绕组和四极绕组两种结构形式。两极绕组旋转变压器的定子和转子各有一对磁极，四极绕组则有两对磁极，主要用于高精度的检测系统。除此之外，还有多极式旋转变压器，用于高精度绝对式检测系统。

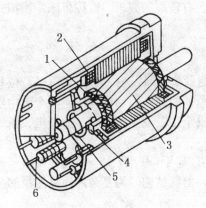

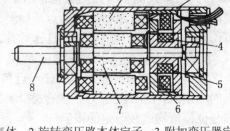

1-转子绕组　2-定子绕组　3-转子　　　　　1-壳体　2-旋转变压路本体定子　3-附加变压器定子

4-整流子　5-电刷　6-接线柱　　　　　　　4-附加变压器原边线圈　5-附加变压器转子线轴

　　　　　　　　　　　　　　　　　　　　6-附加变压器次边线圈　7-旋转变压器本体转子　8-转子轴

图 3-20　有刷式旋转变压器　　　　　　　　图 3-21　无刷式旋转变压器

2. 旋转变压器的工作原理

实际应用的旋转变压器为正、余弦旋转变压器，是按互感原理工作的，如图 3-22 所示为正、余弦旋转变压器原理图。其定子与转子两个绕组互相垂直，当定子上的两个绕组分别为正弦绕组（激磁电压为 U_s）和余弦绕组（激磁电压为 U_c）时，转子绕组中的一个绕组为输出电压 U，另一个绕组接高阻抗作为补偿，θ 为转子偏转角。定子绕组通入交变的激磁电压（频率为 2～4 kHz），根据电磁学原理，转子绕组中的感应电势则为

$$U=kU_s\sin\theta \text{ 或 } U=kU_c\cos\theta \qquad\qquad (3.3\text{-}1)$$

式中：k 为电磁耦合系数，即定子绕组与转子绕组的匝数之比；U_s、U_c 为定子绕组上的正、余弦激磁电压；θ 为转子偏转角。

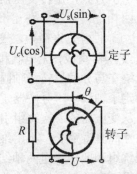

图 3-22　正、余弦旋转变压器原理图

　　由式（3.3-1）可知，转子绕组中的感应电势 U 为以转子和定子的相对角位移 θ 以正弦函数变化。因此，只要测量出转子绕组中的感应电势的幅值，便可间接地得到转子相对于定子的位置，即 θ 角的大小，也就可间接获得机床工作台的位移。

　　旋转变压器在实际应用时有鉴相式和鉴幅式两种工作方式。

　　（1）鉴相式工作方式　鉴相式工作方式是一种根据旋转变压器转子绕组中感应电势的相位来确定被测位移大小的检测方式。给定子的两个绕组通以幅值相等、频率相同的正、余弦激磁电压

$$U_s=U_m\sin\omega t \qquad U_c=U_m\cos\omega t$$

转子旋转后，两个激磁电压在转子绕组中产生的感应电压线性叠加得

$$U=kU_s\sin\theta+kU_c\cos\theta=kU_m\cos(\omega t-\theta) \qquad (3.3\text{-}2)$$

　　由式（3.3-2）可见，旋转变压器转子绕组中的感应电势与定子绕组中的激磁电压同频率，但相位不同，其差值为 θ。而 θ 角正是被测位移，故通过比较感应电势 U 与定子激磁电压信号 U_c 的相位，便可求出 θ。

　　（2）鉴幅式工作方式　鉴幅式工作方式是通过旋转变压器转子绕组中感应电势幅值的检测来实现位移检测的。给定子的两个绕组分别通上频率、相位相同但幅值不同，即调幅的激磁电压

$$U_s=U_m\sin\alpha\sin\omega t \qquad U_c=U_m\cos\alpha\sin\omega t$$

式中　α 角可以改变，称其为旋转变压器的电气角，则在转子绕组上得到感应电压为

$$U=kU_s\sin\theta+kU_c\cos\theta=kU_m\sin\omega t(\sin\alpha\sin\theta+\cos\alpha\cos\theta)=kU_m\sin\omega t\cos(\alpha-\theta) \qquad (3.3\text{-}3)$$

　　由式（3.3-3）可以看出，应用时只要不断改变激磁调幅电压幅值的电气角 α，使之跟踪 θ 的变化，测量感应电压幅值即可求得被测轴的机械角位移。

3. 旋转变压器的应用

　　在旋转变压器的鉴相式和鉴幅式工作方式中，感应信号 U 均是关于 θ 的周期性函数，在实际应用中，都需要将被测角位移 θ 角限定在 $\pm\pi$ 之内，只要 θ 在 $\pm\pi$ 之内，就能够被正确地检测出来。事实上，对于被测角位移大于 π 或小于 $-\pi$ 的情况，如用旋转变压器检测机床丝杠转角的情况，尽管总的机床丝杠转角 θ 可能很大，远远超出限定的 $\pm\pi$ 范围，但却是机床丝杠转过的若干次小角度 θ_i 之和，即

$$\theta=\theta_1+\theta_2+\cdots+\theta_n=\sum_{i=1}^{n}\theta_i \qquad (3.3\text{-}4)$$

　　而 θ_i 很小，在数控机床上一般不超过 3°，符合 $-\pi\leqslant\theta_i\leqslant\pi$ 的要求，旋转变压器及其信号处理线路可以及时地将它们一一检测出来，并将结果输出。因此，这种检测方式属于动态跟随检测和增量式检测。

3.3.2　感应同步器

感应同步器是一种电磁感应式的高精度的位移检测装置，实质上，它是多极旋转变压器的展开形式。感应同步器分旋转式和直线式两种，前者用于角度测量，后者用于长度测量，两者工作原理相同。感应同步器具有检测精度比较高、抗干扰性强、寿命长、维护方便、成本低、工艺性好等优点，广泛应用于数控机床及各类机床的数控改造。

1.　感应同步器的结构组成

直线型感应同步器由定尺和滑尺组成，如图 3-23 所示，其定尺和滑尺基板是由与机床热膨胀系数相近的钢板做成，钢板上用绝缘粘结剂贴以铜箔，并利用照像腐蚀的办法做成图示的印刷绕组。感应同步器定尺和滑尺绕组的节距相等，绕组节距 $2\tau = 2$ mm，滑尺与定尺相互平行，留有间隙 0.2～0.3 mm。定尺是单向均匀感应绕组，尺长一般为 250 mm，定尺表面上涂有耐切削液涂层。滑尺上有正、余弦两组激磁绕组，并相互错开 1/4 节距排列，滑尺长度小于 150 mm，滑尺绕组上粘贴有一层铝箔，以防静电感应。增大测量长度时，可将多条定尺连接，相邻两尺的绕组用导线焊接起来并保持连接后连续绕组节距的精度。

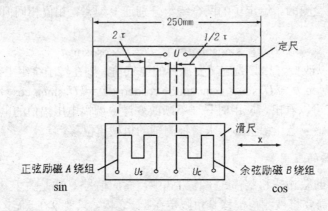

图 3-23　感应同步器的结构原理图

2.　感应同步器的工作原理

感应同步器的工作原理与旋转变压器的工作原理相同，滑尺的两个激磁绕组通以激磁电压，滑尺与定尺相对移动时，在定尺上便产生感应电势，感应电势的大小取决于滑尺相对定尺的位置。图 3-24 给出了滑尺相对于定尺处于不同的位置时，定尺绕组中感应电势的变化情况。设当滑尺的正弦绕组 U_s 与定尺绕组重叠时，如 A 点，这时绕组完全耦合，感应电势最大。如果滑尺相对于定尺从 A 点逐渐向左（或右）平行移动，感应电势就随之逐渐减小，在两绕组刚好错开 1/4 节距的位置 B 点，感应电势减为零；若再继续移动，移到 1/2 节距的 C 点，感应电势相应地变为与 A 位置相同，但极性相反。到达 3/4 节距的 D 时，感应电势再一次变为零；其后，移动了一个节距到达 E 点时，电势幅值与 A 点位置相同。这样滑尺在移动一个节距的过程中，感应电势变化了一个余弦波形。同理，因余弦绕组与正弦绕组错开 1/4 个节距，即 π/2 的相位角，由余弦绕组激磁在定尺上产生的感应电势应按正弦规律变化。定尺上的总感应电压，是上述两个感应电势的线性叠加。

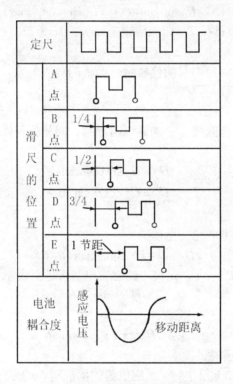

图 3-24　感应同步器工作原理

定尺和滑尺绕组的节距均为 2τ，当两尺相对移动 2τ 后，感应电势以余弦或正弦函数变化电气角 2π，当相对移动距离为 x 时，则对应的感应电势将变化一个相位角 θ，由比例关系

$$\frac{\theta}{2\pi} = \frac{x}{2\tau}$$

可得

$$\theta = \frac{\pi x}{\tau} \tag{3.3-5}$$

同旋转变压器工作方式相似，根据滑尺中激磁绕组供电方式不同，感应同步器可分为相位工作方式和幅值工作方式。

（1）相位工作方式

给滑尺正弦绕组和余弦绕组通以幅值相等、频率相同的正、余弦激磁电压，即

$$U_s=U_m\sin\omega t \qquad U_c=U_m\cos\omega t$$

当滑尺移动 x 距离时，定尺绕组中的感应电势为

$$U=kU_m\sin(\omega t-\theta)=kU_m\sin(\omega t-\pi x/\tau) \tag{3.3-6}$$

式中：k 为电磁耦合系数；U_m 为激磁电压幅值；2τ 为节距；x 为滑尺移动距离；θ 为电气相位角。

可见，定尺的感应电势与滑尺的位移量有严格的对应关系，通过测量定尺感应电势的相位，即可测得滑尺的位移量。

（2）幅值工作方式

给滑尺的正弦绕组和余弦绕组分别通以同频率、同相位但幅值不同，即调幅的激磁电压。

$$\begin{cases} U_s = U_m \sin\theta_1 \sin\omega t \\ U_c = U_m \cos\theta_1 \sin\omega t \end{cases}$$

式中　θ_1 为给定电气角。

则滑尺移动时，定尺上的感应电压为

$$U=kU_s\cos\theta+kU_c\sin\theta=kU_m\sin\omega t\sin(\theta_1-\theta)=kU_m\sin\omega t\sin\Delta\theta \tag{3.3-7}$$

当 $\Delta\theta$ 很小时，$\sin\Delta\theta\approx\Delta\theta$，定尺上的感应电势可近似表示为

$$U\approx kU_m\sin\omega t\Delta\theta$$

而　　$\Delta\theta=\pi\Delta x/\tau$

则有　　　　　　　　　　$U=kU_m(\pi/\tau)\Delta x\sin\omega t$ \qquad\qquad (3.3-8)

式中　Δx 为滑尺位移增量。

由此可见，当位移量 Δx 很小时，感应电势的幅值和 Δx 成正比，因此可以通过测量 U 的幅值来测定位移量 Δx 的大小。

3. 感应同步器检测系统的应用

感应同步器作为位置测量装置安装在数控机床上，有相位工作方式即鉴相方式和幅值工作方式即鉴幅方式，对应有鉴相测量系统和鉴幅测量系统。

（1）鉴相测量系统

如图 3-25 所示，感应同步器鉴相测量系统由脉冲—相位变换器、激磁供电线路、信号放大器、鉴相器及感应同步器组成。

此时感应同步器以相位工作方式工作，若以位移指令值的相位信号作为基准相位信号，给感应同步器的滑尺中两绕组供电，定尺感应电压相位反映相位工作台实际位移。基准相位与感应相位的相位差为实际位置与指令位置的差距，用其作为伺服驱动的控制信号，控制执行元件向减小误差的方向运动。

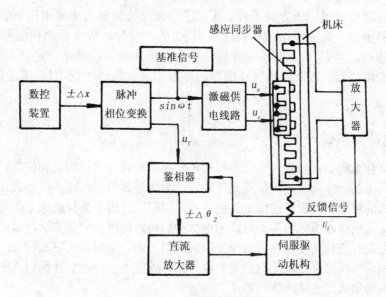

图 3-25　鉴相测量系统

（2）鉴幅测量系统

如图 3-26 所示，感应同步器鉴幅测量系统由数模转换器、正余弦振荡器、放大器、相位补偿器及感应同步器等组成。

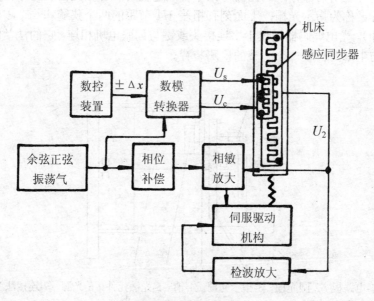

图 3-26　鉴幅测量系统

此时感应同步器以幅值方式工作。通过鉴别定尺绕组输出感应电压信号的幅值，就可以进行位移测量。定尺绕组输出的感应电压 U_2，经检波放大控制伺服系统驱动机构带动工作台移动，当 U_2 为零时，误差信号消失，工作台停止移动。定尺上感应电压 U_2 同时输至相敏放大器，与来自相位补偿器的标准正余弦信号进行比较，以控制工作台的运动方向。

3.3.3　光电脉冲编码器

编码器又称编码盘或码盘，它把机械转角转换成电脉冲，以测出轴的旋转角度、位置和速度的变化，是一种常用的角位移测量装置。编码器分为光电式、接触式和电磁感应式三种，光电式的精度和可靠性均优于其他两种，因而广泛用于数控机床上。光电式编码器可分为增量式光电脉冲编码器和绝对式光电脉冲编码器两种。增量式脉冲编码器能够把回转件的旋转方向、旋转角度和旋转角速度准确测量出来。绝对式光电脉冲编码器可将被测转角转换成相应的代码来指示绝对位置而没有累计误差，是一种直接编码式的测量装置。下面重点介绍增量式光电脉冲编码器。

1．光电脉冲编码器的结构

图 3-27 所示为增量式光电脉冲编码器的结构。它由电路板、圆光栅、指示光栅、轴、光敏元件、光源和连接法兰等组成。圆光栅是在一个圆盘的圆周上刻有相等间距的线纹，分为透明的和不透明的部分，圆光栅与工作轴一起旋转。与圆光栅相对平行地放置一个固定的扇形薄片，称为指示光栅，上面刻有相差 1/4 节距的两个狭缝和一个零位狭缝（一转发出一个脉冲）。光电编码器通过十字连接头或键与伺服电机相连。它的法兰固定在电机端面上，罩上防尘罩，构成一个完整的检测装置。

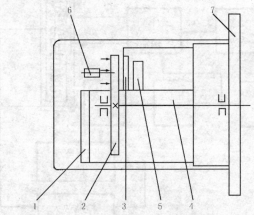

1-电路板　2-圆光栅　3-指示光栅　4-轴　5-光敏元件　6-光源　7-连接法兰

图 3-27　光电脉冲编码器的结构

2. 光电编码器的工作原理

当圆光栅旋转时，光线透过两个光栅的线纹部分，形成明暗相间的条纹。光电元件接收时断时续的光信号，并转换为交替变化的近似于正弦波的电流信号 A 和 B，A 信号和 B 信号相位相差 90°，经过放大和整形变成方波，如图 3-28 所示。根据信号 A 和信号 B 的发生顺序，即可判断光电编码器轴的正反转。若 A 相超前于 B 相，则对应正转；若 B 相超前于 A 相，则对应反转。数控系统正是利用这一相位关系来判断方向的。

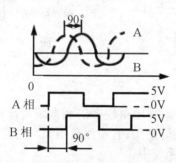

图 3-28　光电编码器的输出波形

3. 光电脉冲编码器在数控机床上的应用

光电脉冲编码器可以用于测相对位移和转速，其中，转速可由光电编码器发出的脉冲频率或周期测量。

用脉冲频率法测转速，是在给定的时间内对光电编码器发出的脉冲计数，然后由下式求出转速，即

$$n = \frac{N_1}{N} \times \frac{60}{t} \quad (\text{r/min}) \tag{3.3-9}$$

式中：t 为测速采样时间（秒）；N_1 为 t 时间内测的脉冲数；N 为编码器每转脉冲数。

图 3-29 所示为用脉冲频率法测转速原理。在给定 t 时间内，使门电路选通，编码器输出的脉冲允许进入计数器计数，这样可以算出 t 时间内光电编码器平均转速。

图 3-30 所示为利用脉冲周期法测量转速的原理，当编码器输出脉冲正半周期时导通门电路，标准时钟脉冲通过控制门进入计数器计数，由计数编码器可得出转速 n，即

$$n = \frac{60}{2N_2 NT} \quad (\text{r/min}) \tag{3.3-10}$$

式中：N 为编码器每转脉冲数；N_2 为编码器一个脉冲间隔内标准时钟脉冲输出个数；T 为标准时钟脉冲周期（秒）。

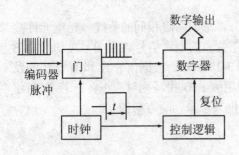

图 3-29　脉冲频率法测转速原理

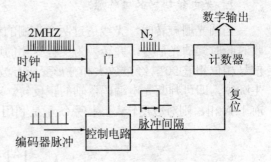

图 3-30　脉冲周期法测量转速的原理

3.3.4　光栅

　　光栅是闭环伺服系统中另一种用得较多的测量装置，可用作直线位移或角位移的检测。其测量输出的信号为数字脉冲，具有检测范围大，测量精度高，响应速度快等特点。被广泛用于数控机床伺服测量系统中。

　　光栅种类很多，按其用途分为物理光栅和计量光栅。物理光栅的刻线细而密，栅距在 0.002～0.005 mm 之间，通常用于光谱分析和光波波长测定。计量光栅相对来说刻线较粗，栅距为 0.004～0.25 mm 之间，通常用于数字检测系统。按其制造方法和光学原理分为透射光栅和反射光栅。在一块透明玻璃片上刻一系列平行等间隔密集线纹的光栅，为透射光栅；在长条形金属镜面上制成全反射与漫反射间隔相等的密集线纹的光栅，为反射光栅。按其形状可分为圆光栅和长光栅两种。圆光栅用于角度测量；长光栅用于直线位移检测。在数控系统中用得较多的是透射光栅，以下主要介绍透射光栅。

　　1. 光栅的结构

　　光栅检测装置的结构由标尺光栅和指示光栅两部分组成。如图 3-31 所示。通常标尺光栅固定在机床的活动部件上，指示光栅装在机床的固定部件上。常用的透射光栅的线纹密度有 25、50、100 和 250 条/mm 等四种，某些特殊用途的光栅可达 1000 条/mm。光栅线纹之间的距离 ω 称为节距或栅距。

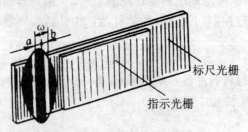

图 3-31　光栅检测装置的结构

2. 光栅的工作原理

如果标尺光栅与指示光栅具有相同的栅距 ω，指示光栅相对标尺光栅转过微小角度 θ，并且以平行光垂直照射标尺光栅时，则将在与线纹垂直的方向，呈现出明暗交替、间隔相等的粗大条纹，称为莫尔条纹。图 3-32 表示光栅形成莫尔条纹的原理。由于两光栅间的微小角度 θ 造成了线纹交叉，交点近旁的小区域内黑线重叠，减少了遮光面积，所以挡光效应消弱,透光累积结果使这个区域出现亮带。相反，距交点远些的区域，光栅不透明，黑线的重叠部分减少，遮光面积大，挡光效应增强而出现暗带，这就是光栅莫尔条纹的成因。当光栅移动一个

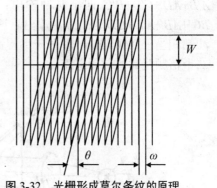

图 3-32　光栅形成莫尔条纹的原理

栅距时，莫尔条纹也相应准确地移动一个条纹宽度 W；若光栅往相反方向移动时，条纹也往相反方向移动。莫尔条纹间距 W 为：

$$W = \omega/\theta \qquad\qquad (3.3\text{-}11)$$

此式表明：莫尔条纹的间距可以通过改变 θ 的大小来调整。可以看出，光栅莫尔条纹是一种简单的放大机构，其放大倍率为线纹交角 θ 的倒数。若 $\omega = 0.01$ mm，$W = 10$ mm，则其放大倍数为 $1/\theta = W/\omega = 1000$ 倍。即莫尔条纹间距比栅距大到近千倍，这是莫尔条纹的独具特点。

莫尔条纹是由若干线纹组成的。例如，对于每毫米 100 条线纹的光栅，10 mm 宽的一根莫尔条纹就由 1000 根线纹组成的。因此决定光栅测量精度是一组线的平均精度，同时莫尔条纹节距之间所固有的相邻误差就平均化了，因而能在很大程度上消除短周期误差的影响，这是莫尔条纹的平均效应。

3. 光栅检测装置的检测电路

为了提高光栅的分辨率，需增加其刻线密度，但刻线密度达 200 条/mm 以上的光栅制造较困难，成本也高。为此，通常用电子和机械细分的方法来提高精度。如图 3-33 就是一个四倍频的电子细分电路。这样电路就可将读数精度提高为原来的四倍，还将模拟量位移转化为数字量。

当指示光栅和标尺光栅相对移动时，硅光电池产生正弦波电流信号，这些信号送至差分放大器，再通过整形，使之成为正弦和余弦方波。然后经微分电路获得脉冲，由于脉冲是在方波的上升沿产生的，如图 3-33 所示。为了使 0°、90°、180° 和 270° 的位置上都得到脉冲，所以将正弦和余弦方波分别各自反相一次，然后再微分，这样可以得到四个脉冲。为了判别正向和反向运动，还用一些与门把四个方波 sin、−sin、cos 和 −cos（即 A、C、

B 和 D)和四个脉冲进行逻辑组合。当正方向运动时，通过与门 1~4 及或门 H_1 得到 $A'B+AD'+C'D+B'C$ 四个脉冲输出；当反方向运动时，通过与门 5~8 及或门 H_2 得到 $BC'+AB'+A'D+CD'$四个脉冲输出。这样，如果光栅的栅距为 0.02 mm，四倍频后每一个脉冲都相当于 0.005 mm，使分辨率提高四倍。除了上述四倍频电路外，还有八倍频、十倍频、二十倍频及其他倍频电路。

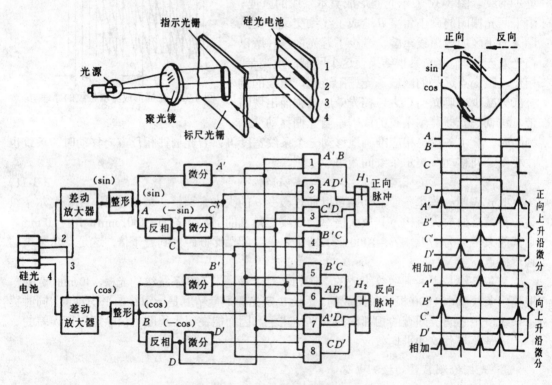

图 3-33　光栅四倍频的电子细分电路

3.3.5　磁尺

磁尺是一种精度较高的位置检测装置，可用于各种测量机、精密机床和数控机床。磁尺按其结构可分为直线磁尺和圆型磁尺，分别用于直线位移和角度位移的测量。磁尺制作简单、安装调整方便，对使用环境的条件要求较低，对周围电磁场的抗干扰能力较强，在油污、粉尘较多的场合下使用有较好的稳定性。现将其结构及工作原理分述如下。

1. 磁尺检测装置的结构及工作原理

磁尺由磁性标尺、磁头和检测电路组成，该检测装置如图 3-34 所示。磁性标尺一般采用非导磁材料做基体，在上面镀上一层 0～30 μm 厚的高导磁材料，形成均匀膜，再用录磁磁头在尺上记录相等节距的周期性的方波、正弦波或脉冲磁化信号，作为测量的基准。最后在磁尺表面涂上一层 1～2 μm 厚的保护层，以防磁尺与磁头频繁接触而引起的磁膜磨损。

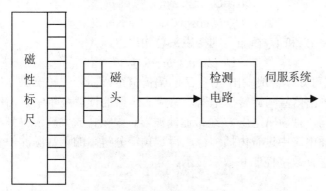

图 3-34　磁尺的结构

磁头是进行磁—电转换的变换器，它把反映空间位置的磁信号转换为电信号输送到检测电路中去，其原理与录音磁带的原理相同。但录音磁带的磁头（称为速度响应型磁头）只有和磁带之间有一定相对运动速度时，才能检测出磁化信号。这种磁头只能用于动态测量。而检测数控机床位置时，为了在低速运动和静止时也能进行位置检测，必须采用磁通响应型磁头。磁通响应磁头由铁芯、两个产生磁通方向相反的激磁绕组和两个串联的拾磁绕组组成。将高频激磁电流通入激磁绕组时，在磁头上产生磁通，当磁头靠近磁尺时，磁尺上的磁信号产生的磁通进入磁头铁芯，并被高频激磁电流产生的磁通所调制。于是在拾磁线圈中产生一个周期性的感应电势 U，该电势在一个周期内两次过零，两次出现峰值。

$$U = U_0 \sin(2x\pi/\lambda)\sin\omega t \tag{3.3-12}$$

式中：U_0 为感应电压系数；λ 为磁尺磁化信号的节距；x 为磁头相对于磁尺的位移；ω 为激磁电流的角频率。

可见磁头输出信号的幅值是位移 x 的函数，只需测出 U 过零次数，即可得到位移大小。

2. 磁尺检测装置的检测电路

磁尺检测是模拟测量，检出信号是模拟量，必须经检测电路处理变换，才能获得表示位移量的脉冲信号。检测线路包括激磁电路、信号滤波、放大、整形、倍频、数字化等电路环节。根据激磁方式的不同，磁尺检测也可分为鉴幅检测和鉴相检测两种，鉴相检测方式应用较多。

鉴相检测的分辨率可以大大高于录磁节距 λ，可通过提高内插脉冲频率以提高系统的分辨率。鉴相检测的原理如图 3-35 所示，两个磁头 I、II 的激磁电流，由分频、滤波和功放后获得，磁头移动距离 x 后的输出电压为

$$U_1=U_0\sin（2x\pi/\lambda）\cos\omega t$$
$$U_2=U_0\cos（2x\pi/\lambda）\sin\omega t$$

在求和电路中将 U_1 和 U_2 相加，则得磁头总输出电压为

$$U=U_0\sin（\omega t+2x\pi/\lambda） \tag{3.3-13}$$

由（3.3-13）式可知，合成输出电压 U 的幅值恒定，而相位随磁头与磁尺的相对位置 x 变化而变化。其输出信号与旋转变压器，感应同步器的读取绕组中取出的信号相似，所以其检测电路也相同。总输出电压 U 经带通滤波器、限幅、放大整形得到与位置量有关的信号，送入检相内插电路中进行内插细分，得到预定分辨串的计数脉冲信号。计数信号送入数控系统，即可进行数字控制和数字显示。

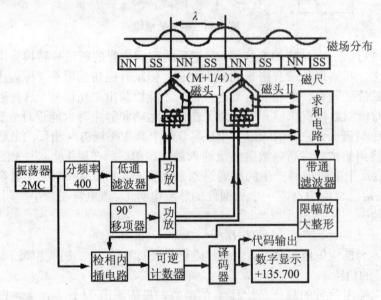

图 3-35　磁尺的鉴相检测电路

3.3.6　激光检测装置

激光是一种单色光，其波长短、稳定好，相干性强，有很好的方向性等特点。广泛用

于长距离、高精度的位置检测。激光测距利用光的干涉原理，使两束激光产生明暗相间的干涉条纹，由光电元件接受并转换成电信号，经处理后由计数器计数，从而实现对位移的测量。激光测量的分辨率高，如果利用倍频等电子技术还能获得更高的分辨率。常用的激光测距法有单频激光干涉法与双频激光干涉法。激光干涉仪的计量精度和分辨率都很高，对使用环境的要求高，价格也较贵，目前多用于高精度的磨床、镗床和坐标测量机床位置检测装置以及定位系统，因此经常使用双频激光干涉仪作为精密机床的测量装置。本节重点介绍双频激光干涉仪的工作原理。

双频激光干涉仪由激光器、检偏器、光学干涉部分、光电接收元件、计算机等组成，如图 3-36 所示。将激光器放置于轴向磁场中，发出的激光为方向相反的右旋圆偏振光和左旋圆偏振光，得到两种频率 f_1、f_2 的双频激光。经分光镜 M_1，一部分反射光经检偏器射入光电元件 D_1，取得频率为 $f_基 = f_1 - f_2$ 的光电流；另一部分通过分光镜 M_1 的折射到达分光镜 M_2 的 a 处。频率为 f_2 的光束完全反射经滤光器变为线偏振光 f_2，投射到固定棱角镜 M_4 后并反射到分光镜 M_2 的 b 处。频率为 f_1 的光束折射经滤光器变为线偏振光 f_1，投射到可动棱镜 M_3 后也反射到分光镜 M_2 的 b 处，两者产生相干光束。若 M_4 移动，则反射光的频率发生变化而产生多普勒效应，其频差为多普勒频差 Δf。

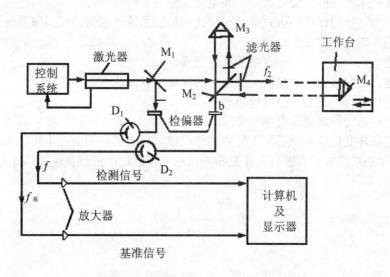

图 3-36　双频激光干涉仪的组成及原理

频率 $f = f_1 \pm \Delta f$ 的反射光与频率为 f_2 的反射光在 b 处汇合后，经检偏器投入光电元件 D_2，得到测量频率 $f_测 = f_2 - (f_1 \pm \Delta f)$ 的光电流。这路光电流与经光电元件 D_1 后得到频差为 $f_基$ 的光电流，同时经放大器放大进入计算机，经减法器和计数器，即可算出差值 $\pm \Delta f$。并按下式计算出可动棱镜 M_4 的移动速度 v 和移动距离 L。

$$\Delta f = 2v/\lambda$$
$$v = \mathrm{d}L/\mathrm{d}t$$
$$\mathrm{d}L = v\mathrm{d}t$$

$$L = \int_0^t v\mathrm{d}t = \int_0^t \frac{\lambda}{2}\Delta f\mathrm{d}t = \frac{\lambda}{2}\int_0^t \Delta f\mathrm{d}t = \frac{\lambda}{2}N \qquad (3.3\text{-}14)$$

式中：N 是由计算机记录下来的脉冲数，将脉冲数乘以半波长就得到所测位移的长度。

采用多普勒效应，双频激光干涉仪的计数器是计频率差的变化，不受激光强度和磁场变化的影响，即使在光强衰减 90％时，双频激光干涉仪也能正常工作，这是双频激光干涉仪的一个特点。

3.4 思考题

1. 数控机床对伺服系统有哪些要求？
2. 数控机床的伺服系统有哪几种类型？简述各自的特点。
3. 分别叙述脉冲比较伺服系统、相位比较伺服系统、幅值比较伺服系统的工作原理。
4. 简述步进电机的工作原理。
5. 步进电机步距角的大小取决于哪些因素？
6. 概述直流伺服电机及交流伺服电机的优缺点以及速度调节方法。
7. 试述增量式与绝对式位置检测的差异。
8. 数控机床对检测装置有哪些要求？
9. 概述旋转变压器两种不同工作方式的原理，写出相应的激磁电压的形式。
10. 莫尔条纹的特点有哪些？在光栅的信息处理过程中倍频数越大越好吗？

第 4 章　数控机床的机械结构

4.1　概　　述

4.1.1　数控机床机械本体组成

　　机械本体是数控机床的主体部分。来自于数控装置的各种运动和动作指令，都必须由机床本体转换成真实的、准确的机械运动和动作，才能实现数控机床的功能，并保证数控机床的性能要求。数控机床的机械本体由下列各部分组成。

　　（1）主传动系统，其功用是实现主运动。

　　（2）进给传动系统，其功用是实现进给运动。

　　（3）基础部件，通常指床身、底座、立柱、滑鞍、工作台等。其功用是支承机床本体的零部件，并保证这些零部件在切削加工过程中占有的准确位置。

　　（4）辅助装置，如液压、气动、润滑、冷却以及防护、排屑等装置。

　　（5）刀库、刀架和自动换刀装置（ATC）。

　　（6）特殊功能装置，如刀具破损检测、精度检测和监控装置等。

　　其中，机床基础件、主传动系统、进给系统以及液压、润滑、冷却等辅助装置是构成数控机床的机床本体的基本部件，其他部件则按数控机床的功能和需要选用。尽管数控机床的机床本体的基本构成与传统的机床十分相似，但由于数控机床在功能和性能上的要求与传统机床存在着巨大的差距，因此，数控机床的机械结构有其自身的特点和要求。

4.1.2　数控机床机械结构的特点和要求

　　数控机床是机电一体化的典型代表，在发展的最初阶段，其机械结构同普通机床有诸多相似之处，然而，随着数控技术日益发展，其控制方式和使用特点对机床的生产率、加工精度、加工速度、表面质量和寿命提出了更高的要求。相应的数控机床的机械结构也应具有以下优良的性能特点和要求。

　　1. 高的静、动刚度及良好的抗振性能

　　数控机床是按照数控编程或手动输入数据方式提供的指令自动进行加工的。由于机械结构（如机床床身、导轨、工作台、刀架和主轴箱等）的几何精度与变形产生的定位误差在加工过程中不能人为地调整与补偿；此外，切削过程中的振动会降低刀具寿命，影响工件的加工质量。因此，必须把各处机械结构部件产生的弹性变形控制在最小限度内，提高机体的抗振性，以保证所要求的加工精度与表面质量，要从提高数控机床静刚度和动刚度两方面采取措施。

（1）合理地设计结构，改善受力情况，提高数控机床静刚度。常用的措施主要有：

① 提高数控机床主轴的刚度。采用三支撑结构，选用刚性很好的双列短圆柱滚子轴承和角接触向心推力轴承，以减小主轴的径向和轴向变形；

② 提高机床大件的刚度。采用封闭截面的床身，合理布置加强筋板以及加强构件之间的接触刚度（如图 4-1 所示），并采用液力平衡和重块平衡，减少移动部件因位置变动造成的机床变形。

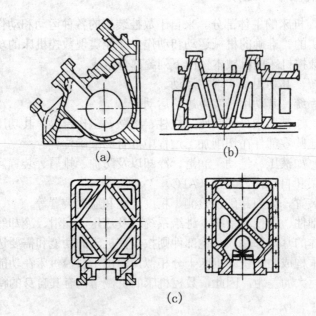

（a）数控车床床身　　（b）加工中心床身　　（c）加工中心立柱

图 4-1　数控机床基础大件截面结构

（2）改善机床结构的阻尼特性，提高数控机床动刚度。在保证静态刚度的前提下进行稳定切削，高效加工，还必须提高动态刚度。常用的措施主要有：

① 提高系统的接触刚度。采用刮研的方法增加单位面积上的接触点，并在结合面之间施加足够大的预加载荷，以增加接触面积，有效地提高接触刚度；

② 调整构件的自振频率，增加阻尼。在机床大件内腔填充阻尼材料，表面喷涂阻尼

涂层以及采用新材料等（如图 4-2 所示），改善机床
结构的阻尼特性和固有频率。

　　钢板的焊接结构既可以增加静刚度、减轻结构
重量，又可以增加构件本身的阻尼，因此，近年来
在数控机床上采用了钢板焊接结构的床身、立柱、
横梁和工作台。铸件有利于震动衰减，对提高抗震
性也有较好的效果。

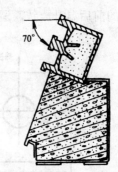

　　2. 减少机床的热变形

图4-2　底座和床身填充阻尼材料的结构

　　机床在切削热、摩擦热等内外热源的影响下，
各个部件将发生不同程度的热变形，使工件与刀具之间的相对位置关系遭到破坏，从而影
响工件的加工精度。对于数控机床来说，在计算机的指令控制下进行连续周期加工，热变
形影响严重。为了减少热变形，在数控机床结构中通常采用以下措施。

　　（1）减少发热，控制温升。机床内部发热是产生热变形的主要热源，应当尽可能地将
热源从主机中分离出去。通过良好的散热和冷却来控制温升，以减小热源的影响。此外，
采用热平衡措施和特殊的调节元件来消除或补偿热变形。

　　（2）改善机床结构。在同样发热的条件下，机床结构对热变形也有很大影响。根据热
对称原则设计的数控机床，因为这种结构相对热源来说是对称的，在产生热变形时，工件
或刀具的回转中心对称线的位置基本不变。例如卧式加工中心采用单立柱结构热变形较大，
如图 4-3（a）所示。采用双立柱结构，如图 4-3（b）所示，由于左右对称，双立柱结构受
热后的主轴轴线除产生垂直方向的平移外，其他方向的变形很小，而垂直方向的轴线移动
可以方便地用一个坐标的修正量进行补偿。

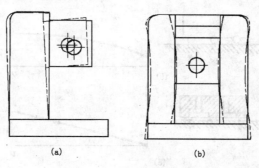

（a）　　　　　　　　　　（b）

图 4-3　加工中心立柱结构的变形示意图

　　对于数控车床的上轴箱，如图 4-4 所示，应尽量使主轴的热变形发生在刀具切入的垂
直方向上，这就可以使主轴热变形对加工直径的影响减小到最小限度。在结构上还应当尽
可能减小主轴中心与主轴箱底面的距离（如图中的尺寸 H），以减少热变形的总量，同时应

使主轴箱的前后温升一致，避免主轴变形后出现倾斜。

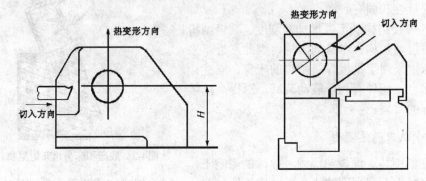

图 4-4　数控车床上轴箱

3．改善运动件的摩擦特性和消除传动间隙

数控机床工作台（或拖板）的位移量是以脉冲当量为最小单位的，通常又要求能以极低的速度运动（如在对刀、工件找正时），为了使工作台能对数控装置发出的指令做出准确响应，就必须采取相应的措施。目前常用的滑动导轨、滚动导轨和静压导轨在摩擦阻尼特性方面存在着明显的差别。它们的摩擦力和运动速度的关系如图 4-5 所示。

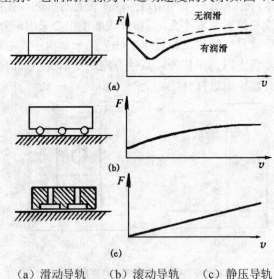

（a）滑动导轨　　（b）滚动导轨　　（c）静压导轨

图 4-5　摩擦力和运动速度的关系

（1）滑动导轨，如图 4-5（a）。如果启动时的作用力克服不了数值较大的静摩擦力，被传动的工作台并不能立即运动，作用力只能使一连串的传动元件（如步进电机、齿轮、丝

杠及螺母等）产生弹性变形，并储存能量。当作用力超过静摩擦力时，弹性变形恢复，使工作台突然向前运动，惯性使工作台冲过了平衡点而偏离了给定位置。这种由于静、动摩擦力转变，使工作台产生停滞或加速运动的现象，称为"爬行"现象。因此，作为数控机床的导轨，必须采取相应措施使静摩擦力尽可能接近动摩擦力。

（2）滚动导轨和静压导轨，如图 4-5（b）、（c）。由于滚动导轨和静压导轨的静摩擦力较小，而且接近动摩擦力，还由于润滑油的作用，使它们的摩擦力随着速度的提高而增大，这就有效地避免了低速爬行，从而提高了定位的精度和运动平稳性。因此数控机床广泛采用滚动导轨和静压导轨。

（3）滚珠丝杠传动。在进给系统中用滚珠丝杠代替滑动丝杠也可以改善运动件的摩擦特性。目前数控机床几乎无例外地采用了滚珠丝杠传动。

（4）采用无间隙传动副。数控机床的加工精度在很大程度上取决于进给传动链的精度，传动链中传动元件之间的间隙无疑会影响机床的定位精度及重复定位精度。除了减少传动齿轮和滚珠丝杠的加工误差之外，另一个重要措施是采用无间隙传动副。对于滚珠丝杠螺距的累积误差，通常采用脉冲补偿装置进行螺距补偿。

4. 减少辅助时间和改善操作性能

由于数控机床是一种高速度、高效率的机床，在一个零件的加工时间中，辅助时间（非切削时间）占有较大的比重。因此，压缩辅助时间可大大提高生产率。目前已经有很多数控机床采用了多主轴、多刀架以及带刀库的自动换刀装置等，特别是加工中心，可在一次装夹下完成多工序的加工，以减少换刀时间。数控机床切削加工不需人工操作，故可采用封闭与半封闭式加工。要有明快、干净、协调的人机界面，要尽可能改善操作者的观察，要注意提高机床各部分的互锁能力，并设有紧急停车按钮，要留有最有利于工件装夹的位置。将所有操作都集中在一个操作面板上，操作面板要一目了然，不要有太多的按钮和指示灯，以减少误操作。

4.2 数控机床主传动系统

4.2.1 主传动形式

数控机床的工艺范围很宽，工艺能力强，因此其主传动要求较大的调速范围和较高的最高转速，以便在各种切削条件下获得最佳切削速度，从而满足加工精度、生产率的要求。现代数控机床的主运动广泛采用无级变速传动，交、直流调速电机驱动，它们能方便地实现无级变速，且传动链短，传动件少，传动可靠，变速平稳。数控机床的主轴组件具有较大的刚度和较高的精度，由于多数数控机床具有自动换刀功能，其主轴具有特殊的刀具安装和夹紧结构。根据数控机床的类型与大小，其主传动主要有以下三种形式。

1. 齿轮变速形式

如图 4-6（a）所示，主轴电机经过几对齿轮变速，使主轴获得低速和高速两种转速系列，确保低速时的大扭矩，满足机床对扭矩特性的要求。滑移齿轮常用液压拨叉或电磁离合器来改变其位置。这种配置方式在大中型数控机床中应用较多。

2. 带传动形式

如图 4-6（b）所示，带传动是综合了带和链传动优点的新型传动。带的工作面和带轮外圆上均制成齿形，通过带轮与轮齿相啮合，做到无滑动的啮合传动。主轴电机经带传动传递给主轴，可以避免齿轮传动的噪声与振动。带传动主要应用于低扭矩的小型数控机床上。

3. 由主轴电机直接驱动形式

如图 4-6（c）所示，电机轴与主轴用联轴器同轴联接。这种方式大大简化了主轴结构，有效地提高主轴刚度。但主轴输出扭矩小，电机的发热对主轴精度影响大。近年来出现另外一种内装电机主轴，即主轴与电机转子合二为一。其优点是主轴部件结构更紧凑，重量轻，惯性小，可提高启动、停止的响应特性；缺点同样是热变形问题。

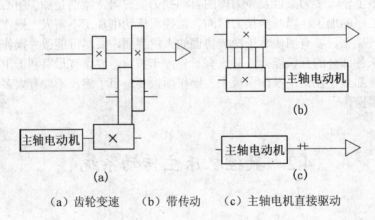

（a）齿轮变速　　（b）带传动　　（c）主轴电机直接驱动

图 4-6　主传动的三种形式

4.2.2　主轴部件的结构

数控机床的主轴部件是主运动的执行部件，它夹持刀具或工件，并带动其旋转。主轴部件的回转精度、结构刚度、抗振性、热稳定性及部件的耐磨性和精度的保持性等对加工质量有直接的影响。主轴部件包括主轴、主轴的支承和安装在主轴上的传动零件等。对于自动换刀的数控机床，为了实现刀具在主轴上的自动装卸和夹持，还必须有刀具的自动夹紧装置、主轴准停装置和切屑清除装置等结构。

1. 主轴端部的结构

主轴端部用于安装刀具或夹持工件的夹具，在结构上，应能保证定位准确、安装可靠、连接牢固、装卸方便，并能传递足够的扭矩。主轴端部的结构形状都已标准化，图 4-7 所示为几种机床上通用的结构形式。

图 4-7（a）为车床主轴端部，卡盘靠前端的短圆锥面和凸缘端面定位，用拨销传递扭矩，卡盘装有固定螺栓，卡盘装于主轴端部时，螺栓从凸缘上的孔中穿过，转动快卸卡板将几个螺栓同时卡住，再拧紧螺母将卡盘卡牢在主轴端部。主轴前端有莫氏锥度孔，用于安装顶尖或心轴。

图 4-7（b）为铣、镗类机床的主轴端部，铣刀或刀杆在前端 7∶24 的锥孔定位，并用拉杆从主轴后端拉紧，前端端面键用于传递扭矩。

图 4-7（c）为外圆磨床砂轮主轴的端部，图 4-7（d）为内圆磨床砂轮主轴端部，图 4-7（e）、（f）为钻床与普通镗床锤杆端部，刀杆或刀具由莫氏锥孔定位，用锥孔后端第一扁孔传递扭矩，第二个扁孔用以拆卸刀具。但在数控镗床上要使用 4-7（b）图的形式，因为，7∶24 的锥孔没有自锁作用，便于自动换刀时拔出刀具。

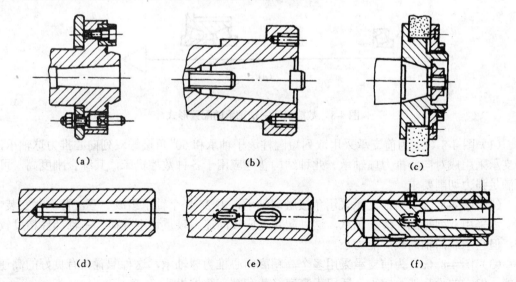

图 4-7　主轴部件的结构形式

2. 主轴的支承

数控机床主轴支承根据主轴部件的转速、承载能力及回转精度等要求的不同而采用不同种类的轴承。一般中小型数控机床（如车床、铣床、加工中心）的主轴部件多数采用滚动轴承；重型数控机床采用液体静压轴承；高精度数控机床（如坐标磨床）采用气体静压轴承；转速达 $(2\sim10)\times10^4\,\mathrm{r/min}$ 的主轴可采用磁力轴承或陶瓷滚珠轴承。在各类轴承中，以滚动轴承的使用最为普通。数控机床主轴采用滚动轴承支承时，主轴轴承的配置主要有四种配置形式，如图 4-8 所示。

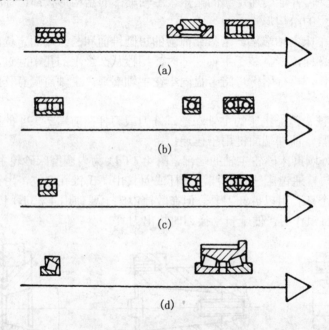

图 4-8　数控机床主轴轴承的配置形式

（1）图 4-8（a）为前支承采用双列短圆柱滚子轴承和 60^0 角接触双列向心推力球轴承，后支承采用成对向心推力球轴承。此种结构普遍应用于各种数控机床，其综合刚度高，可以满足强力切削要求。

（2）图 4-8（b）为前支承采用角接触球轴承，由 2～3 个轴承组成一套，背靠背安装，后支承采用双列短圆柱滚子轴承，这种配置适应较高速、较重切削载荷，主轴部件精度较好，但它承载的轴向载荷能力小。

（3）图 4-8（c）为前支承采用多个高精度向心推力球轴承，这种配置具有良好的高速性能，但它的承载能力较小，适用于高速轻载和精密数控机床。

（4）图 4-8（d）为前支承采用双列圆锥滚子轴承，后支承为单列圆锥滚子轴承，其径向和轴向刚度很高，能承受重载荷。但这种结构限制了主轴最高转速，因此适用于中等精度低速重载数控机床。

3. 主轴刀具自动夹紧机构及切屑清除装置

主轴 1 内部刀具自动夹紧机构及切屑清除装置是数控机床特别是加工中心的特有机构，如图 4-9 所示，当刀具由机械手或其他方法装到主轴孔后，其刀柄后部的拉钉便被送到主轴内拉杆 7 的前端，当接到夹紧信号时，液压缸 11 推杆向主轴后部移动，拉杆 7 在碟形弹簧 8 的作用下也向后移动，其前端圆周上的钢球或拉钩 3 在主轴锥孔的逼迫下收缩分布直径，将刀柄拉钉紧紧拉住；当液压缸 11 接到松刀信号时，拉杆 7 克服弹簧 8 的弹簧力向前移动，使钢球或拉钩 3 的分布直径变大，松开刀柄，以便机械手方便取走刀具。另外，拉杆 7 是空心的，为的是每次换刀时要用压缩空气清洁主轴孔和刀具锥柄，以保证刀具的准确安装。

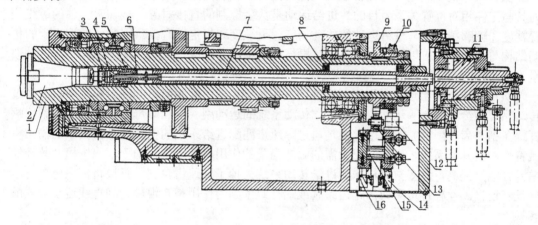

1-主轴　2-刀杆　3-钢球或拉钩　4-空气喷嘴　5-套筒　6-支承套　7-拉杆

8-碟形弹簧　9　10-定位盘　11-油缸（及活塞）　12-无触点开关　13-滚子

14-限位开关　15-定位油缸（及活塞）　16-开关

图 4-9　卧式镗铣床主轴刀具夹紧机构及切屑清除装置

4. 主轴准停装置

主轴准停也叫主轴定向停止。在数控机床上，由于有机械手自动换刀，要求刀柄上的键槽对准主轴的端面键，因此主轴每次必须停在一个固定准确的位置上，以便于机械手换刀。主轴准停装置有机械式和电气式两种，图 4-9 所示主轴后部为电气式准停装置。该准停装置由定位盘 9、10，滚子 13，定位油缸（及活塞）15，无触点开关 12 以及限位开关 14、16 组成。当需要停车换刀时，发出准停信号，主轴转换到最低转速运转。在时间继电器延时数秒后，接通无触点开关 12。当定位盘 10 上的感应片对准无触点开关 12 时，发出信号切断主轴的传动使其作低速惯性空转。再经时间继电器短暂延时，接通定位油缸 15 的压力油，使活塞带着滚子 13 向上运动，并压紧在定位盘 9 的表面，当定位盘 9 的 V 形缺口对准滚子 13 时，滚子 13 进入槽内使主轴准确停止。同时，限位开关 14 发出完成准停信号，如果在规定时间内限位开关 14 未发出完成准停信号，则时间继电器发出重新定位信号重复上述动作，直到完成准停为止。完成准停后，活塞退回原位，开关 16 发出相应信号。

4.3　数控机床进给传动系统

　　数控机床的主运动多为提供主切削运动的，它代表的是生产率；而进给运动是以保证刀具与工件相对位置关系为目的。进给运动是数字控制的直接对象，被加工工件的最终位置精度和轮廓精度都与进给运动的传动精度、灵敏度和稳定性有关。因此，数控机床的传动结构与传动零件应以减小摩擦阻力、提高传动精度和刚度、消除传动间隙和减小运动惯量为主要目的。

　　数控机床的进给运动采用无级调速的伺服驱动方式，伺服电机的动力和运动只需经过传动系统传给工作台等运动执行部件。传动系统的运动副（丝杠螺母副、齿轮齿条副、蜗杆蜗条副和齿轮副等）的作用主要是通过降速来匹配进给系统的惯量和获得要求的输出机械特性，对开环系统，还起匹配所需的脉冲当量的作用。近年来，由于伺服电机及其控制单元性能的提高，许多数控机床的进给传动系统去掉了降速齿轮副，直接将伺服电机与滚珠丝杠连接。丝杠螺母副或齿轮齿条副或蜗杆蜗条副的作用是实现旋转到直线运动形式的转换。

4.3.1　丝杠螺母副

　　数控机床的进给运动链中，将旋转运动转换为直线运动的方法很多，其中滚珠丝杠螺母副和静压丝杠螺母副是新型的传动装置。

1.　滚珠丝杠螺母副

（1）滚珠丝杠螺母副的结构原理

　　滚珠丝杠螺母副是数控机床的丝杠螺母副中最常采用的一种形式。滚珠丝杠螺母副的结构原理如图 4-10 所示。在丝杠和螺母上都有半圆弧形的螺旋槽，当它们套装在一起时便形成了滚珠的螺旋滚道。螺旋滚道是一个封闭的循环滚道，滚道内装满滚珠。当丝杠旋转时，滚珠在滚道内既自转又沿滚道循环转动，因而迫使螺母（或丝杠）轴向移动。

　　滚珠丝杠螺母副属滚动摩擦，具有摩擦阻力小、传动效率高、运动平稳、寿命高以及可以预紧（以消除间隙，并提高系统刚度）等特点，各类中、小型数控机床的直线运动进给系统普遍采用滚珠丝杠。

滚珠丝杠螺母副有两种结构形式：滚珠在循环过程中始终与丝杠保持接触的称内循环式，如图 4-10（a）；有时与丝杠脱离接触的称为外循环式，如图 4-10（b）。内循环结构紧凑，定位可靠，刚性好，滚道短，不易发生滚珠堵塞，且不易磨损，摩擦损失也小。其缺点是反向器结构复杂，制造较困难，且不能用于多头螺纹传动。外循环结构制造工艺简单，使用较广泛。其缺点是滚道接缝处很难做得平滑，影响滚珠滚动的平稳性，甚至发生卡珠现象，噪声也较大。

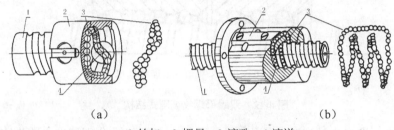

（a）　　　　　　　　　　　　　　　（b）

1-丝杠　2-螺母　3-滚珠　4-滚道

图 4-10　滚珠丝杠螺母副的结构

数控机床进给系统所用的滚珠丝杠必须具有可靠的轴向间隙消除结构、合理的安装结构和有效的防护装置。

（2）轴向间隙的消除

轴向间隙通常是指丝杠和螺母之间的轴向游隙。轴向间隙消除的基本原理是使两个螺母产生轴向位移，以消除它们之间的间隙和施加预紧力。轴向间隙的消除有三种方法。

图 4-11 是双螺母垫片调隙式结构，其螺母本身的结构和单螺母相同，它通过修磨垫片的厚度来调整轴向间隙。这种调整方法具有结构简单、刚性好和装拆方便等优点，但调整较费时间，且不能在工作中随意调整。

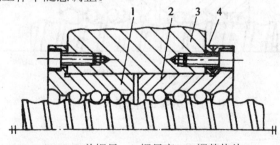

1、2-单螺母　3-螺母座　4-调整垫片

图 4-11　双螺母垫片调隙式结构

图 4-12 是双螺母螺纹调隙式结构，它利用螺纹来调整实现预紧的结构，两个螺母以平键与外套相联，其中右边的一个螺母外伸部分有螺纹。调整时，只要拧动圆螺母就能将滚珠螺母沿轴向移动一定距离，在消除间隙之后将其锁紧。这种调整方法具有结构紧凑，工作可靠、调整方便等优点，因此，应用较广。但调整精度较差。

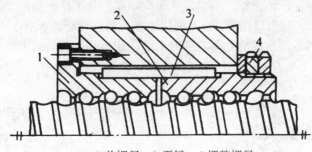

1、2-单螺母　3-平键　4-调整螺母

图 4-12　双螺母螺纹调隙式结构

图 4-13 是双螺母齿差调隙式结构，在两个螺母的凸缘上分别切出齿数为 Z_1、Z_2 的齿轮，而且 Z_1 与 Z_2 的齿差为 1。两个齿轮分别与两端相应的内齿圈相啮合。内齿圈紧固在螺母座上，调整时脱开内齿圈，根据间隙的大小使两个螺母同向转过相同的齿数，使螺母在轴向彼此移近（或移开）相应的距离，实现间隙的调整，然后再合上内齿圈。间隙消除量可用 $\Delta = n*t/ (Z_1*Z_2)$ 或 $n = \Delta *Z_1*Z_2/t$ 计算（式中：Δ 为间隙消除量；n 为两螺母在同一方向转过的齿数；t 为滚珠丝杆的导程；Z_1、Z_2 为齿轮的齿数）。这种调整方式结构较为复杂，但调整方便，并可以通过简单的计算获得精确的调整量，它是目前应用较广的一种结构。

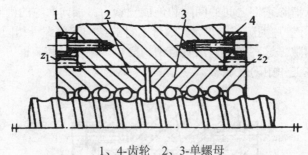

1、4-齿轮　2、3-单螺母

图 4-13　双螺母齿差调隙式结构

（3）滚珠丝杠的安装

数控机床的进给系统要获得较高的传动刚度，除了加强滚珠丝杠螺母本身的刚度之外，滚珠丝杠支承的结构刚度及其正确的安装也是不可忽视的因素。螺母座、丝杠端部的轴承及其支承加工的不精确性和它们在受力之后的过量变形，都会对进给系统的传动刚度带来影响。因此，螺母座的孔与螺母之间必须保持良好的配合，并应保证孔对端面的垂直度，在螺母座上应当增加适当的筋板，并加大螺母座和机床结合部件的接触面积，以提高螺母座的局部刚度和接触刚度。滚珠丝杠的不正确安装以及支承结构的刚度不足，还会使滚珠丝杠的使用寿命大为下降。

在支承的配置方面，对于行程小的短丝杠可以采用悬臂的单支承结构，如图 4-14（a）。当滚珠丝杠较长时，为了防止热变形所造成丝杠伸长的影响，希望一端的轴承同时承受轴向力和径向力，而另一端的轴承只承受径向力，并能够作微量的轴向浮动，如图 4-14（b）。由于数控机床经常要连续工作很长时间，因而应特别重视摩擦热的影响。目前也有一种两端都用止推轴承固定的结构，如图 4-14（c）、（d），在它的一端装有碟形弹簧和调整螺母，这样既能对滚珠丝杠施加预紧力，又能在补偿丝杠的热变形后保持近乎不变的预紧力。

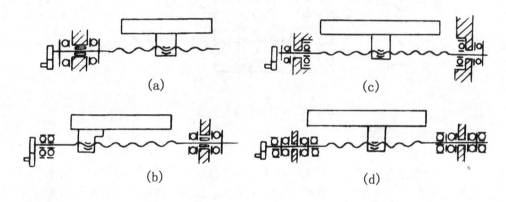

图 4-14　滚珠丝杠常用支撑形式

为了提高支承的轴向刚度，选择适当的滚动轴承也是十分重要的。国内目前主要采用的向心轴承、圆锥轴承和推力轴承等组合的支承结构，但增加了轴承支架的结构尺寸。国外出现了一种滚珠丝杠专用轴承，其结构如图 4-15 所示。这是一种能够承受很大轴向力的特殊角接触滚珠轴承，与一般角接触滚珠轴承相比，接触角增大到 60°，增加了滚珠的数目并相应减小了滚珠的直径。这种新结构的轴承比一般轴承的轴向刚度提高两倍以上，而且使用极为方便。产品成对出售，而且在出厂时已经选配好内、外环的厚度，装配时只要用螺母和端盖将内环和外环压紧，就能获得出厂时已经调整好的预紧力。

此外，滚珠丝杠的防护也对提高其精度和减少磨损具有重要作用。滚珠丝杠必须采用润滑油或锂基油脂进行润滑，同时要采用防尘密封装置。如用接触式或非接触密封圈，螺旋式弹簧钢带，或折叠式塑性人造革防护罩，以防尘土及硬性杂质进入丝杠。

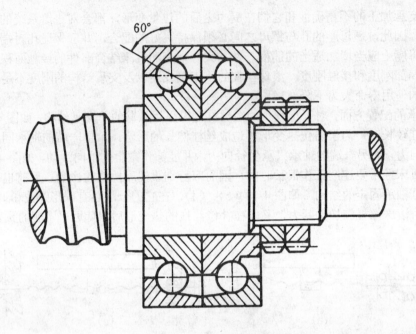

图 4-15　滚珠丝杠专用轴承

2. 静压丝杠螺母副

　　静压丝杠螺母副是在丝杠和螺母的接触面之间保持有一定厚度，且具有一定刚度的压力油膜，使丝杠和螺母之间由边界摩擦变为液体摩擦。当丝杠转动时通过油膜推动螺母直线移动，反之，螺母转动也可使丝杠直线移动。静压丝杠螺母具有摩擦阻尼小、传动灵敏、运动平稳、刚度好和低速无爬行现象等特点。同时静压丝杠螺母副散热好、热变形小，提高了机床的加工精度和表面质量。因此，在国内外重型数控机床和精密机床进给机构中广泛采用静压丝杠螺母副。

　　静压丝杠螺母副要有一套供油系统，而且对油的清洁度要求较高，如果在运行中供油突然中断，将造成不良后果。下面就其工作原理、结构与类型作简要介绍。

　　（1）工作原理

　　油膜在螺旋面的两侧，而且互不相通，如图 4-16 所示。压力油经节流器进入油腔，并从螺纹根部与端部流出。设供油压力为 P_H，经节流器后的压力为 P_1（即油腔压力），当无外载时，螺纹两侧间隙 $h_1=h_2$，从两侧油腔流出的流量相等，两侧油腔中的压力也相等，即 $P_1=P_2$。这时，丝杠螺纹处于螺母螺纹的中间平衡状态的位置。

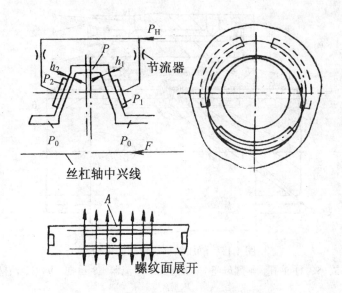

图 4-16　静压丝杠螺母副工作原理图

当丝杠或螺母受到轴向力 F 作用后，受压一侧的间隙减小，油腔压力 P_2 增大。相反的一侧间隙增大，而压力 P_1 下降。因而形成油膜压力差 $\Delta P = P_2 - P_1$，以平衡轴向力 F。平衡条件近似地表示为：

$$F = （P_1 - P_2）AnZ$$

式中：A 为单个油腔在丝杠轴线垂直面内的有效承载面积；n 为每扣螺纹单侧油腔数；Z 为螺母的有效扣数。

油膜压力差力图平衡轴向力，使间隙差减小并保持不变，这种调节作用总是自动进行的。

（2）结构与类型

如图 4-17 所示，8 为丝杠，节流器 7 装在螺母 1 的侧端面，并用油塞 6 堵住，螺母全部有效牙扣上的同侧与圆周位置上的油腔共用一个节流器控制，每扣同侧圆周分布有三个油腔，螺母全长上有四扣，则应有三个节流器，每个节流器并联四个油腔，因此，两侧共有六个节流器。从油泵来的油由螺母座 4 上的油孔 3 和 5 经节流器 7 进入螺母外圆面上的油槽 12，再经孔 11 进入油腔 10，油液经回油槽 9 从螺母端面流回油箱。油孔 2 用于安装油压表。

螺纹面上油腔的联结形式与节流控制方式有两种。如图 4-18 所示。图 4-18（a）中每扣螺纹每侧中径上开 3～4 个油腔，每个油腔用一个节流器进行分散控制。图 4-18（b）所示的油腔形式与上一种相同，将同侧圆周上的油腔用一个节流器连接进行集中控制。

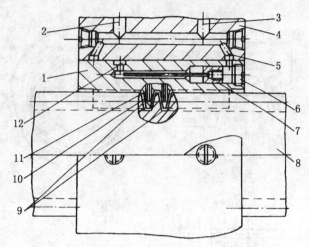

图 4-17 静压丝杠螺母副的结构

1-螺母 2、3、5、11-油孔 4-螺母座 6-油塞 7-节流器 8-丝杠 9、12-油槽 10-油腔

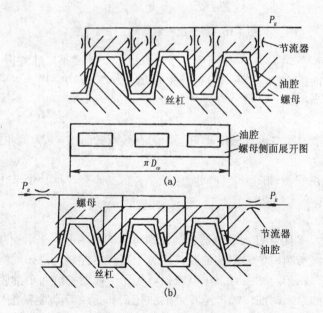

图 4-18 静压丝杠螺母副的控制方式

4.3.2 齿轮齿条副和静压蜗杆蜗条副

大型数控机床不宜采用丝杠传动，因长丝杠制造困难，且容易弯曲下垂，影响传动精

度；同时轴向刚度与扭转刚度也难提高。如加大丝杠直径，因转动惯量增大，伺服系统的动态特性不易保证，故常用齿轮齿条副和静压蜗杆蜗条副传动。

1. 齿轮齿条副

齿轮齿条传动常用于行程较长的大型机床上，传动比大，刚度及机械效率高，还易得到高速直线运动。但传动不够平稳，传动精度不够高，而且还不能自锁。

采用齿轮齿条副传动时，必须采取措施消除齿侧间隙。当传动负载小时，也可采用双片薄齿轮调整法，将两齿轮分别与齿条齿槽的左、右两侧贴紧，从而消除齿侧间隙。当传动负载大时，可采用双片厚齿轮传动的结构，图 4-19 是这种消除间隙方法的原理图。进给运动由轴 2 输入，该轴上装有两个螺旋线方向相反的斜齿轮，当在轴 2 上施加轴向力 F 时，能使斜齿轮产生微量的轴向移动。此时，轴 1 和轴 3 便以相反的方向转过微小的角度，使齿轮 4 和 5 分别与齿条齿槽的左、右侧面贴紧，从而消除齿侧间隙。

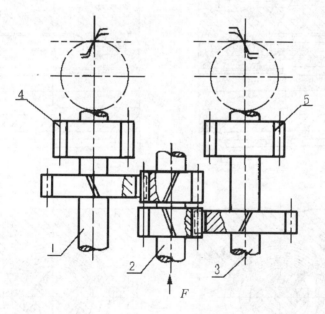

1、2、3-轴　4、5-齿轮

图 4-19　消除间隙的原理图

2. 静压蜗杆蜗条副

静压蜗杆蜗条副的工作原理与静压丝杠螺母副相同，蜗条实质上相当于长螺母的一部分，蜗杆相当于一根短丝杠。这种传动机构，压力油必须从蜗杆进入静压油腔，而蜗杆是旋转的且与蜗条的接触区只有 120° 左右，但压力油只能进入接触区，所以必须解决蜗杆的配油问题。

 静压蜗杆蜗条配油原理如图 4-20 所示。油腔 g 设置在蜗条齿的两侧，其张角为 γ，压力油 P_l 经配油盘 4 的油孔 a、b、c 进入油槽 d，然后经蜗杆 3 的轴向长孔 e、节流孔 f 进入压力油腔 g，再经蜗条与蜗杆牙侧的缝隙流回油箱。配油盘 4 由卡紧件 5 锁住，以防转动。在蜗杆周向均匀钻有四个轴向长孔 e，压力油顺序通过 e_1、e_2、e_3、e_4 连续地向油腔供油，不在啮合区内不供油。为了保证油腔的供油不中断，两个轴向长孔内缘之间的张角 α 应小于配油槽 d 外端的张角 β。而配油槽的张角 β 又应小于蜗条油腔外端的张角 γ，这样才得以保证将脱离的孔先切断油源，再离开油腔。我国目前用得最多的为该图所示的双蜗杆单面作用式结构，分别在蜗杆 1 的右侧和蜗杆 3 的左侧通油，调节两蜗杆的轴向相对位置，就可以调节其间隙。

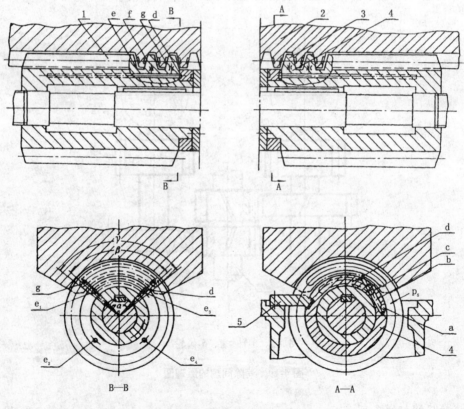

1、3-蜗杆　2-蜗条　4-配油盘　5-卡紧件

图 4-20　静压蜗杆蜗条配油原理图

4.3.3　传动齿轮副

　　数控机床进给系统中采用齿轮传动装置，是为了使丝杠、工作台的惯量在系统中占有较小的比重；同时可使高转速低转矩的伺服驱动装置的输出变为低转速大扭矩，从而适应驱动执行元件的需要；另外，在开环系统中还可计算所需的脉冲当量。数控机床进给系统的传动齿轮副存在间隙，在开环系统中会造成进给运动的位移值滞后于指令值；反向时，会出现反向死区，影响加工精度。在闭环系统中，由于有反馈作用，滞后量虽可得到补偿，但反向时会使伺服系统产生振荡而不稳定。所以，对于数控机床的进给系统，必须采用各种方法去减少或消除齿轮传动间隙。通常可采取所谓"刚性调整法"和"柔性调整法"来消除间隙。

　　1．刚性调整法

　　刚性调整法是指调整之后齿侧间隙不能自动补偿的调整方法。它要求严格控制齿轮的齿厚及周节公差，否则传动的灵活性将受到影响。但用这种方法调整的齿轮传动有较好的传动刚度，而且结构比较简单。刚性调整法常用方法有以下两种。

　　（1）偏心轴套调整法

　　图 4-21 是最简单的偏心轴套式消除间隙结构。电机是通过偏心轴套 2 装到壳体上，通过转动偏心轴套就能够方便地调整两齿轮的中心距，从而消除了齿轮间隙。

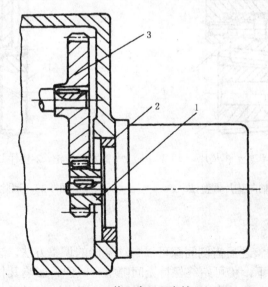

1、2-偏心套　3-齿轮

图 4-21　偏心轴套调整法

（2）轴向垫片调整法

图4-22是用一个带有锥度的齿轮来消除间隙的结构。在加工齿轮1和2时，将假想的分度圆柱面制成带有小锥度的圆锥面，使齿轮的齿厚在轴向稍有变化。装配时只要改变垫片3的厚度就能调整两个齿轮的轴向相对位置，从而消除了齿侧间隙。

图4-23是斜齿轮消除间隙的结构，宽齿轮1同时与两个相同齿数的薄齿轮3和4啮合，薄齿轮由平键与轴联接，互相不能相对回转。薄齿轮3和4间加厚度为t的垫片2，用螺母拧紧，使两齿轮3和4的螺旋线产生错位，左、右两齿面分别与宽齿轮的齿面贴紧，消除了间隙。这种结构的齿轮承载能力较小，因为在正向或反向旋转时，分别只有一个薄齿轮承受载荷。

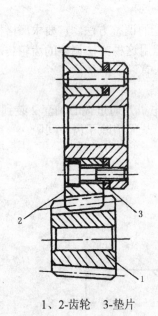

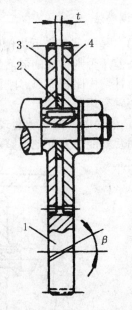

1、2-齿轮　3-垫片　　　　　　　　　　1-宽斜齿轮　2-垫片　　3、4-薄斜齿轮

图4-22　轴向垫片调整法　　　　　　　　　图4-23　消除斜齿轮间隙

2. 柔性调整法

柔性调整法是指调整之后齿侧间隙可以自动补偿的调整方法。这种调整法在齿轮的齿厚和周节有差异的情况下，仍可始终保持无间隙啮合。但将影响其传动平稳性，而且这种调整法的结构比较复杂，传动刚度低。柔性调整法常用方法有以下两种。

（1）周向弹簧调整法

图4-24是双齿轮错齿式消除间隙结构。两个相同齿数的薄齿轮1和2与另一个宽齿轮

啮合。两个薄齿轮套装在一起，并可作相对回转。每个齿轮的端面均匀分布着四个螺孔，分别装上弹簧 4 和凸耳 8。齿轮 1 的端面还有另外四个通孔，凸耳 8 可以在其中穿过。弹簧 4 的两端分别钩在凸耳 8 和调节螺钉 7 上，通过螺母 5 调节弹簧的拉力，调节完毕用螺母 6 锁紧。弹簧的拉力使薄齿轮错位，即两个薄齿轮的左、右齿面分别紧贴在宽齿轮齿槽的左、右齿面上，消除了齿侧间隙。由于正向和反向旋转，分别只有一片齿轮承受扭矩，因此承载能力受到了限制。在设计时必须计算弹簧的拉力，使它能够克服最大扭矩，否则将失去消除间隙的作用。

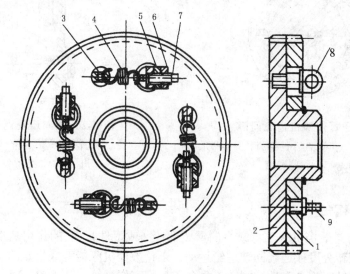

1　2-薄齿轮　3　9-柱销　4-弹簧　5　6-调整螺母　7-调整螺钉　8-凸耳

图 4-24　双薄片齿轮周向弹簧调整法

图 4-25 是周向弹簧调整锥齿轮间隙的结构。它将一个大锥齿轮加工成 1 和 2 两部分，齿轮的外圈 1 上带有三个周向圆弧槽 8，齿轮的内圈 2 的端面带有三个凸爪 4，套装在圆弧槽内。弹簧 6 的两端分别顶在凸爪 4 和镶块 7 上，使内、外齿圈的锥齿错位，起到了消除间隙的作用。为了安装的方便，用螺钉 5 将内、外齿圈相对固定，安装完毕之后将螺钉卸去。

（2）轴向压簧调整法

图 4-26 是轴向压簧调整齿轮间隙的结构。薄片斜齿轮 1 和 2 用键 4 滑套在轴上。薄片斜齿轮 1 和 2 同时与宽斜齿轮 7 啮合，螺母 5 调节弹簧 3，使薄片斜齿轮 1 和 2 的齿侧分别贴紧宽斜齿轮槽的左右两侧，消除了间隙。弹簧压力的大小调整应适当，压力过小则起不到消除间隙的作用，压力过大会使齿轮磨损加快，缩短使用寿命。齿轮内孔有较长的导向长度，因而轴向尺寸较大，结构不紧凑。此法的优点是可以自动补偿间隙。

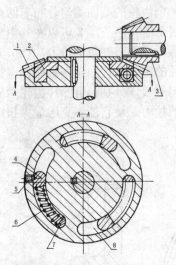 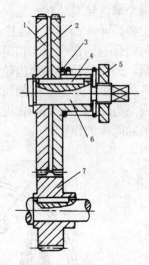

图 4-25　周向压簧消除锥齿轮间隙结构　　　　图 4-26　轴向压簧调整法
1、2-大齿轮外圈、内圈　3-小圆锥齿轮　4-凸爪　　　1、2-薄片斜齿轮　3-弹簧　4-键
5-螺钉　6-弹簧　7-镶块　8-圆弧槽　　　　　　　5-螺母　6-轴　7-宽斜齿轮

4.3.4　回转工作台

回转工作台是数控机床不可缺少的重要部件（或附件）。它的作用是按照控制装置的信号或指令作回转分度或连续回转进给运动，以使数控机床能完成指定的加工工序。数控机床中常用的回转工作台有数控回转工作台和分度工作台等。

1. 数控回转工作台

数控回转工作台主要用于数控镗铣床，它的功用有两个：

（1）使工作台进行圆周进给运动；

（2）使工作台进行分度运动。

图 4-27 所示数控回转工作台由传动系统、蜗轮夹紧装置及间隙消除机构等组成。数控回转工作台由步进电动机 12 驱动，经齿轮 13 和 15 带动蜗杆 1，通过蜗轮 2 使工作台回转。

工作台静止时，处于锁紧状态。蜗轮底部有八对夹紧块 3 和 4，在底座 9 上均布八个夹紧液压缸 5，夹紧液压缸 5 的上腔通入压力油，活塞向下移动，通过钢球 8 的向下移动，把夹紧块 4 向外撑开，将蜗轮夹紧。

当工作台需要回转时，数控系统发出指令，夹紧液压缸 5 上腔的油流回油箱，钢球 8 在弹簧 7 的作用下向上抬起，夹紧块 4 松开蜗轮，蜗轮和回转工作台按照数控系统的指令做回转运动。数控回转工作台可做任意角度的回转和分度，由光栅 10 进行读数控制，因此能够达到较高的分度精度。

间隙调整机构：调整偏心环 14 消除齿轮 13 和 15 的啮合侧隙。齿轮 15 与蜗杆 1 靠楔形拉紧圆柱销 16 来连接，以消除轴与套的配合间隙。蜗杆 1 采用螺距渐厚蜗杆，通过移动蜗杆的轴向位置来调整间隙。调整时松开螺母 18 的锁紧螺钉 19，使压块 17 与调整套 20 松开，转动调整套 20 带动蜗杆 1 做轴向移动，调整后锁紧调整套 20 来消除间隙。

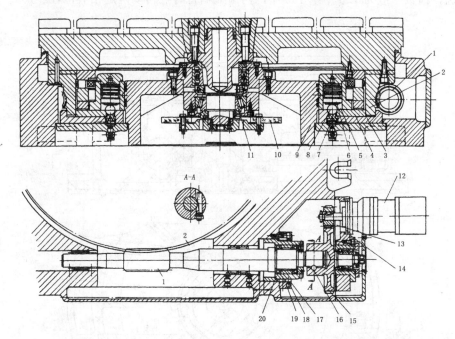

1-蜗杆　2-蜗轮　3　4-夹紧块　5-夹紧液压缸　6-活塞　7-弹簧　8-钢球
9-底座　10-光栅　11-轴承　12-步进电动机　13　15-齿轮　14-偏心环
16-圆柱销　17-压块　18-螺母　19-螺钉　20-调整套

图 4-27　数控回转工作台

2. 分度工作台

分度工作台的功能是完成回转分度运动，即在需要分度时，将工作台及其工件回转一定角度。其作用是在加工中自动完成工件的转位换面，实现工件一次安装完成几个面的加工。分度工作台只能分度，不能实现任意角度的圆周运动。分度工作台一般只能回转规定的角度，如 90°、60° 或 45° 等。分度工作台的定位精度（定心和分度）要求很高，须用专门定位机构保证。按照定位机构的不同可分为鼠齿盘式和定位销式两种。下面介绍鼠齿盘式（齿盘定位）分度工作台。

　　鼠齿盘式分度工作台是目前应用较多的一种精密的分度定位机构，可与数控机床做成一体，也可以作为附件使用。

　　（1）结构组成。鼠齿盘式分度工作台主要由工作台、夹紧油缸及鼠齿盘等零件组成，如图4-28所示。鼠齿盘是保证分度定位的关键零件，每个齿盘的端面均加工有相同数目的三角形齿，齿数一般为120个或180个，两齿盘啮合时能自动确定相对位置。

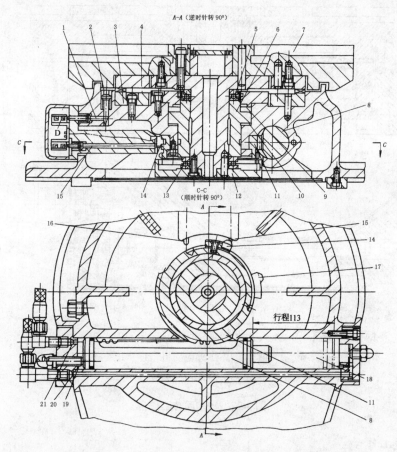

1　2　16-推杆　3　4-鼠齿盘　5　13-轴承　6-活塞　7-工作台　8-齿条活塞　9　10-油缸上、下腔
11-齿轮　12-内齿圈　14　17-挡块　15-杆　18　19-油缸右、左腔　20　21-油管

图4-28　鼠齿盘式分度工作台

　　（2）分度准备。工作台需要分度时，数控装置发出指令，由电磁铁控制液压换向阀，使压力油经管道至分度工作台7中央的夹紧液压油缸下腔10，推动活塞6上移，经推力轴

承 5 使工作台 7 抬起，上鼠齿盘 4 和下鼠齿盘 3 脱离啮合。在工作台 7 向上移动时带动内齿圈 12 上移，与齿轮 11 的下半部齿轮啮合，完成分度前的准备工作。

（3）分度动作。工作台 7 向上抬起时，推杆 2 在弹簧作用下向上移动，使推杆 1 能在弹簧力作用下右移，松动微动开关 D 的触头，由电磁铁控制液压换向阀动作，使压力油经油管 21 进入分度液压油缸的左腔 19 内，推动齿条活塞 8 右移（油缸右腔 18 内的油经油管 20 及节流阀流回油箱），与它啮合的齿轮 11 做逆时针转动。根据设计要求，当齿条活塞 8 移动 113 mm 时，齿轮 11 回转 90°。挡块 14 放开杆 15。因内齿圈已与齿轮 11 啮合，故分度工作台 7 回转 90°，从而完成分度运动。分度运动速度由油管 20 中的节流阀来控制。

（4）定位夹紧。当齿轮 11 转过 90° 时，它上面的挡块 17 压推杆 16，微动开关 D 的触头被压紧。通过电磁铁控制液压换向阀动作，使压力油经管道流入夹紧液压油缸上腔 9，活塞 6 向下移动（油缸下腔 10 内的油经管道及节流阀流回油箱），工作台 7 下降。于是上鼠齿盘 4 及下鼠齿盘 3 又重新啮合，并定位夹紧，完成分度运动。管道中的节流阀用来调整工作台 7 下降的速度，避免产生冲击。

（5）复位动作。当分度工作台下降时，推杆 2 被压下，推杆 1 左移，微动开关 D 的触头被压紧，通过电磁铁控制液压换向阀动作，使压力油经油管 20 进入分度液压缸的油缸右腔 18 内，推动齿条活塞 8 左移（油缸左腔 19 内的油经油管 21 流回油箱），使齿轮顺时针转动。它上面的挡块 17，离开推杆 16，微动开关 E 的触头被放松。因工作台面下降夹紧后，齿轮 11 下部齿轮已与内齿圈 12 脱开，故分度工作台 7 不转动。当齿条活塞 8 向左移动 113 mm 时，齿轮 11 就顺转 90°，齿轮 11 上的挡块 14 压下推杆 16，微动开关 D 的触头又被压紧，齿轮 11 停在原始位置，为下一次分度做好准备。

鼠齿盘式分度工作台的优点是：定位刚度好，重复定位精度高，分度精度可达 ±（0.5″～3″）。但鼠齿盘制造精度很高，且不能任意角度分度。其广泛用于各种加工和测量装置中。

4.4　自动换刀装置

4.4.1　自动换刀装置的形式

数控机床为了能在工件一次安装中完成多种、甚至所有的加工工序，以缩短辅助时间和减少多次安装工件所引起的误差，必须带有自动换刀装置。数控车床上的转塔刀架就是一种最简单的自动换刀装置，所不同的是在加工中心出现之后，逐步发展和完善了各类刀具的自动更换装置，扩大了换刀数量，从而能实现更为复杂的换刀操作。

自动换刀装置应具备换刀时间短、刀具重复定位精度高、足够的刀具储存量、刀库占地面积小以及安全可靠等基本要求。其结构取决于机床的类型、工艺范围、使用刀具种类和数量。

目前数控机床使用的自动换刀装置的主要类型、特点、使用范围如表 4-1 所示。

表 4-1　自动换刀装置的类型

类别形式		特　点	使用范围
转塔式	回转刀架	多为顺序换刀，换刀时间短，结构紧凑，容纳刀具较少	数控车床、数控车削中心机床
	转塔头	顺序换刀，换刀时间短，刀具主轴都集中在转塔头上，结构紧凑，但刚性较差，刀具主轴数受限制	数控钻、镗、铣床
刀库式	刀库与主轴之间直接换刀	换刀运动集中，运动部件少；但刀库启动多，布局不灵活，适应性差	各种类型的自动换刀数控机床，尤其是对使用回转类刀具的数控镗铣、钻镗类立式、卧式加工中心机床要根据工艺范围和机床特点，确定刀库容量和自动换刀装置类型；用于加工工艺范围广的立、卧式车削中心机床
	用机械手配合刀库进行换刀	刀库只有选刀运动，机械手进行换刀运动，比刀库做换刀运动时的惯性小，速度快，布局较灵活	
	用机械手、运输装置配合刀库进行换刀	换刀运动分散，由多个部件实现，运动部件多，但布局灵活，适应性好	
有刀库的转塔头式换刀装置		弥补转塔头换刀数量不足的缺点，换刀时间短	扩大工艺范围的各类转塔头数控机床

4.4.2　数控车床的换刀形式

数控车床上使用的回转刀架是一种最简单的自动换刀装置。根据不同的加工对象，可以设计成四方刀架和六角刀架等多种形式。回转刀架上分别安装着 4 把、6 把或更多的刀具，并按数控装置的指令换刀。回转刀架在结构上应具有良好的强度和刚性，以承受粗加工时的切削抗力。由于车削加工精度在很大程度上取决于刀尖位置，对于数控车床来说，加工过程中刀尖位置不进行人工调整，因此更有必要选择可靠的定位方案和合理的定位结构，以保回转刀架在每一次转位之后，具有尽可能高的重复定位精度（一般为 0.001～0.005 mm）。

1.　四方回转刀架

如图 4-29 所示为一螺旋升降式四方刀架,适用于轴类零件的加工,它的换刀过程如下。

（1）刀架抬起。当数控装置发出换刀指令后，电动机 23 正转，并经联轴套 16、轴 17，由滑键（或花键）带动蜗杆 19、蜗轮 2、轴 1、轴套 10 转动。10 的外圆上有两处凸起，可在套筒 9 内孔中的螺旋槽内滑动，从而举起与 9 相连的刀架 8 及上端齿盘 6，使 6 与下端齿盘 5 分开，完成刀架抬起动作。

（2）刀架转位。刀架抬起以后，轴套 10 仍在继续转动，同时带动刀架 8 转过 90°（如不到位，刀架还可继续转位 180°，270°，360°），并由微动开关 25 发出信号给数控装置。

（3）刀架压紧。刀架转位后，由微动开关发出的信号使电动机 23 反转，销 13 使刀架 8 定住而不随轴套 10 回转，于是刀架 8 向下位移，上下端齿盘合拢压紧。蜗杆 19 继续转动则产生轴向位移，压缩弹簧 22，套筒 21 的外圆曲面压缩，开关 20 使电动机 23 停止旋转，从而完成一次转位。

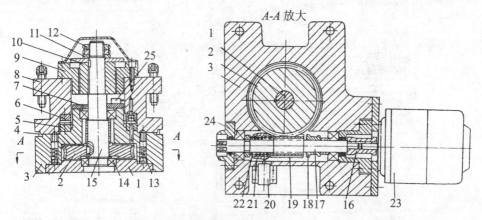

1、2-蜗轮　3-刀座　4-密封圈　5、6-鼠齿盘　7、8-刀架　9、10-轴套　11-垫圈　12-螺母　13-销
14-底盘　15-轴承　16-联轴套　17-轴　18-套　19-蜗杆　20、21-套筒　22-弹簧
23-电动机　24-压盖　25-开关

图 4-29　立式四方刀架结构

2. 转塔头式换刀装置

一般数控机床常采用转塔头式换刀装置，如数控车床的转塔刀架，数控钻镗床的多轴转塔头等。在转塔的各个主轴头上，预先安装有各工序所需的旋转刀具，当发出换刀指令时，各种主轴头依次地转到加工位置，并接通主运动，使相应的主轴带动刀具旋转，而其他处于不同加工位置的主轴都与主运动脱开。转塔头式换刀方式的主要优点在于省去了自动松夹、卸刀、装刀、夹紧以及刀具搬运等一系列复杂的操作，缩短了换刀时间，提高了换刀可靠性。它适用于工序较少，精度要求不高的数控机床。

如图 4-30 所示为卧式八轴转塔头。转塔头上径向分布着 8 根结构完全相同的主轴 1，主轴的回转运动由齿轮 15 输入。当数控装置发出换刀指令时，通过液压拨叉（图中未示出）将移动齿轮 6 与齿轮 15 脱离啮合，同时在中心液压缸 13 的上腔通压力油。由于活塞杆和活塞固定在底座上，因此中心液压缸 13 带着由两个推动轴承 9 和 11 支承的转塔刀架体 10 抬起，鼠齿盘 7 和 8 脱离啮合。然后压力油进入转位液压缸，推动活塞齿条，再经过中间齿轮使大齿轮 5 与转塔刀架体 10 一起回转 45°，将下一工序的主轴转到工作位置。转位结束之后，压力油进入中心液压缸 13 的下腔使转塔头下降，鼠齿盘 7 和 8 重新啮合，实现了精确的定位。在压力油的作用下，转塔头被压紧，转位液压缸退回原位，最后通过液压拨叉拨动移动齿轮 6，使它与新换上的主轴齿轮 15 啮合。

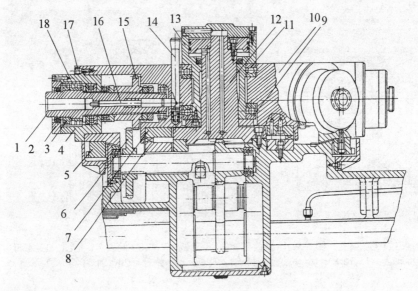

1-主轴　2-端盖　3-螺母　4-套筒　5　6　7　8-鼠齿盘　9　10-转塔刀架体　11-推力轴承
12-活塞　13-中心液压缸　14-操纵杆　15-齿轮　16-顶杆　17-螺钉　18-轴承

图 4-30　卧式八轴转塔头

为了改善主轴结构的装配工艺性，整个主轴部件装在套筒 4 内，只要卸去螺钉 17，就可以将整个部件抽出。主轴前轴承 18 采用锥孔双列圆柱滚子轴承，调整时先卸下端盖 2，然后拧动螺母 3，使内环进行轴向移动，以便消除轴承的径向间隙。

为了便于卸出主轴锥孔内的刀具，每根主轴都有操纵杆 14，只要按压操纵杆，就能通过斜面推动顶出刀具。

转塔主轴头的转位，定位和压紧方式与鼠齿盘式分度工作台极为相似。但因为在转塔上分布着许多回转主轴部件，使结构更为复杂。由于空间位置的限制，主轴部件的结构不可能设计得十分坚固，因而影响了主轴系统的刚度。为了保证主轴的刚度，主轴的数目必须加以限制，否则会使尺寸大为增加。

4.4.3　加工中心的换刀形式

由于回转刀架、转塔头式换刀装置容纳的刀具数量不能太多，满足不了复杂零件的加工需要。自动换刀数控机床多采用刀库式自动换刀装置。带刀库的自动换刀系统由刀库和刀具交换机构组成，这是多工序数控机床上应用最广泛的换刀方法。整个换刀过程较为复杂，首先把加工过程中需要使用的全部刀具分别安装在标准的刀柄上，在机外进行尺寸预调整之后，按一定的方式放入刀库，换刀时先在刀库中进行选刀，并由刀具交换装置从刀库和主轴上取出刀具。在进行刀具交换之后，将新刀具装入主轴，把旧刀具放回刀库。存放刀具的刀库具有较大的容量，它既可安装在主轴箱的侧面或上方，也可作为单独部件安装到机床以外。

1. 刀库的种类

刀库用于存放刀具，它是自动换刀装置中的主要部件之一。根据刀库存放刀具的数目和取刀方式，刀库可设计成不同类型。如图 4-31 所示为常见的几种刀库的形式。

（1）直线刀库。如图 4-31（a）所示，刀具在刀库中直线排列、结构简单，存放刀具数量有限（一般 8～12 把），较少使用。

（2）圆盘刀库。如图 4-31（b）～（g）所示，存刀量少则 6～8 把，多则 50～60 把，有多种形式。

图 4-31（b）所示刀库，刀具径向布置，占有较大空间，一般置于机床立柱上端。

图 4-31（c）所示刀库，刀具轴向布置，常置于主轴侧面，刀库轴心线可垂直放置，也可以水平放置，这种形式较多使用。

图 4-31（d）所示刀库，刀具为伞状布置，多斜放于立柱上端。

上述 3 种圆盘刀库是较常用的形式，存刀量最多为 50～60 把，存刀量过多则结构尺寸庞大，与机床布局不协调。

为进一步扩充存刀量，有的机床使用多圈分布刀具的圆盘刀库，如图 4-31（e）所示；多层圆盘刀库，如图 4-31（f）所示；多排圆盘刀库，如图 4-31（g）所示。这 3 种刀库形式使用较少。

（3）链式刀库。链式刀库是常使用的形式，如图 4-31（h），（i），这种刀库刀座固定在链节上，常用的有单排链式刀库，如图 4-31（h）所示，一般存刀量小于 30 把，个别达60 把。若进一步增加存刀量，可使用加长链条的链式刀库，如图 4-31（i）所示。

（4）其他刀库。刀库的形式还有很多，值得一提的是格子箱式刀库，如图 4-31（j），（k），刀库容量较大，可使整箱刀库与机外交换。为减少换刀时间，换刀机械手通常利用前一把刀具加工工件的时间，预先取出要更换的刀具，当然所配的数控系统应具备该项功能。图 4-31（j）为单面式，如图 4-31（k）所示为多面式。

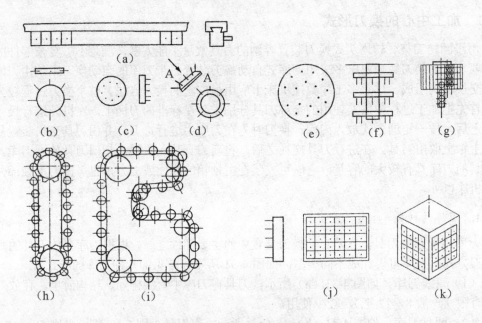

图 4-31　刀库的各种形式

2. 换刀方式

数控机床的自动换刀装置中，实现刀库与机床主轴之间传递和装卸刀具的装置称为刀具交换装置。刀具的交换方式和它们的具体结构对机床的生产率和工作可靠性有着直接的影响。

刀具的交换方式很多，一般可分为两大类：

（1）无机械手换刀。无机械手换刀是由刀库和机床主轴的相对运动实现刀具交换。换刀时，必须首先将用过的刀具送回刀库，然后再从刀库中取出新刀具，这两个动作不可能同时进行，因此换刀时间长。如图 4-32（e）所示的数控立式镗铣床就是采用这类换刀方式的实例。它的选刀和换刀由 3 个坐标轴的数控定位系统来完成，因此每交换一次刀具，工作台和主轴箱就必须沿着 3 个坐标轴来回运动 2 次，这样就增加了换刀时间。另外，由于刀库置于工作台上，减少了工作台的有效使用面积。

（2）机械手换刀。采用机械手进行刀具交换的方式应用得最为广泛，如图 4-32（f）所示，这是因为机械手换刀有很大的灵活性，而且可以减少换刀时间。

在各种类型的机械手中，双臂机械手集中地体现以上优点，如图 4-32（a）～（d）所示为双臂机械手中最常用的几种结构，分别是钩手（见图 4-32（a））、抱手（见图 4-32（b））、伸缩手（见图 4-32（c））和叉手（见图 4-32（d））。这几种机械手能够完成抓刀、拔刀、回转、插刀以及返回等全部动作。为了防止刀具掉落，各机械手的活动爪都必须带有自锁机构。双臂回转机械手的动作比较简单，如图 4-32（a）、（b）、（c）所示，而且能够同时抓取和装卸机床主轴和刀库中的刀具，因此换刀时间可以进一步缩短。如图 4-32（d）所示的双臂回转机械手虽不是同时抓取刀库和主轴上的刀具，但换刀准备时间及将刀具送回刀库的时间（图中实线所示位置）与机械加工时间重合，因而换刀（图中双点划线所示位置）时间也较短。

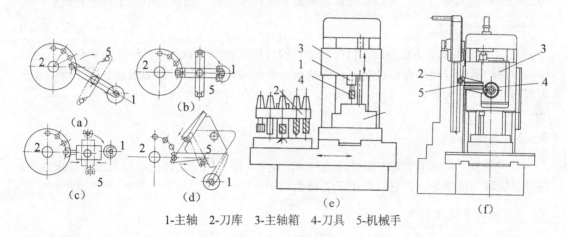

1-主轴　2-刀库　3-主轴箱　4-刀具　5-机械手

图 4-32　刀库的各种形式

4.5　数控机床的导轨

　　导轨用以支承和引导运动部件沿着直线或圆周方向运动。在导轨副中，运动的一方称为活动导轨，不动的一方称为支承导轨。导轨的精度和性能对数控机床的加工精度、承载能力、使用寿命影响很大。

4.5.1　对导轨的要求及分类

1. 对导轨的要求

　　（1）导向精度高　导向精度是指机床的运动部件沿导轨移动时的直线和它与有关基面之间的相互位置的准确性。无论在空载或切削工件时导轨都应有足够的导向精度，这是对导轨的基本要求。影响导轨精度的主要原因除制造精度外，还有导轨的结构形式、装配质量、导轨及其支承件的刚度和热变形，对于静压导轨的要求还有油膜的刚度等。

　　（2）耐磨性能好　导轨的耐磨性是指导轨在长期使用过程中保持一定导向精度的能

力。因导轨在工作过程中难免磨损，所以应力求减少磨损量，并在磨损后能自动补偿或便于调控。数控机床常采用摩擦系数小的滚动导轨和静压导轨，以降低导轨磨损。

（3）足够的刚度　导轨受力变形会影响部件之间的导向精度和相对位置，因此要求导轨应有足够的刚度。

（4）低速运动平稳性　要使导轨的摩擦阻力小，运动轻便，低速运动时无爬行现象。

（5）结构简单、工艺性好　导轨的制造和维修要方便，在使用时便于调整和维护。

2．导轨的分类

按运动部件的运动轨迹，导轨可分为直线导轨和圆周导轨；按工作性质可分为主运动导轨、进给运动导轨和调控导轨；按导轨接合面的摩擦，导轨可分为滚动导轨、滑动导轨和静压导轨等三大类。

4.5.2　滚动导轨

在导轨面之间放置滚珠、滚针或滚柱等滚动体，使导轨面之间的摩擦为滚动摩擦性质，这种导轨称为滚动导轨。它广泛用于各种数控机床中。

1．滚动导轨特点

其优点是摩擦系数小，磨损小，运动精度高，精度保持性好，定位准确。其缺点是结构复杂，制造困难，成本较高，抗振性差，导轨接触面积小等。

2．滚动导轨的结构形式

滚动导轨按滚动体的形状可分为滚珠导轨、滚柱导轨和滚针导轨如图 4-33 所示。

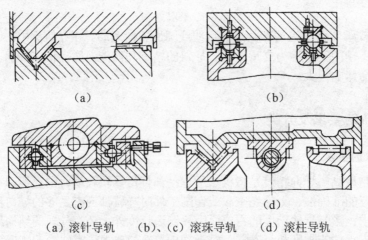

（a）　　　　　　　　　　　　（b）

（c）　　　　　　　　　　　　（d）

（a）滚针导轨　　（b）、（c）滚珠导轨　　（d）滚柱导轨

图 4-33　滚动导轨的结构形式

（1）滚珠导轨 这种结构紧凑，制造容易，成本较低，但接触面积小，刚度低，承载能力较小，适用于运动部件重量和切削力都不大的机床。如工具磨床工作台导轨。

（2）滚柱导轨 这种导轨的接触面积比较大，承载能力和刚度比滚珠导轨大，适用于载荷较大的机床。目前应用最广泛。

（3）滚针导轨 这种导轨与滚柱导轨相比，尺寸小，结构紧凑，在同样长度内能排列更多的滚针，因此承载能力大，但摩擦系数也大，适用于尺寸受限制的机床。

滚动导轨还可预加负载和不预加负载。预加负载的优点是提高导轨刚度，适用于颠覆力矩较大和垂直方向的导轨中。但这种导轨制造比较复杂，成本较高。数控机床常采用预加负载的滚动导轨。

4.5.3 滑动导轨

滑动导轨具有结构简单、制造方便、刚度高、抗振性好等特点，因此滑动导轨在数控机床中应用也比较普遍。为了克服其摩擦系数大、磨损快、使用寿命短等缺陷，现代数控机床常使用塑料滑动导轨。

1. 滑动导轨的结构

滑动导轨常用的截面形状有矩形、三角形、燕尾形和圆柱形，如图 4-34 所示。

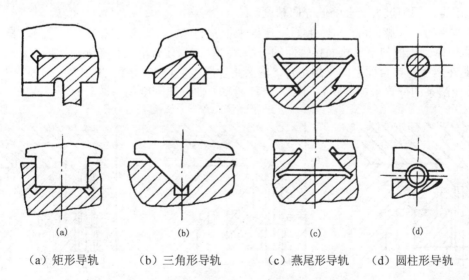

（a）矩形导轨   （b）三角形导轨   （c）燕尾形导轨   （d）圆柱形导轨

图 4-34 滑动导轨的截面形状

矩形导轨承载能力大，制造简单，水平方向和垂直方向上的精度互不影响。侧面间隙不能自动补偿，必须设置间隙调整机构。三角形导轨同时控制水平方向和垂直方向的导向精度，在载荷作用下能自行补偿而消除间隙，导向精度较其他导轨高。燕尾形导轨的结构紧凑、尺寸小，能承受颠覆力矩，但摩擦阻力较大。圆柱形导轨制造容易，磨损后调整间隙很困难。

直线运动导轨一般由两条导轨组成。数控机床上滑动导轨的形状主要为三角形与矩形和矩形与矩形两种形式，只有少部分结构采用燕尾形导轨。

2. 滑动导轨的材料

滑动导轨的材料主要有铸铁、镶钢导轨和塑料导轨三种。其中塑料导轨可以满足机床导轨低摩擦、耐磨、无爬行、高刚度的要求，同时又具有生产成本低、应用工艺简单以及经济效益显著等特点，因而许多国家在数控机床、精密机床、重型机床等产品上广泛采用塑料制造机床导轨。

塑料导轨是在动导轨上粘贴静动摩擦系数基本相同、耐磨、吸振的塑料软带，或者在导轨之间采用注塑的方法制成塑料导轨。在导轨上粘贴塑料的导轨叫"贴塑导轨"。目前在国内生产使用的贴塑导轨主要有塑料导轨板和塑料导轨软带两种。直接在导轨上注塑制成的导轨称为"注塑导轨"。

3. 滑动导轨的间隙调整

为了保证导轨的正常工作，导轨的滑动表面之间应保持适当的间隙。间隙过小，会增加摩擦阻力，间隙过大又会降低导向精度。

在垂直方向调整间隙时，一般靠下压板来调整间隙。常用方法如图 4-35 所示。图 4-35（a）采用修刮压板与下导轨面接触面的方法，这种方法比较麻烦，必须多次拆装。图 4-35（b）是在压板与接合面之间采用垫片，修磨垫片厚度以调整间隙。图 4-35（c）采用镶条，通过改变镶条的位置来控制底面间隙，这种调整方便，但刚度稍差。

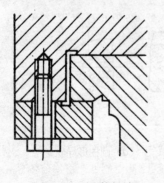 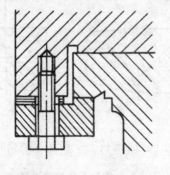 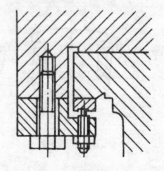

　　（a）刮研接触法　　　　　　　（b）垫片调整法　　　　　　　（c）镶条调整法

图 4-35　导轨的压板调整方法

导轨侧向间隙的调整常采用平镶条和斜镶条两种方法。平镶条比斜镶条容易制造，但间隙调整比较麻烦。一般采用侧面螺钉来调节平镶条的侧面间隙，但很难达到各点的间隙完全一致，且平镶条上各处的受力不同，如图 4-36 所示。

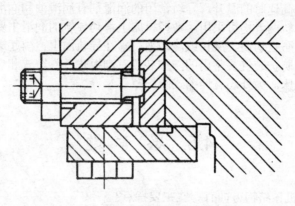

图 4-36　平镶条

斜镶条又称楔铁，制造困难，但它使用可靠，调整方便，应用较为广泛。长斜镶条的斜度采用 1∶100，短斜镶条的斜度采用 1∶40。斜镶条可由两头的螺钉来调整，如图 4-37（b）所示；也可由一边螺钉调整，如图 4-37（a）所示。调整时只要拧动它的端部调节螺钉就可以使斜镶条做轴向移动，调整方法简单。采用斜镶条调整矩形导轨的侧面间隙时，会引起运动部件的横向位移。如果导轨之间装有丝杠螺母副，将会引起丝杠的扭曲，在这种情况下就需要两个螺钉从左右两侧调整，使运动部件的中心位置保持不变。如图 4-37（b）所示。

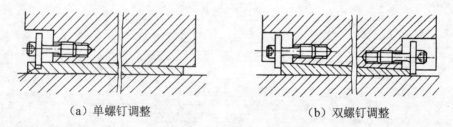

（a）单螺钉调整　　　　　　　　　　（b）双螺钉调整

图 4-37　斜镶条及其调整方法

4.5.4　静压导轨

静压导轨在两相对运动的导轨滑动面之间开设油腔，通入压力油，使运动导轨浮起。工作时，油腔中的油压能随外载荷的变化自动调整，保证导轨面间的纯液体摩擦。静压导轨的基本形式有开式静压导轨和闭式静压导轨两种。数控机床上常用闭式静压导轨。静压导轨摩擦系数极小（约为 0.0005），功率消耗小，导轨不会磨损，刚度高，油液有吸振作用，但供油系统复杂。主要用于重型、大型机床上。

此外，导轨的润滑和防护也十分重要。导轨润滑的好，可以减少摩擦阻力和摩擦磨损，避免低速爬行，降低高速时的温升。导轨常用的润滑剂有润滑油和润滑脂，滑动导轨主要用润滑油，而滚动导轨两者均可采用。数控机床上滑动导轨的润滑主要采用压力润滑。导轨防护的目的是为了防止切屑、磨粒或冷却液散落在导轨面上，引起磨损、擦伤和锈蚀，导轨面上应有可靠的防护装置。常用的防护装置有刮板式、卷帘式和叠层式防护套，它们大多用于长导轨的机床。另外还有伸缩式防护罩等。

4.6　思考题

1. 数控机床在机械结构方面有哪些主要特点？
2. 数控机床主传动系统相对于普通机床有哪些特点？
3. 数控机床的主轴准停装置的作用是什么？
4. 数控机床的导轨有哪些类型？各有何特点？
5. 简要说明数控机床的主运动系统的特点？
6. 数控机床对进给运动系统有哪些要求？
7. 滚珠丝杠如何预紧？
8. 静压丝杠螺母副有哪些特点？
9. 数控机床的导轨副有哪几种形式？

第 5 章　数控加工工艺装备

5.1　刀　具　系　统

随着数控机床在机械制造行业中的普及，为了适应数控机床高精度、自动化加工的要求，充分发挥其高速、高效的特点，数控刀具的标准化（规格化）程度也日益提高。目前数控机床刀具已有几千个规格，并逐渐形成规格化数控刀具系统。此外，为了适应数控机床对刀具耐用、稳定、易调、可换等要求，机夹可转位刀具已占整个数控刀具数量的 30%～40%，金属切除量占总数的 80%～90%。

5.1.1　数控加工对刀具的要求

为了保证数控机床的加工精度，提高生产率及降低刀具（片）的消耗，在设计和选用数控机床所用刀具时，除满足普通机床上所应具备的基本条件外，还要考虑到数控机床上刀具的工作条件等多方面因素，因此，对刀具提出了更高的要求。

1. 精度高

为了适应数控机床加工的高精度和自动换刀的要求，刀具及其装夹结构也必须具有很高的精度，以保证它在机床上的安装精度（通常在 0.005 mm 以内）和重复定位精度。在镗铣加工中心使用的刀具锥柄选用 ISOAT4 级精度；数控车床使用的可转位刀片一般为 M 级精度，以保证刀片重复定位精度，其刀体精度也要相应提高。如果数控车床是圆盘形或圆锥形刀架，要求刀具不经过尺寸预调而直接装上使用时，则应选用精密级可转位车刀，其所配用刀片应有 G 级精度，或者选用精化刀具，以保证高要求的刀尖位置精度。数控机床用的整体刀具也应有高精度的要求，如有些立铣刀的径向尺寸精度高达 0.005 mm，以满足精密零件的加工要求。数控机床及加工中心所用刀具一般都带有调整装置，这样就能够补偿由于刀具磨损而造成的工件尺寸的变化。

2. 高的切削性能

目前，数控机床向着高速度、大进给、高刚性和大功率发展。由于所使用的机床设备价格昂贵，且主轴转速高（中等规格的加工中心，其主轴最高转速一般为 5000～8000 r/min，高速铣削中心主轴转速最高达 100000 r/min）、进给速度范围宽（工作进给已由过去的 0～5 m/min，提高到 0～24 m/min）、辅助工时大大减少，同时高硬度工件材料（如淬火模具钢）的加工逐渐增加，故应尽量使用优质高效刀具，以充分发挥机床性能，提高生产效率，降低加工成本。

3. 高可靠性和尺寸耐用度

为避免在无人看管的情况下，因刀具早期磨损和破损造成加工工件的大量报废甚至损坏机床，刀具必须有很高的可靠性和尺寸耐用度。并且刀具的性能一定要稳定可靠，同一批刀具的切削性能和耐用度不能有较大差异。对于精加工刀具，特别是在加工大型的复杂形面时，为保证形面表面质量应避免中途换刀，这就要求刀具有较高的耐用度。在数控机床上的刀具大量采用涂层刀具，有效地提高了刀具耐用度。采用复合式夹紧结构等可靠夹紧结构，保证刀架快速移动、换位以及整个自动切削过程中夹紧结构不出现松动现象。

4. 可靠地断屑、排屑

任何紊乱的带状切屑都会给自动化生产带来极大的危害，可靠断屑、排屑对自动化加工用刀具具有特别重要的意义。采用断屑可靠性高的断屑槽型、断屑台或断屑器，能够保证断屑稳定，避免出现紊乱的带状切屑，同时还应考虑排屑问题，这对于孔加工刀具尤其重要。

5. 快速（自动）更换、尺寸预调

数控机床一般采用机外预调尺寸，装机后无需调整即可加工出合格零件，而且换刀是在加工的自动循环过程中实现的，即自动换刀。这就要求刀具应能与机床快速、准确地接合和脱开，并能适应机械手或机器人的操作。所以联接刀具的刀柄、刀杆、接杆和装夹刀头的刀夹，已发展成各种适应自动化加工要求的结构，而成为包括刀具在内的数控工具系统。

6. 刀具标准化、模块化，通用化及复合化

在多品种生产条件下，刀具标准化可以减少刀具的品种、规格，这样便于管理、增加批量、降低成本。为了适应数控机床的多功能发展需求，数控工具系统正向着模块化、通用化方向发展。例如国外已开发了适用于车削和镗铣加工中心的模块化组合结构的工具系统，大大减少了刀具的品种和规格。为充分发挥数控机床的利用率，要求发展和利用多种复合刀具，如钻－扩、扩－铰、扩－镗等，使需要多道工序、几种刀具完成的加工，在一道工序中由一把刀具完成，从而提高生产率，保证加工精度。

7. 发展刀具管理系统

加工中心和柔性制造系统使用刀具数量多，管理较复杂，既要对全部刀具进行自动识

别、记忆其规格尺寸、存放位置、已切削时间和剩余时间等，又要对刀具的更换、运送、刀具的刃磨和尺寸预调等进行管理。

8. 有刀具磨损和破损的在线监测系统

为了避免加工时的意外事故损坏刀具，造成大批零件报废，除预防措施外，还应设置刀具破损监测装置，以实现刀具损坏的及时判别。

5.1.2　数控刀具的材料和选用

1. 对刀具材料的要求

在刀具切除金属过程中，切削层的金属在刀具作用下经受剪切滑移而发生塑性变形，同时刀具与工件、切屑之间产生摩擦与挤压作用，所以刀具的切削部分不仅要承受很高的温度和很大的切削力，还常会受到机械冲击及热冲击的影响，在断续切削过程中尤其严重，这就会造成刀具不断磨损甚至发生破损。因此，刀具材料的性能对刀具使用寿命、切削加工生产率、加工质量和加工成本至关重要，所以，刀具切削部分的材料必须具备以下几个条件：

（1）高硬度。高硬度是刀具材料应具备的基本性能，一般要求刀具切削部分比工件材料硬度高 1.3～1.5 倍，刀具材料常温硬度高于 HRC60 以上。

（2）足够的强度和韧度。刀具在切削时承受很大的切削力、冲击和振动，刀具材料必须具有足够的抗弯强度和冲击韧度。适当的提高刀具的强度和韧度，可以减少刀具的脆性破损的发生。

（3）高耐磨性。耐磨性是材料抵抗磨损的能力，耐磨性是材料硬度、强度、金相组织和化学性能等因素的综合反映。一般认为，刀具材料的硬度越高、马氏体中合金元素越多、金属碳化物数量越多、颗粒越细、分布越均匀，耐磨性就越高。

（4）高耐热性。耐热性是衡量刀具材料切削性能优劣的主要指标，它是刀具材料在高温下保持或基本保持其硬度、强度和韧度、耐磨性的主要指标。一般用保持其常温下切削性能的温度来表示耐热性。工具钢刀具材料的磨损与金相组织相变有很大关系，故工具钢刀具常用红硬性（加热 4 小时仍能保持 HRC58 时的温度值即为红硬性）表示耐热性。如，高速钢的红硬性为 550～650 ℃，即在此温度下，高速钢仍能保持或基本保持常温时的切削性能指标。

硬质合金刀具的磨损主要由粘结和扩散引起，所以采用与钢发生粘结时的温度值来表示其耐热性。

一般室温下，各种刀具材料的硬度相差不大，但由于耐热性不同，其切削性能会有很大差异。

（5）良好的工艺性和经济性。为便于刀具的制造，刀具材料应有较好的工艺性，如可磨削性等。经济性好的刀具材料有利于产品成本的控制。

2. 高速钢

高速钢是加入了较多的钨、钼、铬、钒等合金元素的高合金工具钢。高速钢具有良好的综合性能。它具有较高的热稳定性，切削温度在 600 ℃时，仍可进行切削。它具有高的强度和韧性，其抗弯强度为一般硬质合金的 2～3 倍，为陶瓷的 5～6 倍，它具有一定的硬度（HRC63～70）和耐磨性。它可以用来加工从有色金属到高温合金等多种材料。由于高速钢具有良好的工艺性，容易磨出锋利的切削刃，能进行锻造，所以在复杂刀具（如：钻头、丝锥、成型刀具等）的制造中，高速钢仍占有主要地位。并且高速钢的性能较硬质合金和陶瓷稳定，适用于数控加工的使用要求。

按用途不同，高速钢可分为普通高速钢和高性能高速钢；按制造工艺方法的不同，高速钢可分为熔炼高速钢和粉末冶金高速钢。

（1）普通高速钢

普通高速钢的特点是工艺性好，按化学成分可分为钨系高速钢和钨钼系（或称钼系）高速钢。

钨系高速钢的典型牌号是 W18Cr4V，牌号中的数字代表该元素在材料中含量的百分比。它具有较好的综合性能，即具有较高的硬度（HRC62～66）、强度、韧度和耐热性，红硬性可达 620 ℃，切削刃可以刃磨的比较锋利，通用性较强，常用于钻头、铣刀、拉刀、齿轮刀具、丝锥等复杂刀具的制造。这种牌号在我国仍普遍使用，在国外因钨价较贵，此钢种已很少使用了。

钨钼系高速钢的典型牌号是 W6Mo5Cr4V2。综合性能与钨系高速钢大致相同，但其碳化物晶粒更小、分布更均匀性，所以强度和韧性好于钨系高速钢，适于制造大截面尺寸的刀具，因其高温塑性好，适于制造热轧刀具（如：热轧钻头），可磨削性不及 W18Cr4V。

（2）高性能高速钢

高性能高速钢包括：高碳高速钢、高钒高速钢、钴高速钢、铝高速钢。通过调整普通高速钢的基本化学成分及增加合金元素（C、V、Co、Al 等），从而使其力学性能及切削性能得到显著提高，参见表 5-1。其常温硬度可达 HRC67～69，高温硬度也得到提高，具有比普通高速钢更高的刀具使用寿命，适于加工奥氏体不锈钢、耐热钢、高强度钢、高温合金、钛合金等难加工材料。

表 5-1　部分牌号高速钢的性能

类　别	钢　号	常温硬度（HRC）	抗弯强度 σbb/GPa	冲击韧度 αk/ m-2)	高温硬度（HRC）	
					500℃	600℃
钨系高速钢	W18Cr4V	63～66	3～3.4	0.18～0.32	56	48.5
钨钼系高速钢	W6Mo5Cr4V2	63～66	3.5～4	0.3～0.4	55～56	47～48
高碳高速钢	9W18Cr4V	66～68	3～3.4	0.17～0.22	57	51
高钒高速钢	W6Mo5Cr4V3	65～67	3.2	0.25	—	51.7

（续表）

类　　别	钢　　号	常温硬度（HRC）	抗弯强度 σ bb/GPa	冲击韧度 α k/·m-2）	高温硬度（HRC）	
					500℃	600℃
钴高速钢	W6Mo5Cr4V2Co8	66～68	3.0	0.3	—	54
	W2Mo9Cr4VCo8	67～69	2.7～3.8	0.23～0.3	～60	～55
铝高速钢	W6Mo5Cr4V2Al	67～69	2.9～3.9	0.23～0.3	60	55
	W10Mo4Cr4V3Al	67～69	3.1～3.5	0.2～0.28	59.5	54

（3）粉末冶金高速钢

粉末冶金高速钢是用高压氩气或纯氮气雾化熔融的高速钢钢水，直接得到细小的高速钢粉末，然后将这种粉末在高温高压下压制成致密的钢坯，最后将钢坯轧成钢材或刀具形状的一种高速钢，主要解决碳化物偏析问题。此类钢的优点是可得到细小均匀的结晶组织，具有很好的磨削加工性、物理力学性能具有高度各向同性，可减小淬火时的变形（只有熔炼钢的 1/2～1/3），而且耐磨性可提高 20%～30%。适合于制造切削难加工材料的刀具及大尺寸刀具（如：滚刀、插齿刀），也适于制造精密刀具和磨削加工量大的复杂刀具。

3．硬质合金

硬质合金以高硬度、难熔金属的碳化物（如：TiC、WC、TaC、NbC 等）粉末为主要成分，是以钴（Co）、镍（Ni）或钼（Mo）为粘结剂，在真空炉或氢气还原炉中烧结而成的粉末冶金制品。它的耐热性比高速钢高得多，约在 800～1000 ℃，允许的切削速度约是高速钢的 4～10 倍。硬度很高，可达 HRA89～93，但它的抗弯强度只为高速钢的一半，冲击韧度不足高速钢的 1/25～1/10，不能像高速钢刀具那样承受大的切削振动和冲击负荷。由于它的耐热性、耐磨性好，因而在刃形不复杂刀具上的应用日益增多，如：车刀、端铣刀、立铣刀、铰刀、镗刀，小尺寸钻头、丝锥及中小模数齿轮滚刀。

（1）WC－Co（YG）类硬质合金

由 WC 和 Co 组成。该类硬质合金相当于 ISO 规定的 K 类硬质合金。有粗晶粒、中晶粒、细晶粒和超细晶粒之分。常用牌号有 YG3X、YG6X、YG6、YG8 等，主要用于加工铸铁及有色金属及其合金。其中细晶粒硬质合金适用于加工一些特殊的硬铸铁、奥氏体不锈钢、耐热合金、钛合金、硬青铜、硬的和耐磨的绝缘材料等。超细晶粒硬质合金制造的小尺寸刀具特别适合在较低切削速度下，加工高强度钢、耐热合金等难加工材料。在这类硬质合金中加入 1%～3%的 TaC（或 NbC），可组成 WC－TaC（NbC）－Co 合金，如表中的 YG6A 和 YG8A，可用以加工硬铸铁和不锈钢等。牌号中的数字为 Co 的百分含量，含 Co 量越高（即粘结相含量高），韧性越好，适合于粗加工，含 Co 量少者适用于精加工。

（2）WC－TiC－Co（YT）类硬质合金

除 WC、Co 之外，还含有 5%～30%的 TiC，相当于 ISO 规定的 P 类硬质合金。硬度提高，强度韧性降低。常用牌号有 YT5、YT14、YT15 和 YT30，牌号中的数字为 TiC 的百分含量，含 Co 量分别为 10%、8%、6% 和 4%。该类硬质合金主要用于加工钢材，其突出优点是耐热性好，且耐热性随 TiC 含量的增加而提高。

（3）WC－TiC－TaC（NbC）－Co（YW）类硬质合金

在 YT 类硬质合金中，加入 TaC（或 NbC）取代一部分 TiC，即得到 YW 类硬质合金，相当于 ISO 规定的 M 类硬质合金，常用牌号有 YWl 和 YW2。这类硬质合金具有较好的综合性能，其抗弯强度、疲劳强度和冲击韧度、高温硬度和高温强度以及抗氧化能力和耐磨性均得到提高。既可加工铸铁、有色金属，又可加工碳素钢、合金钢，也适合于加工高温合金、不锈钢等难加工材料。

以上三类硬质合金（YG，YT，YW）的主要成分是 WC，故称为 WC 基硬质合金。

（4）TiC 基硬质合金

是以 TiC 为主要成分，以 Ni、Mo 作为粘结剂的硬质合金，TiC 含量占 60%～70% 以上。代表牌号是 YN10 和 YN05，与 WC 基合金相比，它的硬度较高，但韧性较差，有很高的耐磨性和抗月牙洼磨损能力，有较高的耐热性和抗氧化能力，化学稳定性好，与工件材料的亲和力小，摩擦系数较小，抗粘结能力较强。适用于铸铁、碳素钢、合金钢的连续切削的半精加工和精加工。

为提高 TiC 基合金的性能，常加入一定量的 TiN 和 TaN，有时还加入 WC 及其他元素。

表 5-2　部分牌号硬质合金的化学成分及机械性能

类别		牌号	化学成分（%）				机械性能					相近 ISO 牌号
			WC	TiC	TaC (NbC)	Co	硬度 HRA	抗弯强度 GPa	抗压强度 GPa	弹性模量 GPa	冲击韧度 kJ/m²	
WC 基	WC+Co	YG3X	96.5		<0.5	3	91.5	1.1	5.4～5.63			K01
		YG6X	93.5		<0.5	6	91	1.4	4.7～5.1		～20	K05
		YG6	94			6	89.5	1.45	4.6	630～640	～30	K10
		YG8	92			8	89	1.5	4.47	600～610	～40	K20
		YG10H	90			10	91.5	2.2				K30
	WC+TiC+Co	YT30	66	30		4	92.5	0.9		400～410	3	P01.2
		YT15	79	15		6	91	1.15	3.9	520～530		P10
		YT14	78	14		8	90.5	1.2	4.2		7	P20
		YT5	85	5		10	89.5	1.4	4.6	590～600		P30
	WC+TaC（NbC）+Co	YG6A	91		3	6	91.5	1.4				K05
		YG8A	91		<1	6	89.5	1.5				K25
	WC+TiC+TaC（NbC）+Co	YW1	84	6	4	6	91.5	1.2				M10
		YW2	82	6	4	8	90.5	1.35				M20
TiC 基		YN05	8	71		Ni-7 Mo-14	93.3	0.95				P01.1
		YN10	15	62	1	Ni-12 Mo-10	92	1.1				P01.4

（5）钢结硬质合金

钢结硬质合金是以 TiC 或 WC 做硬质相（占 30%～40%）、高速钢做粘结相（70%～60%），通过粉末冶金工艺制成的、性能介于硬质合金与高速钢之间的高速钢基硬质合金，它具有良好的耐热性、耐磨性和一定韧度，可进行锻造、热处理和切削加工，故可制作结构复杂的刀具。

4. 涂层刀具

涂层刀具是在韧性较好的硬质合金基体上或高速钢刀具基体上，涂覆极薄一层耐磨性高的难熔金属化合物而获得的。常用的涂层材料有 TiC、TiN、Al_2O_3 等，厚度一般为 5～10 μm，可采用单涂层、双涂层或多涂层。涂层刀具具有比基体高得多的硬度、抗氧化性能、抗粘结性能以及低的摩擦系数，因而有高的耐磨性和抗月牙洼磨损能力，且可降低切削力及切削阻力，所以在加工中可采用比未涂层刀具高得多的切削用量，大大提高生产效率。

涂层硬质合金刀片的耐用度至少可提高 1～3 倍，而且由于涂层硬质合金的通用性广，一种涂层刀片可代替几种未涂层刀片使用，可大大简化刀具的管理。涂层硬质合金适用于钢材、铸铁的半精加工和精加工，负荷较轻的粗加工也可使用。含 Ti 的涂层刀具不能加工高温合金、钛合金和奥氏体不锈钢。涂层硬质合金不能用于焊接结构，不能重磨，主要用于可转位刀片。在工业发达国家中，涂层刀片的使用占硬质合金刀片的 50%～60% 以上。因涂层硬质合金提高了耐磨性及刀具的使用寿命，尤其适用于数控机床的切削加工。

高速钢钻头、丝锥、铣刀和齿轮刀具经涂层后耐用度可提高 3～5 倍以上。

5. 陶瓷

陶瓷刀具材料是在陶瓷基体中添加各种碳化物、氮化物、硼化物和氧化物等并按照一定生产工艺制成的。这种材料化学惰性大，与被加工金属亲合作用小。它具有很高的硬度（常温 HRA93～94，1200 ℃时硬度还可保持 HRA80）、耐磨性、耐热性和化学稳定性，具有独特的优越性，在高速切削范围以及加工某些难加工材料，特别是加热切削法方面，包括涂层刀具在内的任何高速钢和硬质合金刀具都无法与之相比。陶瓷不仅用于制造各种车刀、镗刀，也开始用于制造成形车刀、铰刀及铣刀等工具。在数控加工过程中，正是由于陶瓷刀具所具备的优异切削性能及高的可靠性，使数控机床的高自动化、高生产率的性能得以充分发挥。但是陶瓷材料冲击韧性很差。

陶瓷刀具材料按其主要成分大致可分为以下三类。

（1）氧化铝系陶瓷。以氧化铝（Al_2O_3）为主体的陶瓷材料，其中包括纯氧化铝陶瓷、氧化铝中添加各种碳化物、氧化物、氮化物与硼化物等的组合陶瓷，这类陶瓷的突出优点是硬度及耐磨性高，缺点是脆性大，抗弯强度低，抗热冲击性能差，目前多数用于铸铁及调质钢的高速精加工。

（2）氮化硅系陶瓷。包括氮化硅（Si_3N_4）陶瓷和氮化硅为基体的添加其他碳化物制成的组合氮化硅陶瓷。这种陶瓷的抗弯强度和断裂韧性比氧化铝陶瓷有所提高，抗热冲击性能也较好，在加工淬硬钢、冷硬铸铁、石墨制品及玻璃钢等材料时都取得了很好的效果。

（3）复合氮化硅－氧化铝（$Si_3N_4+Al_2O_3$）系陶瓷。其主要成分为硅（Si）、铝（Al）、氧（O）、氮（N），因而被取名为赛阿龙（Sialon）。该材料具有极好的耐高温性能、抗热冲击和抗机械冲击性能。它在加工铸铁、镍基超级合金时的性能比热压氧化铝陶瓷刀片优越得多，其最主要特点之一是能够采用大进给量，加之允许采用很高的切削速度，故可以极大地提高生产率。

6. 超硬刀具材料

（1）金刚石。金刚石是石墨的同素异形体，分人造及天然两种。人造金刚石是在高温高压条件下，借助于某些合金的触媒作用，由石墨转化而成。金刚石是已知的最硬物质，HV10000，6～8 倍于硬质合金的硬度。金刚石刀具可用于加工硬质合金、陶瓷等高硬度耐磨材料，可用于加工有色金属及其合金。金刚石刀具使用寿命极高，但不能加工铁族材料，因为金刚石刀具中的碳元素极易向含铁的工件扩散，使金刚石刀具很快被磨损。在空气中当切削温度高于 700 ℃时，金刚石中的碳原子即发生氧化、碳化失去硬度。

（2）立方氮化硼。氮化硼经高温高压加入催化剂转化而成立方氮化硼，它是 70 年代才发展起来的一种新型刀具材料。立方氮化硼具有很高的硬度及耐磨性，其硬度仅次于金刚石，为 HV8000～9000。其热稳定性、化学惰性高于金刚石，可耐 1300～1500 ℃高温。立方氮化硼可用于淬硬钢、冷硬铸铁、高温合金等的半精加工和精加工，能以车代磨。因其有很高的硬度及耐磨性，适用于数控机床的切削加工。

5.1.3 数控车床刀具系统

数控车床刀具系统常用的有两种形式：一种是刀块形式，用凸键形定位，螺钉夹紧，其定位可靠，夹紧牢固，刚性好，但换装费时，不能自动夹紧，如图 5-1 所示。另一种是圆柱柄上铣齿条的结构，可实现自动夹紧，换装也快捷，刚性较刀块形式稍差，如图 5-2 所示。

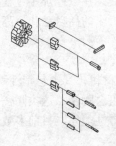

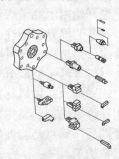

图 5-1 刀块式车刀系统 　　　　　　图 5-2 圆齿条式刀柄车刀系统

数控机床上使用的车刀按结构可分为整体车刀、焊接车刀、机夹车刀、可转位车刀。

1．整体车刀

整体车刀采用整块高速钢制造成长条状刀条，然后刃磨出切削刃。由于受刀具材料所限，切削速度较低，刀具磨钝后可以重磨，可以根据加工要求修磨刀具，刀具几何角度不易精确控制，刀具韧性好，可靠性高，刀具材料利用率高，能制造小尺寸刀具。

2．焊接车刀

如图 5-3 所示焊接车刀采用优质碳素工具钢或合金工具钢制造刀杆，用钎焊工艺方法将硬质合金刀片镶焊在刀杆上，后经刃磨而成。焊接车刀结构简单、制造方便、使用可靠，采用硬质合金刀片，能实现较高的切削速度，可以根据使用要求随意刃磨，刀片利用充分，但是刀杆不能重复使用，焊接应力易使刀片产生裂纹，形成应力集中，导致刀具破损的发生。

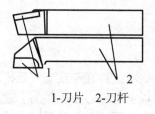

1-刀片　2-刀杆

图 5-3　焊接车刀

3．机夹车刀

机夹车刀采用优质碳素工具钢或合金工具钢制造刀杆，用机械夹固的方法将硬质合金刀片装夹在刀杆上，如图 5-4 所示。由于采用硬质合金刀片，刀具能够实现较高的切削速度。刀刃位置可以调整，用钝后可以重复刃磨，刀杆可以重复使用。刀杆结构复杂，制造成本高，避免了焊接对硬质合金刀片造成的影响。

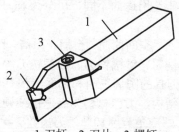

1-刀杆　2-刀片　3-螺钉

图 5-4　机夹式切断刀

4. 可转位车刀

可转位车刀采用优质碳素工具钢或合金工具钢制造刀杆，用机械夹固的方法将硬质合金刀片装夹在刀杆上，如图 5-5 所示。与机夹车刀不同的是，可转位车刀的硬质合金刀片上预制有多条几何角度相同的切削刃，当刀具磨钝后只需转动刀片即可更换切削刃，当几条切削刃均磨钝后，更换相同规格的新刀片就可以再次投入切削，有效减少了换刀时间。由于各切削刃几何角度相同，所以刀具切削性能稳定。可转位车刀不需要刃磨，适于采用涂层刀具。刀杆制造精度高，可重复使用。采用机械夹紧结构，不适用于小尺寸刀具。由于可转位刀具备很多优点，所以不仅大量运用于车刀，并且被推广到其他各类型刀具，广泛应用于数控加工中。可转位车刀的型号表示及含义参见附表 1。

1-刀杆　2-刀垫　3-刀片　4-夹固元件

图 5-5　可转位车刀的结构

5.1.4　加工中心刀具系统

加工中心工序集中的特点决定了工件在一次装夹后，往往需要多种刀具完成工件各加工部位不同类型的加工工序，所以加工中心在工件加工过程中需要多次换刀，这就要求在加工中心的刀库中必须配备加工中需要的各种类型的刀具，为了便于不同的刀具在刀库标准刀座和主轴上安装，要求每一把刀具都应有统一的柄部结构和尺寸，因此加工中心使用的刀具由通用刀具（又称工作头或刀头）和与加工中心主轴前端孔配套的刀柄组成。在应用中，要根据加工中心机床、夹具、工件材料、加工工序、切削用量以及其他相关因素正确选用刀具。刀具选择总的原则是：刀具的安装和调整方便，刚性好，耐用度和精度高。在保证安全和满足加工要求的前提下，刀具长度应尽可能短，以提高刀具的刚性。

1. 刀具的种类

加工中心使用的刀具按其工艺用途的不同，可分为铣刀、孔加工刀具、螺纹刀具等。

（1）铣刀

铣刀主要用于加工各种平面、空间曲面、台肩、沟槽、切断、成型表面及回转体表面。可分为面铣刀、立铣刀、模具铣刀、键槽铣刀、成型铣刀等。

面铣刀如图 5-6 所示，在刀具的圆周表面和端面上都有切削刃，端部切削刃为副切削刃。面铣刀多制造成套式镶齿结构，刀齿材料为高速钢或硬质合金。高速面铣刀按国标规定，直径为 $\phi80\sim\phi250$ mm，螺旋角 $\beta=10°$，刀齿数 $Z=10\sim26$。目前广泛采用的可转位式面铣刀是将硬质合金可转位刀片同机械夹紧元件夹固在刀体上，当刀片的一个切削刃用钝后，直接在机床上将刀片转位或更新刀片。因此，这种铣刀在提高产品质量及加工效率、降低成本、操作使用方便性等方面都具有明显的优越性。

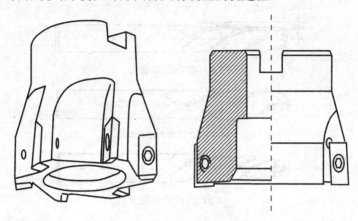

图 5-6　硬质合金可转位面铣刀

　　铣刀如图 5-7 所示，是数控机床上用得最多的一种铣刀。在刀具的圆周表面和端面上都有切削刃，圆周表面上的螺旋切削刃为主切削刃，端面切削刃为副切削刃，普通立铣刀端面中心处无切削刃，所以不能作轴向进给。为能加工较深的沟槽，并保证有足够的备磨量，立铣刀的轴向长度一般较长。为增大容屑空间，刀齿数较少，一般粗齿立铣刀刀齿数 $Z=3\sim4$，细齿立铣刀刀齿数 $Z=10\sim20$。当立铣刀直径较大时，还可以制造成不等的齿距结构，以使切削过程平稳。标准立铣刀的螺旋角 $\beta=40°\sim45°$（粗齿）或 $30°\sim35°$（细齿），套式结构立铣刀螺旋角 $\beta=15°\sim25°$。直径较小的立铣刀一般制造成带柄形式，$\phi2\sim\phi71\,\mathrm{mm}$ 的立铣刀制成直柄；$\phi6\sim\phi63\,\mathrm{mm}$ 制成莫式锥柄；$\phi25\sim\phi80\,\mathrm{mm}$ 制成 7：24 锥柄，内有螺孔用来拉紧刀具。$\phi40\sim\phi160\,\mathrm{mm}$ 的立铣刀可做成套式结构。

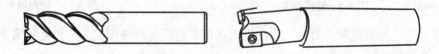

　　（a）整体式立铣刀　　　　　　　　（b）硬质合金可转位立铣刀

图 5-7　立铣刀

　　模具铣刀如图 5-8 所示，它是由立铣刀发展而成，可以分为圆锥形立铣刀（圆锥半角为 3°、5°、7°、10°）、圆柱形球头立铣刀、圆锥形球头立铣刀三种，其柄部有直柄、削平型直柄和莫氏锥柄。他们的结构特点是球头或端面上布满切削刃，圆周刃与球头刃圆弧连接，可以作轴向和径向进给运动。国标规定直径为 $\phi4\sim\phi63\,\mathrm{mm}$，常采用高速钢或硬质合金制造，小规格的制成整体式，$\phi16\,\mathrm{mm}$ 以上的可以制成焊接式或机夹式。

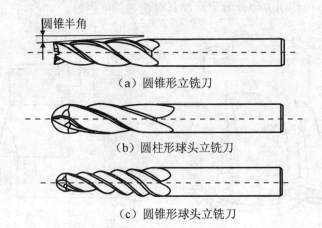

（a）圆锥形立铣刀

（b）圆柱形球头立铣刀

（c）圆锥形球头立铣刀

图 5-8　模具铣刀

键槽铣刀如图 5-9 所示，它有两个刀齿，圆柱面和端面都有切削刃，端面切削刃延长至中心，能够沿轴向和径向进给。国标规定键槽铣刀 $\phi2\sim\phi22$ mm 为直柄，$\phi14\sim\phi50$ mm 为锥柄。直径偏差有 e8 和 d8 两种，重磨刀具时只磨端面切削刃，因此重磨后刀具直径不变。

成形铣刀如图 5-10 所示，一般都是为特定的工件或加工内容专门设计制造的，如角度面、凹槽、特型孔或台等。

图 5-9　键槽铣刀　　　　　　　　　　　　　　　图 5-10　成形铣刀

除上述几种类型的铣刀外，数控机床还可以使用各种通用铣刀，但是通常需要配备相应的过渡套和拉钉。

（2）孔加工刀具

孔加工刀具主要用于粗精加工各种圆孔，可以分为钻削刀具、镗刀、铰刀等。

钻削是加工中心在实心材料上加工出孔的常见办法，钻削还用于扩孔、锪孔。钻头按结构分类有整体式、刀体焊接式、刀刃焊接式、可转位钻头；按柄部形状分类可分为直柄钻头、直柄扁尾钻头、（莫氏）锥柄钻头；按刃沟形状分类有右螺旋钻头、左螺旋钻头、直刃钻头；按刀体截面形状分类有内冷钻头、双刃带钻头、平刃沟钻头；按长度分类有标准钻头、长型钻头、短型钻头；按工艺用途分有麻花钻、中心钻、扩孔钻、锪钻、阶梯钻、导向钻、加工中心用枪钻等，如图 5-11 所示。中心钻用于在实心工件上先加工出小孔，用以在钻孔时定位和引导钻头。麻花钻一般为高速钢材料或硬质合金整体制造，是迄今最广泛应用的孔加工刀具。因为它的结构适应性强、又有成熟的制造工艺及完善的刃磨方法，常用于加工直径小于 $\phi30$ mm 的孔。枪钻用于加工长径比在 5 以上的深孔。锪钻用于加工沉头孔和端面凸台等。

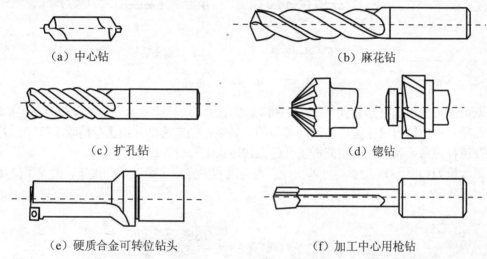

（a）中心钻　　　　　　　　　　　　　　（b）麻花钻

（c）扩孔钻　　　　　　　　　　　　　　（d）锪钻

（e）硬质合金可转位钻头　　　　　　　（f）加工中心用枪钻

图 5-11　常用钻削刀具

镗刀是对已有的孔进行再加工的刀具，常用于直径较大的孔的粗精加工。如图 5-12 所示，单刃镗刀是把类似车刀的刀尖装在镗刀杆上而形成的。如图 5-13 所示，刀尖在刀杆上安装位置有两种：刀头垂直镗杆轴线安装，适于加工通孔；刀头倾斜镗杆轴线安装，适于盲孔、台阶孔的加工。按工艺用途分为粗镗刀、精镗刀和专用于小孔精加工的精镗刀。在一些精镗刀的接柄中配备有动平衡装置，可以有效保证高速主轴机床上的镗刀使用精度。

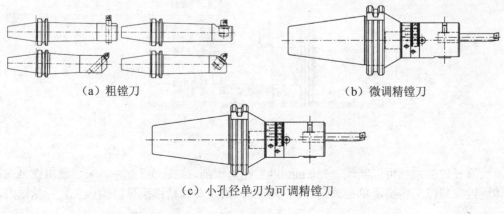

（a）粗镗刀　　　　　　　　　　　　　　（b）微调精镗刀

（c）小孔径单刃为可调精镗刀

图 5-12　镗刀

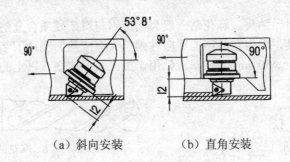

（a）斜向安装　　　　（b）直角安装

图 5-13　镗刀头安装形式

　　双刃镗刀常用的有定装式、机夹式和浮动式三种。双刃镗刀的好处是径向力得到平衡，工件孔径尺寸由镗刀尺寸保证。浮动镗刀的刀块能在径向浮动，加工时消除了机床、刀具装夹及镗杆弯曲等误差，但不能矫正孔的直线度误差和位置度误差。

　　组合镗刀如图 5-14 所示，可以在一次走刀过程中完成多个工步的加工，大大了提高镗削的加工效率。

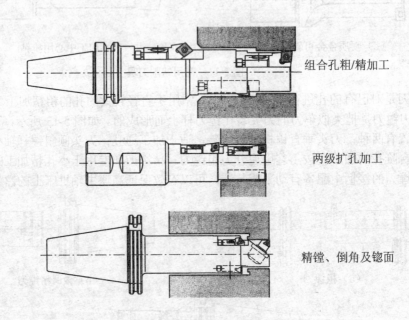

组合孔粗/精加工

两级扩孔加工

精镗、倒角及锪面

图 5-14　组合镗刀

　　大直径镗削系统可以实现 $\phi150\,\text{mm}$ 以上孔的镗削，如表 5-3 所示，采用通用性强的镗刀体通过安装镗头座实现单刃镗削、双刃镗削。如果安装精镗头可以构成大直径精镗刀。

表 5-3 大直径镗削系统

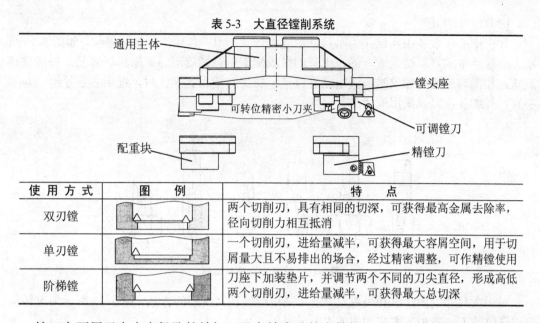

使用方式	图例	特点
双刃镗		两个切削刃, 具有相同的切深, 可获得最高金属去除率, 径向切削力相互抵消
单刃镗		一个切削刃, 进给量减半, 可获得最大容屑空间, 用于切屑量大且不易排出的场合, 经过精密调整, 可作精镗使用
阶梯镗		刀座下加装垫片, 并调节两个不同的刀尖直径, 形成高低两个切削刃, 进给量减半, 可获得最大总切深

铰刀主要用于中小直径孔的精加工及高精度孔的半精加工。由于铰削加工余量小, 铰刀齿数多, 铰刀刚性和导向性好, 所以工作平稳, 加工精度高。圆柱铰刀比较常见, 但其加工性能不是很好, 且无法加工有键槽的孔。加工中心广泛应用带负刃倾角的铰刀和螺旋齿铰刀, 如图 5-15 所示。螺旋齿铰刀有两种, 一种是普通螺旋齿铰刀, 其刀齿有一定的螺旋角, 切削平稳, 能够加工带键槽的孔; 另一种是螺旋推铰刀, 其特点是螺旋角很大, 切削刃长, 连续参加切削, 所以切削过程平稳无振动, 切屑呈发条状向前排出, 避免了切屑擦伤已加工孔壁。

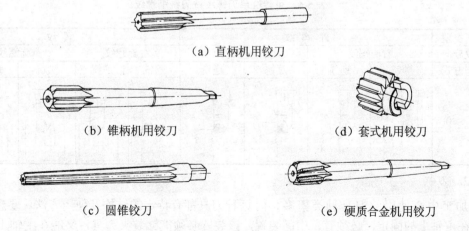

（a）直柄机用铰刀

（b）锥柄机用铰刀

（d）套式机用铰刀

（c）圆锥铰刀

（e）硬质合金机用铰刀

图 5-15 铰刀

（3）螺纹刀具

加工中心一般使用丝锥作为小尺寸内螺纹加工刀具，其加工称为攻螺纹，如图 5-16 所示。一般丝锥的容屑槽制成直的，也有的做成螺旋形。螺旋形容屑槽排屑容易，切屑呈螺旋状。加工右旋通孔螺纹时，选用左旋丝锥；加工右旋盲孔螺纹时，选用右旋丝锥。对于小直径外螺纹，可以采用板牙进行套丝。

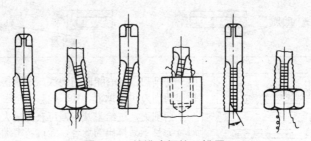

图 5-16　丝锥攻螺纹及排屑

对于大尺寸的内螺纹和外螺纹，通常采用螺纹铣刀铣削的方法，图 5-17 所示为可转位单刃螺纹铣刀，其加工方式如表 5-4 所示。

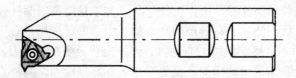

图 5-17　可转位单刃螺纹铣刀

表 5-4　可转位单刃螺纹铣刀铣削螺纹

加工类型	外　螺　纹				内　螺　纹			
螺纹旋向	右旋螺纹		左旋螺纹		右旋螺纹		左旋螺纹	
铣削方式	顺铣	逆铣	顺铣	逆铣	顺铣	逆铣	顺铣	逆铣
图　例								

2. 刀柄

加工中心使用的刀具种类繁多，而每种刀具都有特定的结构及使用方法，要想实现刀具在主轴上的固定，必须有一中间装置，该装置必须能够装夹刀具，又能在主轴上准确定位。装夹刀具的部分（直接与刀具接触的部分）叫工作头，而安装工作头又直接与主轴接触的标准定位部分就叫刀柄，见图 5-18。在加工中心机床上，各种刀具分别装在刀库中，按程序的规定进行自动换刀。因此必须采用标准刀柄，以便使钻、镗、扩、铣削等工序用的刀具能迅速、准确地装到机床主轴上。

加工中心一般采用 7∶24 锥柄，如图 5-18 所示，这是因为这种锥柄不自锁，并且与直柄相比有高的定心精度和刚性。刀柄要配上拉钉才能固定在主轴锥孔上，刀柄与拉钉都已标准化，由于加工中心类型不同，其刀柄柄部的型式及尺寸不尽相同。JT（ISO7388）表示加工中心机床用的锥柄柄部（带有机械手夹持槽），其后面的数字为相应的 ISO 锥度号，如 50、45、和 40 分别代表大端直径为 69.85、57.15 和 44.45 毫米的 7∶24 锥度。ST（ISO297）表示一般数控机床用的锥柄柄部（没有机械手夹持槽），数字意义与 JT 类相同。BT（MAS403BT）表示用于日本标准 MAS403BT 的带有机械手夹持槽联接。JT 与 BT 相应型号的柄部锥度相同，大端直径相同，但锥度长度有所不同。

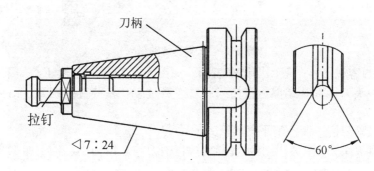

图 5-18　BT40 刀柄与拉钉

3. 工具系统

加工中心的工具系统是刀具与加工中心的连接部分，由工作头、刀柄、拉钉、接长杆等组成，起到固定刀具及传递动力的作用（见图 5-19）。工具系统是能在主轴和刀库之间交换的相对独立的整体。工具系统的性能往往影响到加工中心的加工效率、质量、刀具的寿命、切削效果。另外，加工中心使用的刀柄、刀具数量繁多，合理地调配工具系统对成本的降低也有很大意义。

加工中心使用的工具系统是指镗铣类工具系统，可分为整体式与模块式两类。整体式工具系统把刀柄和工作头做成一体，使用时选用不同品种和规格的刀柄即可使用，优点是使用方便、可靠，缺点是刀柄数量多。模块式工具系统是由刀柄、中间接杆以及工作头组成，它具有单圆柱定心，径向销钉锁紧的联接特点，它的一部分为孔，而另一部分为轴，两者之间进行插入连接，构成一个刚性刀柄，一端和机床主轴连接，另一端安装上各种可转位刀具便构成一个工具系统。根据加工中心类型，可以选择莫氏及公制锥柄。中间接杆有等径和变径两类，根据不同的内外径及长度将刀柄和工作头模块相联接。工作头有可转位钻头、粗镗刀、精镗刀、扩孔钻、立铣刀、面铣刀、弹簧夹头、丝锥夹头、莫氏锥孔接杆、圆柱柄刀具接杆等多种类型。可以根据不同的加工工件尺寸和工艺方法，按需要组合成铣、钻、镗、铰、攻丝等各类工具进行切削加工，减少了刀柄的个数。模块式工具系统由于其定位精度高，装卸方便，连接刚性好，具有良好的抗振性，是目前用得较多的一种型式，图 5-19 是典型的模块式刀柄结构。

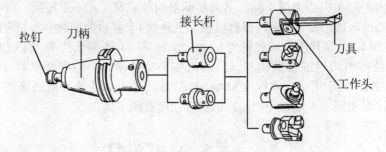

图 5-19 工具系统的组成

工具系统内容繁多，一般用图谱来表示，如图 5-20 所示。一般工具如下：

1—弹簧夹头刀柄，靠摩擦力直接或通过弹簧过渡套夹持直柄铣刀、钻头、直柄工作头等。

2—侧面锁紧刀柄，夹持削平直柄铣刀或钻头。

3—小弹簧夹头刀柄，利用小弹簧套夹持直柄刀具，结构小，适于加工窄深槽、夹持小刀具。

4—内键槽刀柄，装夹带有连接键的直柄—锥柄过渡套，从而装夹莫氏锥柄钻头。

5—莫氏锥度刀柄，装夹莫氏锥柄钻头。

6—整体式钻夹头刀柄，装夹直柄钻头。

7—分体式钻夹头刀柄，装夹直柄钻头。

8—攻螺纹刀柄，安装攻螺纹夹头。

9—端铣刀刀柄，安装各种端铣刀。

10—三面刃铣刀刀柄。

11—弹簧套，起到变径及夹紧的作用。

12—直柄小弹簧夹头，安装在弹簧夹头刀柄上，更加灵活，适于加工深型腔。

13—小弹簧套，与小弹簧夹头为锥度配合，由锁紧螺母施加轴向力，使小弹簧套锁紧刀具。

14—钻夹头。

15—丝锥夹头。

16—直柄弹簧夹头。

17—直柄中心钻夹头。
18—直柄－莫氏锥度过渡套。
19—直柄可转位立铣刀。
20—寻边器，用于对刀。

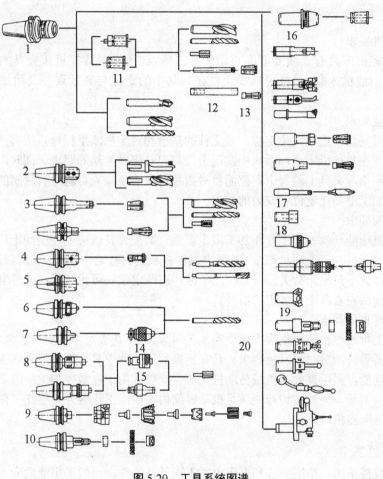

图 5-20　工具系统图谱

5.2　夹　具　系　统

数控机床是先进的高精度、高效率、高自动化程度的加工设备。除了机床本身的结构特点、控制运动和动作准确、迅速外，还要求工件的定位夹紧装置亦能适应数控机床的要求，即具有高精度、高效率和高自动化程度。这样，数控机床才能充分发挥效能。

5.2.1　数控夹具的要求和选用

1. 对夹具的要求

（1）精度要求

由于数控机床具有连续多型面自动加工的特点，所以对数控机床夹具的精度与刚度要求也就比一般机床高，这样可减少工件在夹具中的定位与夹紧误差及粗加工中的变形误差。

（2）定位要求

工件相对夹具一般应完全定位，且工件的基准相对于机床坐标原点应有严格的确定位置，以满足能在数控机床坐标系统中实现工件与刀具相对运动的要求。同时，夹具在机床上也应完全定位，夹具上的每个定位面相对数控机床的坐标原点均应有精确的坐标尺寸，以满足数控加工中简化定位和安装的要求。

（3）空间要求

数控类机床能一次安装工件而加工多个表面，数控夹具就应能在空间上满足各刀具均有可能接近所有待加工表面。此外，支承夹具的托板具有移动、上托、下沉和旋转等动作，夹具也应能保证不与机床有关部分有空间干涉，有些定位块可设计成在工件夹紧后可以卸去，以满足前后左右各个面加工的需要。

（4）快速重调要求

数控加工可通过快速更换程序而变换加工对象，为不花去过多的更换工装的辅助时间，减少贵重设备等待闲置时间，故要求夹具在更换加工工件中具有能快速重调或更换定位、夹紧元件的功能，采用高效的机械传动机构等。此外，由于在数控加工中因多表面加工而单件加工时间增长，夹具结构若能满足机动时间内在机床工作区外也能作工件更换，则会极大地减少机床停机时间。

2. 选用方法

（1）在数控车床、车削中心和磨床上加工回转体工件，一般采用能适应一定直径范围工作的通用快速自动夹紧卡盘。当工件几何尺寸超出范围时，则需要更换卡爪或另一种卡盘。

（2）在加工中心上加工以底面作定位的箱体零件时，则可选用当前较新颖的以槽系或孔系为基座的组合夹具，再配以一定量的定位、夹紧元件组合即可。

（3）在加工中心加工不规则形状工件时，或同时在托板上需加工多个相同或不相同的工件时，则需设计与配备专用夹具。

5.2.2　数控车床夹具

车床类夹具常用型式有：加工盘套零件的自动定心三爪卡盘、加工轴类零件的拨盘与顶尖以及机床通用附件的自定心中心架与自动转塔刀架等。由于数控加工的需要，这些卡盘、拨盘和中心架等除通常要求外还有一些特定要求，如对于卡盘，要求装卸工件要快，重装工件或改变加工对象时，能机动或尽量缩短更换卡爪时间，减少更换卡盘及卡盘改用顶尖的调整时间，随粗、精加工不同而要满足粗加工夹紧可靠，精加工夹紧变形小的要求等。对于拨盘则要求粗加工时能传递较大的转矩，由顶尖加工能快速改调为卡盘加工，一次安装能完成工件加工等。

1. 用于盘类零件的夹具

加工盘类零件常用自动定心三爪自定心卡盘。图 5-21 所示为快速可调卡盘，利用扳手将螺杆 3 转动 90°，可将快速更换或单独调整的卡爪 4 相对于基体 6 移到需要的尺寸位置。为了卡爪的定位，在卡盘体 1 上做有圆周槽，当卡爪 4 到达要求位置后，转动螺杆，使螺杆 3 的螺纹与卡爪 4 的螺纹啮合。此时被弹簧压着的钢球 5 进入螺杆的小槽中，并固定在需要的位置。这样可在两分钟内逐个将卡爪调整好。毛坯的快速夹紧可借助于装在主轴尾部的机械（或液压、气动、电气机械）传动来完成。这种夹具的刚性好，可靠性高。

图 5-22 所示为液压传动三爪自定心卡盘。夹紧力由液压缸通过杠杆 2 传给卡爪 1 来实现。

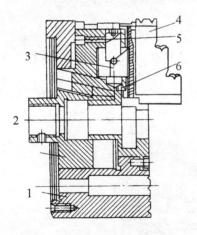
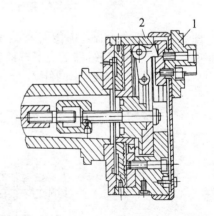

1-卡盘　2-连接体　3-螺杆 4-卡爪　5-钢球　6-基体　　　　1-卡爪　2-杠杆

图 5-21　快速可调卡盘　　　　　　　图 5-22　液压传动自定心三爪卡盘

2. 用于轴类零件的夹具

在数控车床上加工轴类零件时，毛坯装在主轴顶尖和尾架顶尖之间，工件用主轴上的拨动卡盘传动旋转。这时拨动卡盘应满足以下要求：粗加工时以传递最大转矩，能在主轴高转速时进行加工；能用顶尖使毛坯定位；能快速调整，由用顶尖加工改变为用卡盘加工。

图 5-23 为自动夹紧拨盘结构。工件 7 以弹簧 3 顶住的活动顶尖 2 定心，定位中当顶尖 2 左移时，推动套 5，并在浮动锥体 6 作用下，使杠杆 4 绕小轴 1 回转而夹紧工件，并将机床主轴的转矩传给工件。

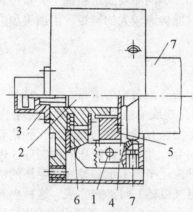

1-轴　2-顶尖　3-弹簧　4-杠杆　5-推动套　6-浮动锥体　7-工件

图 5-23　自动夹紧拨盘结构

图 5-24 为复合卡盘。由传动装置驱动拉杆 8，经套筒 5、6 和楔块 4、杠杆 3 传给卡爪 1 而夹紧工件，中心轴组件 7 为多种插换调整件，若为弹簧顶尖则将卡盘改为顶尖，转矩则由自动调位卡爪 1 传给中间件 2。

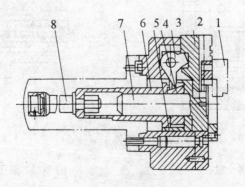

1-卡爪　2-中间件　3-扛杆　4-楔块　5、6-套筒　7-中心轴组件　8-驱动拉杆

图 5-24　复合卡盘

3．自定心中心架

图 5-25 为数控自定心中心架，用以减少细长轴加工时的受力变形，并提高其加工精度。该件常作为机床附件提供。其工作原理为：通过安装架与机床导轨相连，工作时由主机发信号，通过液压或气动力源作夹紧或松开，润滑采用中心润滑系统。

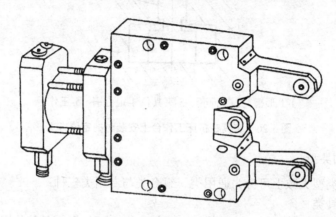

图 5-25　数控自定心中心架

5.2.3 钻、铣、镗类和加工中心用夹具

1．对数控钻、铣、镗类夹具定位的共同要求

（1）工件在夹具上的定位

由于加工形状与编程有关，一般均采用完全定位并与数控加工原点相联系，对于圆柱体工件，为使基准重合、误差减小，可以内孔、外圆或中心孔作定位基准，在夹具定位件上定位；对于壳体类工件，则力求采用三坐标平面作定位基准，以确保定位的精度与可靠性。但对于一次安装需同时加工多方向表面时，虽用两孔－平面定位方式会有定位误差存在，然而仍是可行的常用定位方式。

（2）夹具在机床上的定位

为减少更换夹具的时间，应力求采用无校正的定位方式，如先在机床上设置与夹具配合的定位元件，在组合夹具的基座上精确设计定位孔，以便保证编程原点的位置。对于夹具定位件在机床上的安装方式，由于数控机床主要是加工批量不大的小批与成批零件，在机床工作台上会经常更换夹具，这样易磨损机床工作台面上的 T 形定位槽，且在槽中装卸定位件十分费力，也会占用较长的停机时间。为此，在机床上用 T 形槽定向的夹具，其定位元件常常不固定在夹具体上而固定在机床工作台上，当夹具向机床工作台上安装时，夹具体上安装有引导棱边的淬火导向套，与 T 形槽中的定位销配合，如图 5-26 所示。

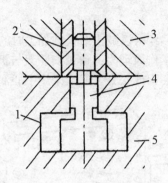

1-T 形槽　2-导向套　3-夹具体 4-定位销　5-工作台

图 5-26　夹具在机床工作台上安装时的定位方式

2.　主要结构类型

夹具的结构类型大致上可分为通用类、组合类与专用类三种：

（1）通用夹具类

根据应用不同，其结构又可分为适用于小批生产、可供多次重复使用的不可调通用夹具；适用于成组加工由基础组合件组装，仅制造少量专用调整安装件的可调通用夹具；适用于成批生产的通用性强的机床标准附件等。

图 5-27 为可换支承钳口、气动类夹紧通用虎钳。该系统夹紧时由压缩空气使活塞 6 下移，带动杠杆 1 使活动钳口 2 右移，快速调整固定钳口是借手柄 5 反转而使凸块 4 从支承板的槽中退出，以解除锁定、调整固定钳口的位置。

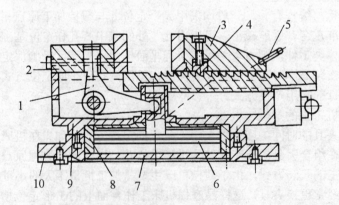

1-杠杆　2-活动钳口　3-固定钳口　4-凸块　5-手柄
6-活塞　7-气缸盖　8-气缸体　9-支撑座　10-底座

图 5-27　气动夹紧通用虎钳

图 5-28 为数控铣床上通用可调夹具系统。该系统由图示基础件和另外一套足位夹紧调整件组成，基础件 1 为内装立式液压缸 2 和卧式液压缸 3 的平板，通过定位销 4 与 5 和机床工作台的一个孔与槽对定，夹紧元件可从上面或侧面把双头螺杆或螺栓旋入液压缸活塞杆，不用的孔用螺塞封盖。

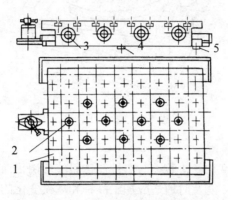

图 5-28　通用可调夹具系统

图 5-29 为数控回转台（座）。用于在铣床和钻床上一次安装工件，同时可从四面加工坯料，图 5-29（a）可作四面加工，图 5-29（b）（c）可作圆柱凸轮的空间成型面和平面凸轮加工，图 5-29（d）为双回转台，可用于加工在表面上成不同角度布置的孔，可作五个方向的加工。

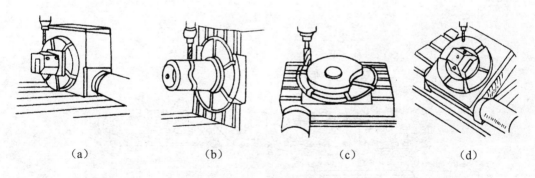

　　　（a）　　　　　　　（b）　　　　　　　（c）　　　　　　　（d）

图 5-29　数控回转台

图 5-30 为数控气动立卧分度工作台。端齿盘为分度元件，靠气动转位分度，可完成 5° 为基数的整倍垂直（或水平）回转坐标的分度。

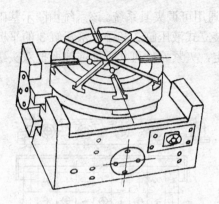

图 5-30　分度工作台

（2）组合夹具类

随着产品更新换代速度加快，数控与柔性制造系统应用日益增多，作为与机床相配套的夹具也就要求其有柔性，能及时地适应加工品种和规模变化的需要。人们实现柔性化的重要方法是组合法，因此组合夹具也就成为夹具柔性化的最好途径。传统的组合夹具则就从原来为普通机床单件小批服务的结构而走向为数控机床、加工中心等配套的既适应中小批也能适应成批生产的现代组合夹具的领域。现代组合夹具的结构主要分为孔系与槽系两种基本形式，两者各自有其长处。槽系为传统组合夹具的基本形式，生产与装配积累的经验多，可调性好，在近 30 余年中为世界各国广泛应用。图 5-31 为槽系组合夹具组装过程示意图。

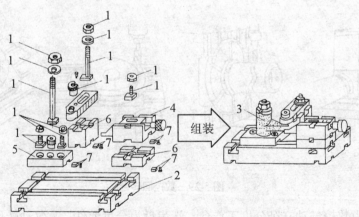

1-紧固件　2-基础板　3-工件　4-活动 V 型铁合件
5-支撑板　6-垫铁　7-定位件及其紧定螺钉

图 5-31　槽系组合夹具组装过程示意图

孔系为新兴的结构，与槽系相比大致有以下优点：

① 结构刚性比有纵横交错的槽好；

② 孔比槽易加工，制造工艺性好；

③ 安装方便，组装中靠高精度的销孔定位，比需费时测量的槽系操作简单；

④ 计算机辅助组装设计是提高组合夹具应用的重要方法，实践证明在这方面孔系则较优于槽系。

自 20 世纪 70 年代末布吕科系统孔系组合夹具问世后，至今已有数十家生产的孔系组合夹具系统投放市场，故孔系已成为当前世界各国研制现代组合夹具的发展趋向，我国也已推出多种品种。此类夹具的系统元件结构简单，以孔定位，螺钉连接，定位精度高，刚性较好，组装方便，由于便于计算机编程，因而特别适用于柔性自动化加工设备和系统的夹具配置。图 5-32 是我国生产的这种夹具组装元件的分解图，图 5-33 是 KIPP 公司的孔系组合夹具的组装，图 5-34 是这类夹具的应用实例。

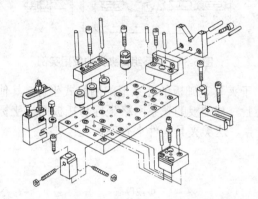

图 5-32　孔系组合夹具组装元件分解图

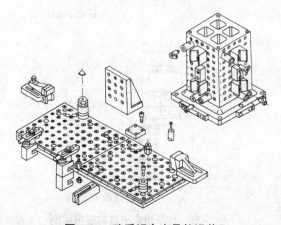

图 5-33　孔系组合夹具的组装

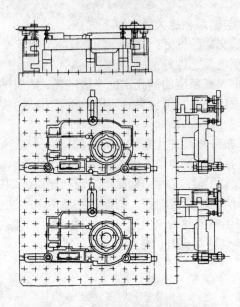

图 5-34　孔系组合夹具的应用实例

由图 5-33 可见，由于夹具基础板的孔系形成网格式坐标，其他元件都可按孔系网格的坐标值组装在此基础板上。基础板的孔系网格坐标与托板网格坐标相对应，因而简化了数控编程中的工件坐标计算。这类夹具元件上有三类孔：

① 网格孔

其结构见图 5-35；

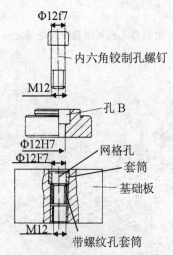

图 5-35　孔系组合夹具的应用实例

② 阶梯光孔

在图 5-35 中称孔 B，螺钉穿过此孔拧入网格孔的螺纹中，将元件固定在具有网格孔的基础元件上，其装配关系见图 5-35。

③ 定位孔

方箱在托板上的定位见图 5-36。基础板在带 T 形槽托板上的定位方式见图 5-37，基础板上有两个定位孔 C，其中心距与托板上的 T 形槽距相等，利用两个带有扁平面的定位销定位。基础件的主要型式见图 5-38，其尺寸系列参照有关手册。

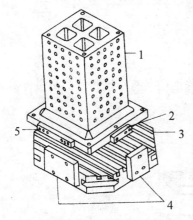

1-方箱　2-定位块　3-托板
4-定位挡块　5-定位块

图 5-36　方箱在托板上的定位

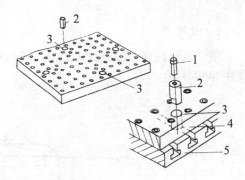

1-螺钉　2-定位销　3-孔 C
4-基础板　5-托板

图 5-37　基础板在托板上的定位方式

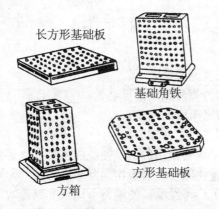

图 5-38　孔组合系夹具基础件的主要形式

（3）专用夹具

专用夹具的结构固定仅适用于一个具体零件的具体工序，在数控机床上，只是在所有可调整夹具不能使用的情况下才使用。这类夹具的结构应力求简化，使制造时间尽量缩短。

5.3　常用量具与辅具

5.3.1　常用量具

1. 量块

量块又称块规，其截面为矩形，是一对相互平行工作面间具有准确尺寸的测量器具，如图 5-39 所示。

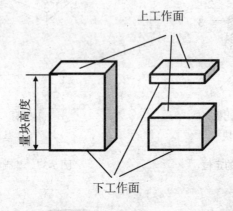

图 5-39　量块

（1）量块的用途

① 检定和校准各种长度测量器具；

② 在长度测量中，作为相对测量的标准件；

③ 用于精密划线和精密机床的调整；

④ 直接用于精密被测件尺寸的检验。

在实际生产中，量块是成套使用的，以便组成各种尺寸。量块的工作面非常平整和光洁，用少许压力推合两块量块使它们的工作面互相紧密接触，两块量块便能粘合在一起，这种性质称为研合性，利用这种性质，便能将不同尺寸的量块组合成所需要的各种尺寸。

量块可以单块供应，但多为成套供应。成套供应的量块，每套装成一盒，里面有各种不同尺寸的量块。不同套别的量块，块数也不同。GB 6093-85 规定了 17 个套别，每套量块的总块数、精度级别，以及每块量块的尺寸和块数见附表 2。

（2）量块的使用及尺寸组合

根据使用需要，可把不同长度尺寸的量块研合起来组成量块组，这个量块组的总长度尺寸就等于各组成量块的长度尺寸的总和。由此可见，组成量块用得越多，累积误差也会越大，所以在使用量块组时，应尽可能减少量块的组合块数，一般不超过 4~5 块。

组合量块组时，为了减少所用量块的数量，应遵循一定的原则来选择量块长度尺寸：根据需要的量块组尺寸，首先选择能够去除最小位数尺寸的量块；然后再选择能够依次去除位数较小尺寸的量块，并使选用的量块数目为最少。

例如，如需组合 69.475 mm 的量块组，当采用第二套或第四套量块时，量块的选择过程为如表 5-5 所示：

表 5-5 量块的选择过程

选 择 过 程	第 2 套量块	第 4 套量块
量块组的尺寸	69.475mm	69.475mm
选用的第一块量块尺寸	1.005mm	1.005mm
剩下的尺寸	68.47mm	68.47mm
选用的第二块量块尺寸	1.47mm	1.07mm
剩下的尺寸	67mm	67.4mm
选用的第三块量块尺寸	7mm	1.4mm
剩下的尺寸	60mm	66mm
选用的第四块量块尺寸	60mm	6mm
剩下的即为第五块量块尺寸	0mm	60mm

由此可见，采用第二套量块时，可选量块共 4 块；如采用第四套量块时，可选量块共 5 块，因此应尽可能选用第二套量块。

2. 游标卡尺

（1）游标卡尺的结构与工作原理

游标卡尺是利用游标原理对两测量面相对移动分隔的距离进行读数的测量器具。结构如图 5-40 所示。游标卡尺的主体是一个刻有刻度的尺身，沿着尺身滑动的尺框上装有游标。游标卡尺可以测量工件的内尺寸、外尺寸（如长度、宽度、厚度、内径和外径）、孔距、高度和深度等。优点是使用方便，用途广泛，测量范围大，结构简单和价格低廉等。

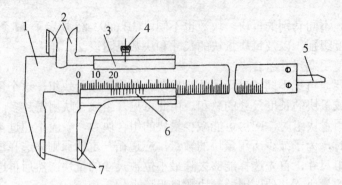

1-尺身　2-内量爪　3-尺框　4-紧固螺钉　5 度尺　6-游标　7-外量爪

图 5-40　游标卡尺

（2）游标卡尺的读数原理和读数方法

游标卡尺的读数值有 3 种：0.1 mm、0.05 mm、0.02 mm，其中 0.02 mm 的卡尺应用最普遍。下面介绍 0.02 mm 游标卡尺的读数原理和读数方法。

游标有 50 格刻线，与主尺 49 格刻线宽度相同，游标的每格宽度为 49/50=0.98，则游标读数值是 1.00-0.98=0.02 mm，因此 0.02 mm 为该游标卡尺的读数值，如图 5-41 所示。

游标卡尺读数先看游标零线的左边，尺身上最靠近的一条刻线的数值，读出被测尺寸的整数部分。再看游标零线的右边，数出游标第几条刻线与尺身刻线对齐，读出被测尺寸的小数部分（即游标读数值乘其对齐刻线的顺序数）。把上面两次读数的整数部分和小数部分相加，就是卡尺的所测尺寸。

从图 5-41 示例中可以读出测量值，读数的整数部分是 133 mm；游标的第 11 条线（不计 0 刻线）与尺身刻线对齐，所以读数的小数部分是 0.02×11=0.22 mm，被测工件尺寸为 133+0.22=133.22 mm。

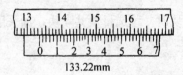

133.22mm

图 5-41　0.02mm 游标卡尺读数

（3）游标卡尺使用注意事项

① 测量前要进行检查。游标卡尺使用前要进行检验，若卡尺出现问题，势必影响测量结果，甚至造成整批工件的报废。首先要检查外观，要保证无锈蚀、无伤痕和无毛刺，要保证清洁。然后检查零线是否对齐，将卡尺的两个量爪合拢，看是否有漏光现象。如果贴合不严，需进行修理。若贴合严密再检查零位，看游标零位是否与尺身零线对齐，游标的尾刻线是否与尺身的相应刻线对齐。另外，检查游标在主尺上滑动是否平稳、灵活，不

要太紧或太松。

②　读数时，要看准游标的哪条刻线与尺身刻线正好对齐。如果游标上没有一条刻线与尺身刻线完全对齐时，可找出对得比较齐的那条刻线作为游标的读数。

③　测量时，要平着拿卡尺，朝着光亮的方向，使量爪轻轻接触零件表面。量爪位置要摆正，视线要垂直于所读的刻线，防止读数误差。

3．外径千分尺

（1）外径千分尺的结构和工作原理

千分尺类测量器具是利用螺旋副运动原理进行测量和读数的，测量准确度高，按用途可分为外径千分尺、内径千分尺、深度千分尺等。如图 5-42 所示，外径千分尺使用普遍，是一种体积小、坚固耐用、测量准确度较高、使用方便、调整容易的一种精密测量器具。外径千分尺可以测量工件的各种外形尺寸，如长度、厚度、外径以及凸肩厚度、板厚或壁厚等。外径千分尺分度值一般为 0.01 mm，测量精度可达百分之一毫米，也称为百分尺，但国家标准中称为千分尺。

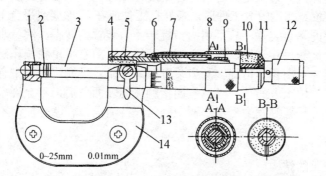

1-尺架　2-测砧　3-测微螺杆　4-导套　5-螺纹轴套　6-紧固螺钉　7-固定套管
8-微分筒 9-调节螺母　10-接头　11-垫片 12-测力装置　13-锁紧装置　14-隔热装置

图 5-42　外径千分尺

（2）外径千分尺的读数原理和读数方法

外径千分尺测微螺杆的螺距为 0.5 mm，微分筒圆锥面上一圈的刻度是 50 格。如图 5-43 所示，当微分筒旋转一周时，带动测微螺杆沿轴向移动一个螺距，即 0.5 mm；若微分筒转过 1 格，则带动测微螺杆沿轴向移动 0.5/50=0.01 mm，因此外径千分尺的读数精度是 0.01 mm。

读数时，先读整数微分筒的边缘（锥面的端面）作为整数毫米的读数指示线，在固定套管上读出整数。固定套管上露出来的刻线数值，就是被测尺寸的毫米整数和半毫米数。再读固定套管上的纵刻线作为不足半毫米小数部分的读数指示线，在微分筒上找到与固定套管纵刻线对齐的圆锥面刻线，将此刻线的序号乘以 0.01 mm，就是小于 0.5 mm 的小数部分的读数。把上面两次读数相加，就是被测尺寸。

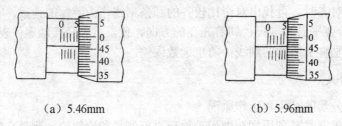

　　　　（a）5.46mm　　　　　　　　　　　　（b）5.96mm

图 5-43　千分尺读数

（3）外径千分尺使用注意事项

使用千分尺时，要用手握住隔热装置，以减少温度的影响。若用手直接拿着尺架去测量工件，会引起测量尺寸的改变。当两个测量面将要接触被测表面时，就不要再旋转微分筒，只旋转测力装置的转帽，等到棘轮发出"咔、咔"响声后，再进行读数。不允许猛力转动测力装置，以保持测力恒定。退尺时，要旋转微分筒，不要旋转测力装置，以防拧松测力装置，影响零位。测量较大工件时，最好把工件放在 V 形架或平台上，采用双手操作法：左手拿住尺架的隔热装置，右手用两指旋转测力装置的转帽。测量小工件时，先把千分尺调整到稍大于被测尺寸之后，用左手拿住工件，采用右手单独操作法：用右手的小指和无名指夹住尺架，食指和拇指旋转测力装置或微分筒。不允许测量带有研磨剂的表面、粗糙表面和带毛刺的边缘表面等。当测量面接触被测表面之后，不允许用力转动微分筒，否则会使测微螺杆、尺架等发生变形。要应经常保持清洁，轻拿轻放，不要摔碰。

4. 内径千分尺

（1）内径千分尺的结构

如图 5-44 所示，内径千分尺由测微头（或称微分头）和各种尺寸的接长杆组成。

（2）内径千分尺使用方法

在使用内径千分尺之前，也要像外径千分尺那样进行各方面的检查。在检查零位时，要把测微头放在校对卡板两个测量面之间，若与校对卡板的实际尺寸相符，说明零位"准"。

测量孔径时，先将内径千分尺调整到比被测孔径略小一点，然后把它放进被测孔内，左手拿住固定套管或接长杆套管，把固定测头轻轻地压在被测孔壁上不动，然后用右手慢慢转动微分筒，同时还要让活动测头沿着被测件的孔壁，在轴向和圆周方向上细心地摆动，直到在轴向找出最大值为止，得出准确的测量结果。

测量两平行平面间距离时，测量方法与测量孔径时大致相同，一边转动微分筒，一边使活动测头在被测面的上、下、左、右摆动，找出最小值，即被测平面间的最短距离。

接长杆的数量越少越好，可减少累积误差。把最长的先接上测微头，最短的接在最后。不允许把内径千分尺用力压进被测件内，以避免过早磨损，避免接长杆弯曲变形。

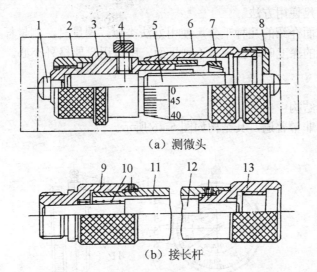

（a）测微头

（b）接长杆

1-固定测头　2-螺帽　3-固定套管　4-锁紧装置　5-测微螺杆　6-微分筒
7-调节螺母　8-后盖　9-管接头　10-弹簧　11-套管　12-量杆　13-管接头

图 5-44　内径千分尺读数

5. 深度千分尺

（1）深度千分尺的结构

深度千分尺如图 5-45 所示。其结构与外径千分尺相似，只是用底板 1 代替尺架和测砧。深度千分尺的测微螺杆移动量是 25 mm，使用可换式测量杆，测量范围为 25～50 mm、50～75 mm、75～100 mm 等。

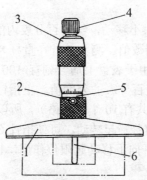

1-底板　2-锁紧装置　3-微分筒　4-测力装置　5-固定套管　6-测量杆

图 5-45　深度千分尺

（2）深度千分尺使用方法

使用方法与前面介绍的几种千分尺使用方法类似。测量时，测量杆的轴线应与被测面保持垂直。测量孔的深度时，由于看不到里面，所以用尺要格外小心。

6. 百分表

（1）百分表的结构

百分表的应用非常普遍，其结构如图 5-46 所示。

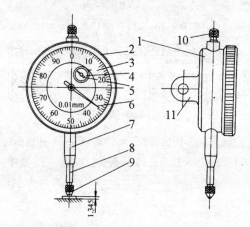

1-表体　2-表圈　3-表盘　4-转数指示盘　5-转数指针
6-主指针　7-轴套　8-量杆　9-测头　10-挡帽　11-耳环

图 5-46　百分表

（2）百分表使用方法

在测量过程中，测头 9 的微小移动，经过百分表内的一套传动机构而转变成主指针 6 的转动，可在表盘 3 上读出被测数值。测头 9 拧在量杆 8 的下端，量杆移动 1 mm 时，主指针 6 在表盘上正好转一圈。由于表盘上均匀刻有 100 个格，因此表盘的每一小格表示 1/100 mm，即 0.01 mm，这就是百分表的分度值。主指针 6 转动一圈的同时，在转数指示盘 4 上的转数指针 5 转动 1 格（共有 10 个等分格），所以转数指示盘 4 的分度值是 1 mm。

旋转表圈 2 时，表盘 3 也随着一起转动，可使指针 6 对准表盘上的任何一条刻线。量杆 8 的上端有个挡帽 10，对量杆向下移动起限位作用，也可以用它把量杆提起来。

（3）百分表使用注意事项

使用前，要认真进行检查。要检查外观，表蒙玻璃是否破裂或脱落；是否有灰尘和湿气侵入表内。检查量杆的灵敏性，是否移动平稳、灵活，无卡住等现象。为读数的方便，测量前一般把百分表的主指针指到表盘的零位（通过转动表圈，使表盘的零刻线对准主指针），然后再提拉测量杆，重新检查主指针所指零位是否有变化，反复几次直到校准为止。

使用时，必须把它可靠地固定在表座或其他支架上，否则可能摔坏百分表。百分表既可用作绝对测量，也可用作相对测量。相对测量时，用量块作为标准件，具有较高的测量精度。测头与被测表面接触时，量杆应有 0.3～1 mm 的压缩量，可提高示值的稳定性，所以要先使主指针转过半圈到一圈左右。当量杆有一定的预压量后，再把百分表紧固住。

测量工件时应注意量杆的位置。测量平面时，量杆要与被测表面垂直，否则会产生较大的测量误差。测量圆柱形工件时，量杆的轴线应与工件直径方向一致。量杆的行程不要超过它的测量范围，以免损坏表内零件；避免振动、冲击和碰撞。注意保持百分表的清洁。

除了上面介绍的量具外，常见的还有工具显微镜、表面粗糙度测量仪、轮廓投影仪、圆度仪、三坐标测量机等。

5.3.2 常用辅具

1. 对刀器

对刀器的作用是测定刀具与工件的相对位置，包括对刀量块、Z 轴定位器等。

对刀量块的使用方法是将量块塞在刀具和工件之间，调整刀具位置，使量块处于能够在刀具和工件之间移动而不会晃动的情况下，即认为刀具长度偏置为量块标定高度。

如图 5-47 所示，Z 轴定位器底面与检测面之间距离为出厂标定值，使用时，将 Z 轴定位器放在工件表面上，刀具与检测面接触，调节刀具位置，使表对零，此时刀具长度偏置即为 Z 轴定位器标定值。

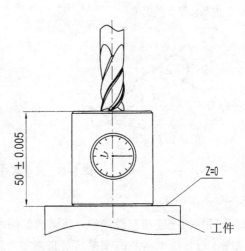

图 5-47　Z 轴定位器及其使用

2. 寻边器

寻边器又称找正器，属于高精度测量工具，用于快速、准确地设定机床主轴与工件基准面的精确位置，适用于钻床和加工中心等机床。按其工作原理的不同可分为光电式和偏心式，如图 5-48 所示。偏心式寻边器为上下两截，用弹簧相连，利用机械偏心的摆动幅度变化检测位置，使用时需要配合转速 400～600 r/min，重复定位精度可达 0.005 mm 以内。

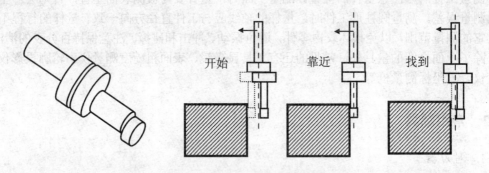

开始　　　靠近　　　找到

图 5-48　偏心式寻边器及其使用

如图 5-49 所示，光电式寻边器内装电池，利用与工件接触形成电流回路的方式进行位置检测，当触头与金属工件接触时，LED 可发出光亮，使用时不要求主轴转动。

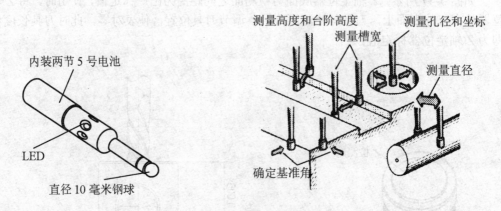

测量高度和台阶高度
测量槽宽
测量孔径和坐标
测量直径
内装两节 5 号电池
LED
直径 10 毫米钢球
确定基准角

图 5-49　光电式寻边器及其使用

3. 刀具预调仪

用于刀具的长度和直径测量，其结构如图 5-50 所示，使用前需要先使用标准检测棒对刀具预调仪进行校准。然后测量时，将测量头接触刀尖，在 LCD 显示窗上读取测量值。

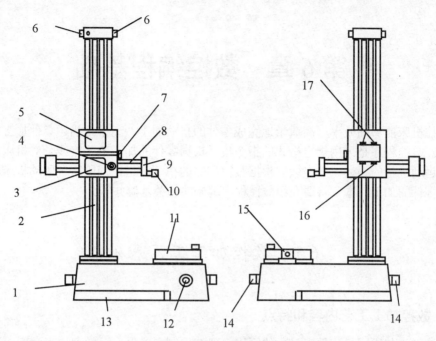

1-基座　2-支柱　3-X 轴 LCD 显示窗　4-X 轴测量锁定钮　5-Z 轴 LCD 显示窗　6-上限位块
7-Z 轴测量锁定钮　8-测量臂　9-探针头　10-可换测量头　11-主轴 1 2-主轴位置锁定钮
13-固定部分　14-移动手柄　15-主轴保持块　16-OPTO-RS 数据输出　17-电池

图 5-50　刀具预调仪

5.4　思　考　题

1. 简述数控加工对刀具的要求。
2. 常用刀具材料有哪些?
3. 加工中心上使用的刀具有哪些? 各有什么用途?
4. 数控机床上使用的夹具有哪几类?

第 6 章　数控编程基础

数控机床能够高效率、高质量地完成零件的自动加工，离不开描述零件加工过程的数控程序。数控程序是采用规定格式的指令集，根据零件的加工工艺路线，对机床的动作和刀具的运动进行的描述。数控装置根据数控程序的指令，指挥伺服系统驱动机床动作，完成相应零件的加工。本章将要介绍数控程序编制的相关基础知识。

6.1　数控加工工艺基础

6.1.1　数控加工工艺内容和特点

数控加工与通用机床加工最大的区别表现在控制方式上。以切削加工为例，通用机床加工零件时，就某道工序而言，其工步的安排、机床运动的先后次序、位移量、走刀路线及有关切削参数的选择等，可由操作者自行考虑和确定，并且是以手工操作方式进行控制的。数控机床上加工时，情况就不同了。加工前，我们要把以前通用机床加工时需要操作工人考虑和决定的操作内容及动作，譬如工步的划分与顺序、走刀路线、位移量和切削参数等等，在数控加工程序中规定下来，数控装置控制伺服系统去驱动机床按所编程序进行动作，加工出我们要求的零件，这个过程一般不需要操作者进行干预。数控机床能正确加工出来一个零件，靠的是正确的数控程序，而数控程序的实质是对零件加工工艺过程的描述。所以数控加工的核心问题是工艺问题。工艺设计是对零件加工规程的规划，必须在编制数控程序之前完成。

数控加工的工艺设计主要包括下列内容：

（1）根据数控加工适应性，确定零件是否适于数控加工，以及适于什么类型的数控加工；

（2）对零件进行数控工艺性分析；

（3）拟定数控加工的工艺路线；

（4）设计数控加工工序；

（5）编写数控加工专用技术文件。

随着数控机床这种新型加工设备的使用，由于其自动化加工、设备费用高等特点，导致了数控加工工艺呈现出以下几个特点：

（1）工艺内容详细。通用机床加工时，许多具体的工艺问题，如：工艺中各工步的划分与安排，刀具的几何角度、走刀路线及切削用量等，在很大程度上都是由操作工人根据自己的实践经验和习惯自行考虑和决定的，一般无须工艺人员在设计工艺规程时进行过多的规定。而在数控加工中，上述这些具体工艺问题，不仅仅成为数控工艺设计时必须考虑的内容，而且还必须作出正确的选择。也就是说，本来是由操作工人在加工中灵活掌握并可通过适时调整来处理的许多具体工艺问题和细节，在数控加工时就转变为编程人员必须事先考虑和安排的内容。

（2）工艺设计严密。数控机床虽然自动化程度高，但自适应性差。它不同于通用机床，加工时可以根据加工过程中出现的问题，比较灵活地适时进行人为调整。即使数控机床的发展在自适应调整方面作了不少努力与改进，但进展不大。比如说，数控机床加工内螺纹，当孔中已挤满了切屑时，数控机床无法自行判断和处理，必须由工艺人员在工艺中解决。所以，在数控加工的工艺设计中必须注意加工过程的每一个细节。

（3）注重加工适应性。也就是要根据数控加工的特点，正确选择加工方法和加工对象。由于数控加工自动化程度高、质量稳定、可多坐标联动、便于工序集中，但设备价格昂贵，操作技术要求高等特点均比较突出，加工对象选择不当往往会造成较大损失。为了充分发挥数控加工的优点，达到较好的经济效益，在选择加工方法和对象时要慎重，甚至有时还要在基本不改变工件原有性能的前提下，对其形状、尺寸、结构等作适应数控加工的改进。

工艺设计缺陷是造成数控加工问题的主要原因之一，不合理的加工工艺，往往使零件的加工时间成倍增加，严重影响加工效率。所以，一定要谨慎对待工艺设计问题，这就要求技术人员除必须具备较扎实的工艺基本知识和较丰富的实践工作经验外，还必须具有耐心和严谨的工作作风。

6.1.2　数控加工的工艺适应性

根据数控加工的优缺点及国内外大量应用实践，一般可按工艺适应程度将零件分为下列三类：

1. 最适应类

（1）形状复杂，加工精度要求高，通用加工设备无法加工或虽然能加工但很难保证产品质量的零件；

（2）用数学模型描述的复杂曲线或曲面轮廓零件；

（3）具有难测量、难控制进给、难控制尺寸的不开敞内腔的壳体或盒型零件；

（4）必须在一次装夹中合并完成铣、镗、铰或攻螺纹等多工序的零件。

对于上述零件，我们可以先不要过多地去考虑生产率与经济上是否合理，而首先应考虑能不能把它们加工出来，要着重考虑可能性问题。只要有可能，都应把采用数控加工作为优选方案。

2. 较适应类

（1）在通用机床上加工时易受人为因素（如：情绪波动、体力强弱、技术水平高低等）干扰、零件价值又高、一旦质量失控便造成重大经济损失的零件；

（2）在通用机床上加工必须制造复杂的专用工装的零件；

（3）需要多次更改设计后才能定型的零件；

（4）在通用机床上加工需要作长时间调整的零件；

（5）用通用机床加工时，生产率很低或体力劳动强度很大的零件。

这类零件在首先分析其可加工性以后，还要在提高生产率及经济效益方面作全面衡量，一般可把它们作为数控加工的主要选择对象。

3. 不适应类

（1）生产批量大的零件（当然不排除其中个别工序用数控机床加工）；

（2）装夹困难或完全靠找正定位来保证加工精度的零件；

（3）加工余量很不稳定，且数控机床上无在线检测系统可自动调整零件坐标位置的；

（4）必须用特定的工艺装备协调加工的零件。

以上零件采用数控加工后，在生产效率与经济性方面一般无明显改善，更有可能弄巧成拙或得不偿失，故一般不应作为数控加工的选择对象。

参考上述数控加工的适应性，我们就可以根据拥有的数控机床来选择加工对象，或根据零件类型来考虑哪些应该优先安排数控加工，或从技术改造角度考虑，是否投资添置数控机床。

6.1.3 数控加工工艺的设计

数控加工工艺设计的原则和内容在许多方面与普通工艺相同，下面仅针对不同点分别进行简要分析。

1. 选择并决定进行数控加工的内容

当选择并决定某个零件进行数控加工后，并不等于要把它所有的加工内容都包下来，而可能只是其中的一部分进行数控加工，因此必须对零件图纸进行仔细的工艺分析，选择那些适合、需要进行数控加工的内容和工序。在选择并作出决定时，应结合本单位的实际，立足于解决难题、攻克关键和提高生产效率，充分发挥数控加工的优势。选择时，一般可按下列顺序考虑：

（1）普通机床无法加工的内容应作为优先选择内容；

（2）普通机床难加工，质量也难以保证的内容应作为重点选择内容；

（3）普通机床加工效率低，工人手工操作劳动强度大的内容。

一般来说，上述这些加工内容采用数控加工后，在产品质量、生产率与综合经济效益等方面都会得到明显提高。相比之下，下列一些加工内容则不宜采用数控加工：

① 需要通过较长时间占机调整的加工内容（如以毛坯的粗基准定位来加工第一个精基准的工序等）；

② 必须按专用工装协调的孔及其他加工内容（主要原因是采集编程用的数据有困难，协调效果也不一定理想）；

③ 不能在一次安装中加工完成的其他零星部位，采用数控加工效果不明显，可安排普通机床补充加工。

此外，在选择和决定加工内容时，也要考虑生产批量、生产周期、工序间周转情况等等。总之，要尽量做到合理，达到多、快、好、省的目的，要防止把数控机床降格为普通机床使用。

2．选择数控加工方法

（1）回转体零件的加工

这类零件用数控车床或数控磨床来加工。由于车削零件毛坯多为棒料或锻坯，加工余量较大且不均匀，因此在编程中，粗车的加工线路往往是要考虑的主要问题。

对于以毛坯为棒料的零件，如图 6-1（a）所示，往往加工余量大而且不均匀，因此在粗加工中常采用分层切削的方法。对于以毛坯为铸造或锻造，如图 6-1（b）所示，由于已基本具备零件形状，余量较小且比较均匀，可以采用按零件轮廓形状进行切削的方式。

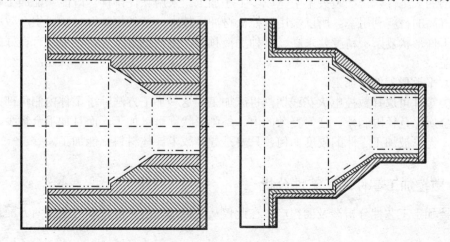

图 6-1 回转零件加工

（2）孔系零件的加工

这类零件孔数较多，孔间位置精度要求较高，宜用点位直线控制的数控钻或镗床加工。这样不仅可以减轻工人的劳动强度，提高生产率，而且还易于保证精度。这类零件加工时，孔系的定位都用快速运动。此外，在编制加工程序时，还可采用子程序调用的方法来减少程序段的数量，以减小加工程序的长度和提高加工的可靠性。

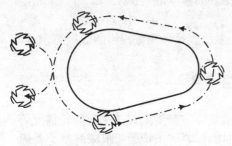

图 6-2　平面轮廓加工

（3）平面与曲面轮廓零件的加工

平面轮廓零件的轮廓多由直线和圆弧组成，一般在两坐标联动的铣床上加工。图 6-2 为铣削平面轮廓实例，若选用的铣刀半径为 R，则点划线为刀具中心的运动轨迹。

具有曲面轮廓的零件，多采用三个或三个以上坐标联动的铣床或加工中心加工，为了保证加工质量和刀具受力状况良好，加工中尽量使刀具回转中心线与加工表面处垂直或相切。

（4）模具型腔的加工

该类零件型腔表面复杂、不规则，表面质量及尺寸精度要求高，常采用球头铣刀加工。对于采用硬、韧的难加工材料的零件，可考虑选用粗铣后数控电火花成形加工。

（5）板材零件的加工

该类零件可根据零件形状考虑采用数控剪板机，数控板料折弯机及数控冲压机加工。传统的冲压工艺是根据模具的形状决定工件，然而模具结构复杂，易磨损，价格昂贵，生产率低。采用数控冲压设备，能使加工过程按程序要求自动控制，可采用小模具冲压加工形状复杂的大工件，一次装夹集中完成多工序加工。采用软件排样，既能保证加工精度，又能获得高的材料利用率。所以采用数控板材冲压技术，节省模具、材料、生产效率高，特别是工件形状复杂、精度要求高、品种更换频繁、生产批量不大时，更具有良好的技术经济效益。

（6）平板形零件的加工

该类零件可选择数控电火花线切割机床加工。这种加工方法除了工件内侧角部的最小半径由金属丝直径限制外，任何复杂的内、外侧形状都可以加工，而且加工余量少，加工精度高，无论被加工零件的硬度如何，只要是导体或半导体材料都能加工。

6.1.4　数控加工零件的工艺性分析

数控加工工艺性分析涉及面很广，在此仅从数控加工的可能性和方便性两方面加以分析。

1. 零件图样上尺寸数据的给出应符合编程方便的原则

（1）零件图上尺寸标注方法应适应数控加工的特点

在数控加工零件图上，应以同一基准引注尺寸或直接给出坐标尺寸。这种标注方法既便于编程，也便于尺寸之间的相互协调，在保持设计基准、工艺基准、检测基准与编程原点设置的一致性方面带来很大方便。由于零件设计人员采用局部分散的标注方法，这样就会给工序安排与数控加工带来许多不便。因此可将局部的分散标注法改为同一基准引注尺寸或直接给出坐标尺寸的标注法。

（2）构成零件轮廓的几何元素的条件应充分

在手工编程时，要计算每个节点坐标。在自动编程时，要对构成零件轮廓的所有几何元素进行定义。因此在分析零件图时，要分析几何元素的给定条件是否充分。如圆弧与直线，圆弧与圆弧在图样上相切，但根据图上给出的尺寸，在计算时，相切条件变成了相交或相离状态，遇到这种情况，应与零件设计者协商解决。

2. 零件各加工部位的结构工艺性应符合数控加工的特点

（1）零件的内腔和外形最好采用统一的几何类型和尺寸，这样可以减少刀具规格和换刀次数，使编程方便，生产效益提高；

（2）内槽圆角的大小决定着刀具直径的大小，因而内槽圆角半径不应过小。如图 6-3 所示，零件工艺性的好坏与被加工轮廓的高低、转接圆弧半径 r 的大小等有关。图 6-3（a）与图 6-3（b）相比，转接圆弧半径大，可以采用较大直径的铣刀来加工。加工平面时，进给次数也相应减少，表面加工质量也会好一些，所以工艺性较好。通常 $r < 0.2H$（H 为被加工零件轮廓面的最大高度）时，可以判定零件的该部位工艺性不好；

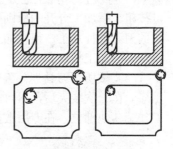

图 6-3 圆角工艺性

（3）零件铣削底平面时，槽底圆角半径 r 不应过大。r 越大，铣刀端刃铣削平面的能力越差，效率也越低。当 r 大到一定程度时，甚至必须用球头刀加工，这是应该尽量避免的。因为铣刀与铣削平面接触的最大直径 $d = D - 2r$（D 为铣刀直径）。当 D 一定时，r 越大，铣刀端刃铣削平面的面积越小，加工表面的能力越差，工艺性也越差。

（4）采用统一的基准定位，若没有统一基准定位，无法保证两次装夹加工后其相对位置的准确性，会因工件的重新安装而导致加工后的两个面上轮廓位置及尺寸不协调现象。

零件上最好有合适的孔作为定位基准孔，若没有，要设置工艺孔作为定位基准孔（如在毛坯上增加工艺凸耳或在后续工序要铣去的余量上设置工艺孔）。若无法制出工艺孔时，最起码也要用经过精加工的表面作为统一基准，以减少两次装夹产生的误差。

此外，还应分析零件所要求的加工精度、尺寸公差等是否可以得到保证、有无引起矛盾的多余尺寸或影响工序安排的封闭尺寸等。

6.1.5　数控加工的工艺路线设计

1.　工序的划分

在数控机床上加工零件，工序可以比较集中，在一次装夹中尽可能完成大部分或全部工序。首先应根据零件图样，考虑被加工零件是否可以在一台数控机床上完成整个零件的加工工作，若不能则应决定其中哪一部分在数控机床上加工，哪一部分在其他机床上加工，即对零件的加工工序进行划分。一般工序划分有以下几种方式：

（1）按零件装夹定位方式划分工序。由于每个零件结构形状不同，各表面的技术要求也有所不同，故加工时，其定位方式则各有差异。一般加工外形时，以内型定位，加工内形时又以外形定位。因而可根据定位方式的不同来划分工序。通常以一次安装、加工作为一道工序，这种方法适合于加工内容不多的工件，加工完后就能达到待检状态。

（2）以加工部位划分工序。对于加工内容较多的零件可按其结构特点将加工部位分成几个部分，按照加工部位的先后顺序来划分工序。

（3）按粗、精加工划分工序。根据零件的加工精度、刚度和变形等因素来划分工序时，可按粗、精加工分开的原则来划分工序，即先粗加工再精加工，此时可用不同的机床或不同的刀具进行加工。粗精加工之间最好隔一段时间，使零件得以充分的时效处理，以保证精加工的加工精度。

（4）按所用刀具划分工序。为了减少换刀次数，压缩空程时间，可按使用的刀具划分工序。在一次装夹后，尽可能用同一把刀具加工出可能加工的所有部位，然后再换另一把刀加工其他部位。在专用数控机床和加工中心中常采用这种方法。

2.　工步的划分

工步的划分主要从加工精度和效率两方面考虑。在一个工序内往往需要采用不同的刀具和切削用量，对不同的表面进行加工。为了便于分析和描述较复杂的工序，在工序内又细分为工步。下面以加工中心为例来说明工步划分的原则。

（1）同一表面按粗加工、半精加工、精加工依次完成，或全部加工表面按先粗后精加工分开进行；

（2）对于既有铣面又有镗孔的零件，可先铣面后镗孔。按此方法划分工步，可以提高孔的加工精度。因为铣削时切削力较大，工件易发生变形。先铣面后镗孔，使其有一段时间恢复，可减少由变形引起的对孔的精度的影响；

（3）按刀具划分工步。某些机床工作台回转时间比换刀时间短，可采用按刀具划分工步，以减少换刀次数，提高加工效率。

总之，工序与工步的划分要根据具体零件的结构特点、技术要求等情况综合考虑。

3. 加工顺序的安排

加工顺序的安排应根据零件的结构和毛坯状况，以及定位安装与夹紧的需要来考虑，重点是保证定位夹紧时工件的刚性和加工精度。加工顺序安排一般应按下列原则进行：

（1）上道工序的加工不能影响下道工序的定位与夹紧，中间穿插有通用机床加工工序的也要综合考虑；

（2）先进行外型加工工序，后进行内型加工工序；

（3）以相同定位、夹紧方式或同一把刀具加工的工序，最好连续进行，以减少重复定位次数，换刀次数与挪动压紧元件次数；

（4）在同一次安装中进行的多道工序，应先安排对工件刚性破坏较小的工序。

4. 数控加工工序与普通工序的衔接

数控加工的工艺路线设计常常仅是几道数控加工工艺过程，而不是指毛坯到成品的整个工艺过程。由于数控加工工序常常穿插于零件加工的整个工艺过程中间，因此在工艺路线设计中应使之与整个工艺过程协调。最好的办法是建立相互状态要求，如：留多少加工余量；定位面与定位孔的精度要求及形位公差；对校形工序的技术要求；对毛坯的热处理状态要求等。目的是达到相互能满足加工需要，且质量目标及技术要求明确、交接验收有依据。

数控工艺路线设计是下一步工序设计的基础，其设计的质量会直接影响零件的加工质量与生产效率。设计工艺路线时应对零件图、毛坯图认真消化，结合数控加工的特点灵活运用普通加工工艺的一般原则，尽量把数控加工工艺路线设计得更合理一些。

6.1.6　数控加工工序的设计

数控加工工序设计的主要任务是拟定本工序的具体加工内容、切削用量、定位夹紧方式及刀具运动轨迹，选择刀具、夹具、量具等工艺装备，为编制加工程序作好充分准备。在工序设计中应着重注意以下几个方面。

1. 确定走刀路线和安排工步顺序

走刀路线是刀具在整个加工工序中的运动轨迹，它不但包括了工步的内容，也反映出工步顺序。走刀路线是编写程序的重要依据之一，工步的划分与安排一般可根据走刀路线来进行，在确定走刀路线时，主要考虑下列几点：

（1）加工路线应保证被加工零件的精度和表面粗糙度；

（2）使数值计算简单，以减少编程工作量；

（3）应使加工路线最短，这样既可减少程序段，又可减少空刀时间；

（4）要选择工件在加工后变形较小的路线。例如对细长零件或薄板零件，应采用分几次走刀加工到最后尺寸。

此外，确定加工路线时，还要考虑工件的加工余量和机床、刀具的刚度等情况，确定是一次走刀还是多次走刀来完成加工，以及在铣削加工中是采用顺铣还是采用逆铣（如图6-4）等。由于顺铣可以有效提高刀具寿命，同时数控机床的进给系统可以消除运动副间隙，因此在数控加工中常采用顺铣。

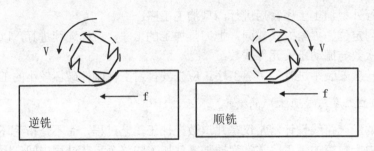

图 6-4　顺铣与逆铣

铣削平面零件时，一般采用立铣刀侧刃进行切削。为减少接刀痕迹，保证零件表面质量，对刀具的切入和切出程序需要精心设计。铣削外表面轮廓时，铣刀在切入点和切出点应沿零件轮廓曲线的切线方向直线或圆弧切入和切出（参照图6-2），而不应沿法向直接切入零件，以避免零件表面产生局部过切，形成接刀痕迹，致使零件轮廓不光滑。

如图 6-5 所示，铣削内轮廓表面时，在实体零件上常采用沿"之"字形或螺旋线运动的方式下刀。对于内腔的粗加工多使用行切法或环切法，精加工时使用圆弧切入和切出，环切一刀轮廓表面。

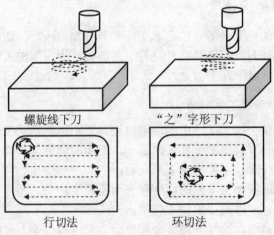

图 6-5　内腔加工

加工过程中，工件、刀具、夹具、机床系统处于弹性变形的平衡状态下，当进给停顿时，切削力减小，会改变系统的平衡状态，刀具会在进给停顿处的零件表面留下划痕，因此在轮廓加工中应避免进给停顿。

2. 定位基准与夹紧方案的确定

在确定定位基准与夹紧方案时应注意下列三点：

（1）力求设计、工艺与编程计算的基准统一；

（2）尽量减少装夹次数，尽可能做到在一次定位装夹后就能加工出全部待加工表面；

（3）避免采用占机人工调整的方案。

3. 夹具的选择

主要考虑下列几点：

（1）当零件加工批量小时，尽量采用组合夹具、可调式夹具及其他通用夹具；

（2）当成批生产时，考虑采用专用夹具，但应力求结构简单；

（3）夹具尽量要开敞，其定位、夹紧机构元件不能影响加工中的走刀，以免产生碰撞；

（4）装卸零件要方便可靠，以缩短准备时间，有条件时，批量较大的零件应采用气动或液压夹具、多工位夹具等。

4. 刀具的选择

数控加工的特点对刀具的强度及耐用度要求较普通加工严格。刀具的强度不好，不宜兼做粗、精加工，影响加工精度和生产效率；刀具的耐用度差，需要经常换刀、对刀，增加了辅助时间，也容易在工件轮廓上留下接刀痕迹，影响工件表面质量。

在如何配置刀具、辅具方面应掌握一条原则：质量第一，价格第二。只要质量好，耐用度高，即使价格高一些，也值得购买。工艺人员还要特别注意国内外新型刀具的开发成果，以便适时采用。

刀具确定好以后，要把刀具规格、专用刀具代号和该刀所要加工的内容列表记录下来，供编程时使用。

5. 确定对刀点与换刀点

对刀点就是刀具相对工件运动的起点。在编程时不管实际上是刀具相对工件移动，还是工件相对刀具移动，都是把工件看作静止，而刀具在运动。对刀点可以设在被加工零件上，也可以设在与零件定位基准有固定尺寸联系的夹具上的某一位置。选择对刀点时要考虑到找正容易，编程方便，对刀误差小，加工时检查方便、可靠。具体选择原则如下：

（1）刀具的起点应尽量选在零件的设计基准或工艺基准上。如以孔定位的零件，应将孔的中心作为对刀点，以提高零件的加工精度；

（2）对刀点应选在便于观察和检测、对刀方便的位置上；

（3）对于建立了绝对坐标系统的数控机床，对刀点最好选在该坐标系的原点上，或者选在已知坐标值的点上，以便于坐标值的计算。

对刀误差可以通过试切加工结果进行调整。

换刀点是为加工中心、数控车床等多刀加工的机床而设置的，因为这些机床在加工过程中间要自动换刀。为防止换刀时碰伤零件或夹具，换刀点常常设置在被加工零件的外面一定距离的地方，并要有一定的安全量。

6. 确定切削用量

数控切削用量主要包括切削深度（背吃刀量）、主轴转速及进给速度等，对粗精加工、钻、铰、镗孔与攻螺纹等的不同切削用量都应编入加工程序。上述切削用量的选择原则与通用机床加工相同，具体数值应根据数控机床使用说明书和金属切削原理中规定的方法及原则，结合实际加工经验来确定。

6.1.7　数控加工专用技术文件的编写

编写数控加工专用技术文件是数控加工工艺设计的重要内容之一。这些专用技术文件既是数控加工的依据、产品验收依据，也是需要操作者遵守、执行的规程；有的则是加工程序的具体说明或附加说明，目的是让操作者更加明确程序的内容、安装与定位方式、各个加工部位所选用的刀具及其他问题。

为加强技术文件管理，数控加工专用技术文件也应该走标准化、规范化的道路，但目前还有较大困难，只能先做到按部门或按单位局部统一。下面介绍几种数控加工专用技术文件。

1. 数控加工工序卡

在工序加工内容不十分复杂的情况下，用数控加工工序卡的形式，可以把零件草图、尺寸、技术要求、工序内容及程序要说明的问题集中反映在一张卡片上，做到一目了然。

2. 数控加工程序说明卡

实践证明，仅用加工程序单、工艺规程来进行实际加工会有许多不足之处。由于操作者对程序的内容不清楚，对编程人员的意图不够理解，经常需要编程人员在现场说明与指导。因此，对加工程序进行详细说明是很必要的，特别是对于那些需要长时间保存和使用的程序尤其重要。

一般应对加工程序作出说明的主要内容如下：

（1）所用数控设备型号；

（2）对刀点（程序原点）及允许的对刀误差；

（3）工件相对于机床的坐标方向及位置（用简图表述）；

（4）镜像加工使用的对称轴；

（5）所用刀具的规格、图号及其在程序中对应的刀具号，必须按实际刀具半径或长度补偿的要求（如：用同一条程序、同一把刀具作粗加工而利用加大刀具半径补偿值进行时），更换该刀具的程序段号等；

（6）整个程序加工内容的顺序安排（相当于工步内容说明与工步顺序）；

（7）子程序的说明：对程序中编入的子程序应说明其内容；

（8）其他需要作特殊说明的问题，如：需要在加工中更换夹紧点（挪动压板）的计划程序段号，中间测量用的计划停车程序段号，允许的最大刀具半径和长度补偿值等。

3. 数控加工走刀路线图

在数控加工中，要注意并防止刀具在运动中与夹具、工件等发生意外的碰撞。此外，对有些被加工零件，由于工艺性问题，必须在加工过程中挪动夹紧位置，也需要事先确定在哪个程序段前挪动、夹紧点在零件的什么地方、然后更换到什么地方、需要事先备好夹紧元件等，以防到时候手忙脚乱或出现安全问题。这些用程序说明卡和工序说明卡是难以说明或表达清楚的，如用走刀路线图加以附加说明，效果就会更好。

为简化走刀路线图，一般可采取统一约定的符号来表示。不同的机床可以采用不同的图例与格式。

数控加工专用技术文件在生产中的作用是指导操作者进行正确加工，同时也对产品质量起保证作用。数控加工专用技术文件的编写应同编写工艺规程和加工程序一样认真对待。

6.1.8　零件结构的工艺性改进

加工工艺取决于产品零件的结构形状与尺寸。大件与小件的加工要求不同，复杂型面与简单型面的加工要求不同，规范化、标准化的形状、尺寸，与杂乱无章的尺寸设计在工艺安排上也不应相同。为提高工艺效率，采用数控加工必须注意零件结构的合理性。必要时，还应在基本不改变零件性能的前提下，从以下几方面着手，对零件的结构形状与尺寸进行修改：

（1）尽量使工序集中，以充分发挥数控机床的特点，提高精度与效率；

（2）利于采用标准刀具、减少刀具规格与种类；

（3）简化程序，减少编程工作量；

（4）减少机床调整，缩短辅助时间；

（5）保证定位刚度与刀具刚度，以提高加工精度。

下面表 6-1 是对一些零件的原始设计进行修改以适应数控加工的实例。

表 6-1 零件结构的工艺性改进

序 号	提高工艺性方法	结　构		结　果
		改进前	改进后	
1	将分散的几个零件改为一个零件			集中加工，提高精度，减少材料，降低成本
2	使槽和空刀规范化			减少刀具尺寸规格
3	改进凹槽形状			减少刀具数目
4	将键槽分布在同一个平面上			缩短辅助时间，减少调整
5	改变零件端面尺寸			保证定位刚度，提高加工精度
6	减少凸台高度和槽深度			可采用刚度好的刀具加工，提高精度和生产效率
7	统一圆弧尺寸			减少刀具数和更换刀具次数
8	采用两面对称结			减少编程时间
9	简化结构，布筋标准化			减少程序准备时间

6.2　数控编程概述

6.2.1　数控程序的编制方法与步骤

1. 数控编程的内容

（1）分析工件图样

通过对工件材料、形状、尺寸、精度、毛坯形状和热处理的分析，确定工件在数控机床上加工的可行性。并选择适当的位置建立工件坐标系（即编程坐标系）。

（2）确定工艺路线

工艺过程的内容包括划分工件加工工序工步、选择定位基准、选用夹具和刀具、确定对刀方式和选择对刀点、制订进给路线、计算加工余量和切削参数等。在安排工序时，要根据数控加工的特点按照工序集中的原则，尽可能在一次装夹中完成所有工序。

（3）刀具轨迹数值计算

根据工件图以及加工工艺路线和切削用量，计算出刀具相对于工件在工件坐标系中的运动轨迹，主要包括工件轮廓的基点和节点坐标的计算。

对于由直线和圆弧组成的平面轮廓，除了计算出轮廓几何元素的起点、终点、圆弧的圆心坐标外，还要计算几何元素之间的基点坐标，就是指各几何元素之间的连接点，如两直线的交点、直线与圆弧的交点或切点、圆弧与圆弧之间的交点或切点等。在编写数控程序时需要这些点的坐标，使用一般的解析几何知识就可以求出这些点的坐标，也可以采用在计算机上绘图、测量的方法获得。

对于平面轮廓是直线和圆以外的非圆曲线，如渐开线、阿基米德螺旋线等，采用直线或圆弧逼近它们。就是将这些非圆曲线按坐标等间距或等弧长方法分割成许多小段，用直线或圆弧逼近这些小段，从而取代非圆曲线。逼近直线或圆弧小段与曲线的交点或切点就是节点。这些节点的计算量很大，采用手工编程时计算繁琐，编程效率很低，因此常常借助计算机采用自动编程的方法进行计算。

（4）编写程序单

根据计算出来的刀具运动轨迹数据，结合相应的机床开关动作，按照数控系统指定的程序格式和指令集，将完成零件加工的过程用数控程序描述出来。经过检查，存储于磁盘、网络、数控装置等存储设备中。

（5）程序校核

对于编制的数控程序，除了要进行语法规则的检查外，还需要对其实现的机床运动正确性进行检查。通常采用的方法有：

利用数控系统自带的轨迹仿真功能对数控程序实现的运动轨迹进行检查；

利用数控加工仿真软件（虚拟机床）进行虚拟加工，对数控程序实现的运动轨迹和机床动作进行检查；

利用机床的空运转，即不安装毛坯的状态下运行数控程序，检查机床的动作是否符合要求。

利用塑料或石蜡作为毛坯进行加工，对数控程序进行检查。

上面这些方法可以有效地检查刀具的运动轨迹和机床动作的正确性，但是没有办法检查诸如表面质量、尺寸公差、形位公差等是否满足要求。

（6）首件试切削

数控程序究竟能否加工出合格的零件，要经过真正的加工才能知道，所以在完成数控程序的校核后，还要对工件进行首件试切。如果加工出的零件满足要求，这个数控程序就可以投入实际的生产使用。如果达不到精度要求，就要分析问题所在并进行改进。

从以上程序编制的内容和步骤来看，要求编程人员有较高的素质，对加工工艺、数控机床、切削规范、标准工夹具等都很熟悉，只有对工件的加工过程进行全盘考虑，仔细研究，才能正确合理地编制加工程序。

2. 手工编程的步骤

手工编程是指各个步骤均由编程人员手工完成，即从工件的图样分析、工艺过程的确定、数值计算到编写加工程序单等都是由人手工完成的。对几何形状简单的工件，数控程序量不大，坐标不需经过复杂的计算，可以使用手工编程。用手工编程程序体积小，代码效率高，但是编程速度慢，受编程人员水平限制，因此，手工编程仅在点位直线加工及直线圆弧组成的轮廓加工中被广泛应用。手工编程的工作流程见图 6-6。

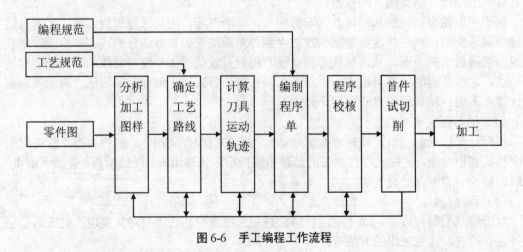

图 6-6　手工编程工作流程

当工件轮廓复杂，特别是加工非圆曲线、曲面等表面，或工件加工程序较长时，使用手工编程既烦琐又费时，而且容易出错，常会出现手工编程工作跟不上数控机床加工的情况，甚至出现无法编出程序的情况，这时，就需采用自动编程来完成。

3. 自动编程的步骤

自动编程又称为计算机辅助编程，是大部分或全部编程工作都由计算机自动完成的一种编程方法。自动编程系统可分为语言式自动编程系统和图形交互式自动编程系统两类。

语言式自动编程系统使用数控语言描述切削加工时的刀具和工件的相对运动、轨迹和一些加工工艺过程。程序员只需使用规定的数控语言编一个简短的工件源程序，然后输入计算机，自动编程系统就自动完成运动轨迹的计算、加工程序编制和控制介质的制作等工作。所编程序还可以通过屏幕显示或绘图仪进行模拟加工演示，可以在屏幕上进行编辑、修改错误。这种自动编程的工作流程如图 6-7 所示。

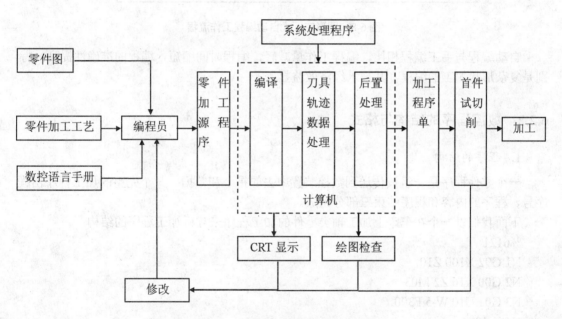

图 6-7　语言式自动编程工作流程

近年来出现了基于计算机图形技术的图形交互式自动编程系统，它采用三维造型技术生成零件的数字化模型，采用图形交互方式设定和修改加工路线，自动计算生成通用的刀具轨迹数据，能以三维实体形式仿真加工过程，通过后置处理环节输出选定型号机床的数控程序。其工作流程图如图 6-8 所示。这种自动编程系统具有直观、高效、程序易修改的特点，可以方便的与基于计算机图形技术的 CAD 系统衔接，有利于计算机辅助技术由分系统向集成制造系统的融合。

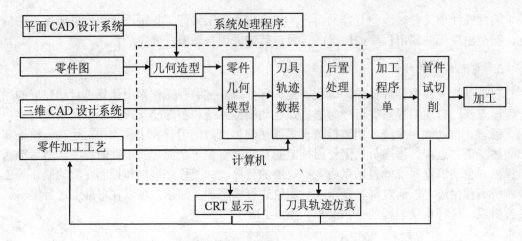

图 6-8 图形交互式自动编程工作流程

自动编程与手工编程相比，编程工作量减轻，编程时间缩短，编程的准确性提高，特别是复杂形状加工的编程，其技术经济效益显著。

6.2.2 数控程序的结构与格式

1. 程序的结构

一个零件程序是一组被传送到数控装置中去的指令和数据。一个完整的加工程序由程序号、程序的内容和程序结束三部分组成。

下面我们以一个在车床上加工轴类零件的加工程序来分析加工程序的结构

```
%6121
N1 G92 X100 Z10
N2 G00 X16 Z2 M03
N3 G01 U10 W-5 F300
N4 Z-48
N5 U34 W-10
N6 U20 Z-73
N7 X90
N8 G00 X100 Z10
N9 M05
N10 M30
```

由这个加工程序我们可以看出该程序由 10 个程序段组成。

程序的开头%6121是程序编号。每一个完整的程序都必须给一个编号，以便从数控装置的存储器中检索。程序编号由地址符O，P或%和跟随地址符后面的4位数字组成。例如FUNAC系统采用O作为地址符，华中数控使用%作为地址符。通过调用文件名来调用程序，进行加工或编辑，文件名格式带有四位数字或字母。

N1～N9 为程序内容，是由遵循一定结构、句法和格式规则的若干个程序段组成。描述零件的加工过程。

N10 是程序结束部分。程序结束是以程序结束指令 M02 或 M30 作为整个程序结束的符号来结束程序的。程序结束应位于最后一个程序段。

2. 程序段的格式

程序段是程序的主要组成部分。数控机床有三种程序段格式：固定顺序、表格顺序、字地址格式。前两种已经很少使用，目前使用最多的是字地址程序段格式。一个程序段由若干指令字组成，指令字以地址符开头，后面跟正负号和数字（或代码）。每个指令字根据地址来确定其含义，因此不需要的指令字以及与上一程序段相同的指令字都可以省略，各指令字的排列顺序也不严格。

程序段格式是程序段的书写规则。每个程序段前一般都冠以程序段号，程序段号的地址符都用"N"表示。程序段号只是该程序段的标识，不影响程序段执行的先后顺序，一般为方便阅读程序，程序段号采用从小到大的规则排列。在有些数控系统中，程序段号可以省略不写。

例如：N8 G00 X100 Z10

这个程序段的意义是：刀具快速运动到 X 坐标、Z 坐标分别为 100、10 的位置。

通常字地址程序段中指令字的顺序及形式如下

$$N\_ G\_ X\_ Y\_ Z\_ F\_ S\_ T\_ M\_$$

依次为程序段号、准备功能字、尺寸字、尺寸字、尺寸字、进给功能字、主轴功能字、刀具功能字、辅助功能字。其中"_"表示指令字后的数字。

3. 主程序和子程序

主程序即加工程序，子程序是可以用适当的机床控制指令调用的一段加工程序。原则上讲，主程序和子程序之间并没有区别。同一个工件中或多个工件中，几何形状、尺寸、加工要求完全一致的加工内容，可定义为子程序，供主程序调用，通过多次重复调用子程序，可以减少编程中的重复劳动。

主程序可以调用子程序，子程序也可以调用另外的子程序，这称为子程序嵌套。可嵌套的次数，不同的系统有不同的规定，华中数控 HNC－21T/21M 数控系统支持九层子程序嵌套。主程序与子程序的关系如图 6-9 所示。这里要说明的是具体编程的方法应参照数控机床说明书的规定来编写。

华中数控系统规定，主程序使用 M98 指令用来调用子程序。例如 M98 P300 L2，连续调用 300 号子程序 2 次。被调用的子程序以"%300"开头，以 M99 结束。

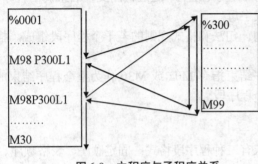

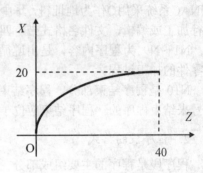

图 6-9　主程序与子程序关系　　　　　　　图 6-10　参数编程示例

4. 参数编程

参数编程又称宏指令编程，特点是指令字中地址符后的数字由存储该数字的存储器地址所代替，在程序运行中可以计算和修改存储器地址中保存的数值，从而使机床的运动发生改变。

对于参数编程，数控系统往往还规定有一些算术运算、逻辑运算、条件运算和基本函数运算，可以方便的实现参数的运算。同时数控系统还提供有控制程序执行流程的语句，例如条件判别语句、循环语句。这样就可以大大的简化编程，同时提高了编程的灵活性和数控程序的适用范围。例如下面的程序实现如图 6-10 所示的沿抛物线 $Z=X^2/10$ 在区间[0，20]内的运动。

%6122；程序号

#10=0；10 号局部变量赋值

#11=0；11 号局部变量赋值

G90 M03 S400 F100；绝对坐标，启动主轴

WHILE #10 LE 20；10 号变量小于等于 20 时执行循环，否则跳至 ENDW 后执行

G01 X[#10] Z[#11]；直线插补运动到 10 号、11 号变量指定的坐标位置处

#10=#10+0.05；调整 10 号变量

#11=#10*#10/10；计算 11 号变量

ENDW；循环体结束，跳转至 WHILE 语句进行条件判定

G00 Z0 M05；快速运动至 Z 坐标为 0 处，主轴停止

X0；快速运动至 X 坐标为 0 处

M30；程序结束并复位

6.2.3 地址符及其含义

以华中数控世纪星 HNC－21T/21M 系统为例,其所使用的地址符及其含义如表 6-2 所示。应当注意,不同的数控系统所使用的地址符不尽相同,应参考所使用的数控系统的编程手册。

表 6-2 HNC－21T/21M 常用地址符

机　能	地　址	意　义	参数范围
零件程序号	%_	程序编号	1～4294967295
程序段号	N_	程序段编号	0～4294967295
准备机能	G_	指令动作方式	00～99
尺寸字	X_, Y_, Z_		±99999.999
	U_, V_, W_	坐标轴的移动命令	
	A_, B_, C_		
	R_	圆弧的半径,固定循环的参数	
	I_, J_, K_	圆心相对于起点坐标,固定循环参数	
进给速度	F_	进给速度的指定	0～24000
主轴机能	S_	主轴旋转速度的指定	0～9999
刀具机能	T_	刀具编号的指定	0～99
辅助机能	M_	机床开/关控制的指定	0～99
补偿号	H_, D_	刀具补偿号的指定	00～99
暂停	P_, X_	暂停时间的指定	
程序号的指定	P_	子程序号的指定	1～4294967295
重复次数	L_	子程序的重复次数,固定循环的重复次数	
参数	P_, Q_, R_, U_, W_, I_, K_, C_, A_	循环参数	
倒角控制	C_, R_, RL＝_, RC＝_		

6.2.4 数控机床的坐标系

在数控机床的使用中存在两类坐标系,即机床坐标系和工件坐标系,其中工件坐标系又称为编程坐标系。

1. 机床坐标系

由于数控编程和加工中要采用坐标数值来描述和控制刀具的运动轨迹,因此在机床上首先要建立一个坐标系，这就是机床坐标系。机床坐标系是机床固有的坐标系，机床坐标系的原点称为机床原点或机床零点。在机床经过设计、制造和调整后，这个原点便被确定下来，它是固定的点。

数控机床的种类很多，所使用的加工方式各异，但是可以归纳为刀具进行运动而工件保持位置不变和刀具保持位置不变工件进行运动这两种方式。为了编程的方便，在数控编程中始终假设刀具运动而工件静止，也就意味着数控程序描述的是刀具相对于工件发生的运动，编程人员无需考虑机床实际加工时的运动形式。

对于直线进给运动，数控机床采用直角坐标系 X、Y、Z 以及分别平行于它们的附加坐标系 U、V、W 来描述。各坐标轴之间的关系可以采用如图 6-11 所示的右手直角笛卡儿原则确定。

对于圆周进给运动，数控机床采用围绕 X、Y、Z 轴旋转的圆周进给坐标轴 A、B、C 来描述，方向用右手螺旋法则确定，如图 6-11 所示。

对于坐标轴的负方向，采用坐标字加"′"的方法来表达。例如 X 坐标轴的反方向可以用 X' 来表示。

机床坐标系坐标轴的方向取决于机床的类型和各组成部分的布局，一般按下面的规则确定。

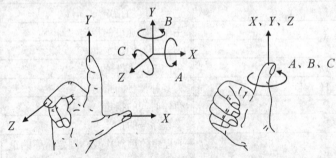

图 6-11　右手笛卡儿坐标系

（1）Z 轴

对于有主轴的机床，Z 轴平行于主轴，刀具远离工件的方向为 Z 轴正向。

对于有多根主轴的机床，选取垂直于工件装夹面的的主轴为主要主轴，Z 轴平行于该轴且刀具远离工件方向为正向。

对于无主轴的机床，选取垂直于装夹工件的工作台面方向为 Z 轴，刀具远离工件方向为 Z 轴正向。

（2）X 轴

对于工件回转机床，在刀具运动平面内，取垂直于 Z 轴，刀具远离工件的方向为 X 轴正向。

对于刀具回转的机床，如果是主轴水平的机床，则从主轴的尾部向端部看去，观察者的右手方向为 X 轴正向。如果是主轴垂直的机床，观察者从主轴看向机床立柱，此时观察者的右手方向为 X 轴正向。

对于无主轴的机床，以切削方向为 X 轴正向。

（3）Y 轴

采用右手直角笛卡儿原则确定。

2. 工件坐标系

数控编程时，工件尚未装夹于机床上，因此工件在机床坐标系中的位置是未知的，这样一来用机床坐标系描述刀具轨迹就显得不方便。为此编程人员在编写零件加工程序时通常要建立一个工件坐标系，也称为编程坐标系，这样刀具轨迹的描述就采用工件坐标系的坐标了。编程人员就不用再考虑工件在机床坐标系中的具体位置了，从而简化了编程。

工件坐标系是人为设定的，设定的依据是既要符合尺寸标注的习惯，又要便于坐标计算和编程。一般工件坐标系的原点最好选择在工件的定位基准、尺寸基准或夹具的适当位置上。在数控车床上，工件坐标系原点通常设在工件左、右端面的中心或卡盘前端面的中心。实际加工时考虑加工余量和加工精度，工件原点应选择在精加工后的端面上或精加工后的夹紧定位面上。如图 6-12（a）、（b）所示，端面留有加工余量，一般为 0.2 mm 左右。在立式铣床上，工件坐标系原点通常设置在工件上表面的中心位置，这样设置主要是为了方便对刀和测量。

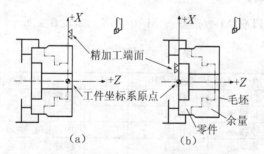

图 6-12 车床工件坐标系

通过预置工件坐标系在机床坐标系中的偏置，数控装置可以将工件坐标系中描述的运动转化为机床坐标系中的运动，从而实现工件的加工。工件坐标系的设置可以通过运行程序指令或控制面板手工操作两种方式进行。这个过程实际就是基准刀的对刀过程。通过修改偏置值，无需重新装夹工件，就可以消除工件在机床上的装夹误差。

6.3 数控编程常用指令

在数控机床上对工件进行的加工是依靠加工程序中的各种指令来完成的。这些指令有准备功能 G 指令、辅助功能即 M 指令以及 F 功能（进给功能）、S 功能（主轴转速功能）、T 功能（刀具功能）。

在这里我们主要讨论常用指令。需要说明的是，国内外许多厂商都发展了具有自己特色的数控系统，对标准中的代码进行了功能上的延伸，或做了进一步的定义，尤其对标准中未指定的代码做了定义，因此，在编程时绝对不能死套标准，必须仔细阅读具体机床的编程说明书，才能正确高效的编制数控加工程序。下面以华中数控 HNC－21T/21M 为例进行介绍。

6.3.1 模态指令与非模态指令

数控指令按其作用的范围可分为：

模态指令（又称续效指令）从它所出现的程序段开始，其效力对后面的程序段一直有效，直至程序结束或被同一功能组的其他指令所取代。

非模态指令（又称非续效指令）仅在它所在的程序段起作用。

6.3.2 辅助功能 M 指令

华中世纪星 HNC-21T/21M 数控系统 M 指令功能如表 6-3 所示。

表 6-3   M 代码及功能

代　码	模　态	前/后作用	组	功　能　说　明
M00	非模态	后作用		程序暂停
M02	非模态	后作用		程序结束
M06	非模态	后作用		加工中心换刀
M30	非模态	后作用		程序结束并返回程序起点
M98	非模态			调用子程序
M99	非模态			子程序结束
M03	模态	前作用		主轴正转起动
M04	模态	前作用	1	主轴反转起动
M05	模态	后作用		主轴停止转动（缺省）
M07	模态	前作用	2	切削液打开
M09	模态	后作用		切削液关闭（缺省）

辅助功能由地址字 M 和其后的一或两位数字组成，主要用于控制零件程序的走向，以

及机床各种辅助功能的开关动作。

M 功能有非模态 M 功能和模态 M 功能两种形式。每个模态 M 功能组中包含一个缺省功能，系统上电时将被初始化为该功能。

M 功能还可分：

前作用 M 功能——在程序段描述的坐标轴运动之前执行。

后作用 M 功能——在程序段描述的坐标轴运动之后执行。

1. 程序暂停（M00）

M00 指令执行后将暂停执行当前程序，机床停止一切操作，即主轴停转、切削液关闭、进给停止。暂停时，全部现存的模态信息保持不变，欲结束暂停状态，需要重新按下操作面板上的"循环启动"键，才能重新启动机床，继续执行下一程序段。该指令主要应用于工件在加工过程中需停机检查、测量零件、手工换刀、工件调头、手动变速或交接班等操作。

2. 程序结束（M02）

M02 一般放在主程序的最后一个程序段中。当 CNC 执行到 M02 指令时，机床的主轴、进给、冷却液全部停止，加工结束。

使用 M02 的程序结束后，若要重新执行该程序，就得重新调用该程序，然后再按操作面板上的"循环启动"键。

3. 换刀（M06）

M06 用于在加工中心上换刀，执行这个指令，主轴上的刀具会被自动卸下放入刀库，并将刀库中准备好的刀具安装在主轴上。

4. 程序复位（M30）

M30 和 M02 功能基本相同，只是 M30 指令还兼有使程序流程控制返回到数控程序头（%）的作用，为再一次运行这个数控程序做好准备。

使用 M30 的程序结束后，如果要重新执行该程序，只需再次按操作面板上的"循环启动"键。

5. 子程序调用及返回指令（M98、M99）

M98 用来调用子程序。

M99 表示子程序结束，执行 M99 使控制返回到产生子程序调用的程序段。

（1）子程序的格式

%****

......

　　M99

在子程序开头，必须规定子程序号，以作为调用入口地址。

在子程序的结尾用 M99，以控制执行完该子程序后返回产生子程序调用的程序段。

（2）调用子程序的格式

格式：M98P_L_

说明：P 参数后数字为被调用的子程序号。

　　　　L 参数后数字为重复调用该子程序的次数。

例如：M98P2300L2

说明：连续调用 2300 号子程序 2 次。

例 6-1：铣削零件上表面，刀具轨迹如图 6-13 所示，铣刀直径 16 mm，按刀心轨迹编程。工件坐标系原点设在零件的上表面中心点，刀具起始和终止位置在图示位置，虚线为快速运动，实线为直线插补运动，刀心轨迹编程要求使用子程序调用方式完成加工。

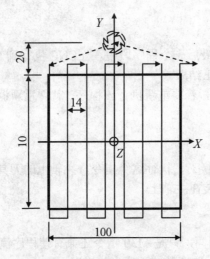

图 6-13　零件上表面加工

%0001；程序号

G54G00Z0；下刀

M03S800F100；启动主轴

X-49Y58；移动至加工起始点

M07；开启切削液

M98P002L4；调用加工子程序 4 次

M09；关闭切削液

G00X0Y70；返回下刀点

Z50M05；升起刀具，主轴停转

M30；运行结束，程序复位

%002；子程序号

G91；相对坐标编程

G01Y-116；直线插补纵向加工

X14；横向移动

Y116；纵向加工

X14；横向移动

G90；绝对坐标编程

M99；子程序返回

6．主轴控制指令（M03、M04、M05）

M03：主轴顺时针转动，当此指令执行，主轴以 S_指令指定的转速开始转动，逆着 Z 轴方向看去主轴转动方向为顺时针。

M04：主轴逆时针转动。

M05：主轴停止旋转，为了保护机床，当要改变主轴转动方向时，应先使用 M05 令主轴停转。

7．冷却液开关指令（M07、M09）

M07：打开冷却液的泵和阀。

M09：关闭冷却液的泵和阀。

6.3.3　S、F、T 指令

1．主轴功能（S）

格式：S_

说明：指令字后数字表示指定的主轴速度。

例如：S80

说明：主轴转速 80r/min 或 80m/min。

主轴功能控制主轴转速，其后的数值表示主轴速度，

使用恒线速度功能时，主轴功能指定切削线速度，其后的数值单位为米/每分钟（m/min），否则单位为转/每分钟（r/min）。

S 是模态指令，对于主轴转速需要人工调节齿轮组啮合，实现变速的机床 S 指令无效，此外还应注意 S 指令仅仅是指定了主轴的转速，如希望主轴真正转起来，还应使用 M03 或 M04 指令来启动主轴。主轴转速可以借助机床控制面板上的主轴转速倍率开关进行修调。

2. 进给速度（F）

格式：F_

说明：指令字后数字指定的是沿刀具运动方向的合成进给速度。

F 指令是模态指令，表示工件被加工时刀具相对于工件的合成进给速度，进给速度的单位取决于 G94（每分钟进给量）或 G95（主轴每转进给量）。以及 G20（英制尺寸）或 G21（公制尺寸）。进给速度单位见表6-4。

使用下式可以实现每转进给量与每分钟进给量的转化。

$f_m=f_r \times S$

f_m：每分钟的进给量：（mm/min）

f_r：每转进给量：（mm/r）

S：主轴转速：（r/min）

借助机床控制面板上的倍率按键，进给速度可在一定范围内进行倍率修调。

在数控车床上采用直径编程时，径向的进给速度为：半径的变化量/分、半径的变化量/转。

3. 刀具功能（T）

格式：T_

说明：对于数控车床指令字后跟 4 位数字，前两位为刀具安装的刀位号，后两位为刀具补偿号。

对于加工中心指令字后数字表示刀具号。

T 指令用于选择刀具，执行 T 指令，车床刀架或加工中心刀库转动，使指定刀位号上的刀具转动到指定位置，同时调入刀补寄存器中的补偿值。在加工中心上，要等待到 M06 指令作用时，才自动将刀具安装在机床主轴上，完成换刀。

6.3.4　准备功能 G 指令

准备功能 G 指令由 G 和一或二位数值组成，它用来规定刀具和工件的相对运动轨迹、机床坐标系、坐标平面、刀具补偿、坐标偏置等多种加工操作。

G 功能根据功能的不同分成若干组，有非模态 G 功能和模态 G 功能之分。模态 G 功能组中包含一个缺省 G 功能，数控装置上电时将被初始化为该功能。

没有共同地址符的不同组 G 代码可以放在同一程序段中，而且与顺序无关。下面介绍几个常用的 G 代码指令，对于有些特殊用途的指令将在后面的有关章节中加以介绍。

1. 尺寸单位（G20、G21）

格式：G20

说明：英制尺寸制式，其后出现的尺寸单位为英制。

格式：G21

说明：公制尺寸制式（缺省），其后出现的尺寸单位为公制。

两种制式下线性轴、旋转轴的单位如表 6-4 所示。

表6-4 进给速度单位设定情况表

尺 寸 制 式	进给速度单位	线 性 轴	旋 转 轴
英制（G20）	每分钟进给（G94）	in/min	度/min
	每转进给（G95）	in/r	度/r
公制（G21）	每分钟进给（G94）	mm/min	度/min
	每转进给（G95）	mm/r	度/r

2. 进给速度单位（G94、G95）

格式：G94

说明：每分钟进给（缺省）。

格式：G95

说明：主轴每转进给。

两种进给速度单位下线性轴、旋转轴的进给速度单位如表 6-4 所示。

3. 绝对标编程与相对坐标编程（G90、G91）

格式：G90

说明：绝对坐标编程（缺省），其后 X、Y、Z 指定的坐标值为对于坐标系原点的绝对坐标值。

格式：G91

说明：相对坐标编程，其后 X、Y、Z 指定的坐标值为对于刀具当前位置的相对坐标值，该值为沿坐标轴移动的有向距离。

选择合适的编程方式可使编程简化。当图纸尺寸由一个固定基准给定时，采用绝对方式编程较为方便；而当图纸尺寸是以轮廓顶点之间的间距给出时，采用相对方式编程较为方便。子程序采用相对坐标编程。

在数控车床绝对坐标编程时，用 U_、W_ 可以分别表示 X、Z 轴方向上的相对坐标，从而实现相对坐标与绝对坐标的混合编程。在数控铣床上，不能使用 U_、V_、W_ 来表达相对坐标。

例 6-2 如图 6-14 所示，使用 G90、G91 编程，求刀具由原点按顺序移动到 1、2、3 点，然后回到原点。

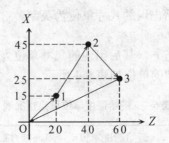

图 6-14　绝对坐标/增量坐标编程

G90 编程：
%0001
N1 G92 X0 Z0
N2 G01 X15 Z20
N3 X45 Z40
N4 X25 Z60
N5 X0 Z0
N6 M30
G91 编程：
%0001
N1 G91
N2 G01 X15 Z20
N3 X30 Z20
N4 X-20 Z20
N5 X-25 Z-60
N6 M30

4. 坐标系设定（G92）

格式：G92X_Y_Z_

说明：X_、Y_、Z_为对刀点到工件坐标系原点的有向距离。

在数控车床上，当执行 G92XαZβ 指令后，系统内部即对（α，β）进行记忆，并建立一个使刀具当前点坐标值为（α，β）的坐标系，系统控制刀具在此坐标系中按程序进行加工。执行该指令只建立一个坐标系，刀具并不产生运动。G92指令为非模态指令，执行该指令时，若刀具当前点恰好在工件坐标系的α和β坐标值上，即刀具当前点在对刀点位置上，此时建立的坐标系即为工件坐标系，加工原点与程序原点重合。若刀具当前点不在工件坐标系的α和β坐标值上，则加工原点与程序原点不一致，加工出的产品就有误差或报废，甚至出现危险。因此执行该指令时，刀具当前点必须恰好在对刀点上即工件坐标系的α和β坐标值上，由上可知要正确加工，加工原点与程序原点必须一致，故编程时加工原点与程序原点考虑为同一点。实际操作时通过对刀使两点一致。

如图 6-15 所示坐标系的设定，当以工件左端面为工件原点时，应按下行建立工件坐标系。

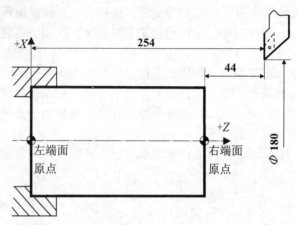

图 6-15　G92 设立坐标系

G92 X180 Z254

当以工件右端面为工件原点时，应按下行建立工件坐标系。

G92 X 180 Z44

显然，当 α、β 不同，或改变刀具位置时，即刀具当前点不在对刀点位置上，则加工原点与程序原点不一致。因此在执行程序段 G92X α Z β 前，必须先对刀。

X、Y、Z 值的确定，即确定对刀点在工件坐标系下的坐标值。其选择的一般原则为：

（1）方便数学计算和简化编程；

（2）容易找正对刀；

（3）便于加工检查；

（4）引起的加工误差小；

（5）不要与机床、工件发生碰撞；

（6）方便拆卸工件；

（7）空行程不要太长。

5. 坐标系选择（G54、G55、G56、G57、G58、G59）

格式：G54

格式：G55

格式：G56

格式：G57

格式：G58

格式：G59

说明：调用预置的参数，建立工件坐标系。G54 为缺省工件坐标系。

G54～G59 是系统提供的 6 个工件坐标系，编程人员可根据编程的需要设置和使用。工件坐标系一旦选定，后续程序段中绝对值编程时的坐标值均为相对此工件坐标系原点的值。

在加工工件之前，应先将需要使用的工件坐标系参数在数控装置中设置好。执行数控程序时，当遇到坐标系选择指令，数控装置就调取相应坐标系参数建立工件坐标系。所设置的工件坐标系参数，必须为该工件坐标系原点在机床坐标系中的坐标值，否则加工出的产品就有误差或报废，甚至发生事故。

例 6-3：如图 6-16 所示，使用工件坐标系编程：要求刀具从当前点移动到 A 点，再从 A 点移动到 B 点。

%0001　　　　　　　　（程序号）

N01 G90　　　　　　　（绝对坐标编程）

N02 G00 X40 Z30　　　（快进至 A 点，缺省工件坐标系 G54）

N03 G59　　　　　　　（使用工件坐标系 G59）

N04 X30 Z30　　　　　（快进至 B，省略 G00）

N05 M30　　　　　　　（程序结束）

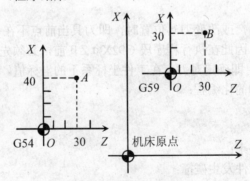

图 6-16　工件坐标系编程

6. **机床坐标系编程（G53）**

G53 是机床坐标系编程，在含有 G53 的程序段中，绝对坐标编程时的坐标值是在机床坐标系中的坐标值。其为非模态指令，仅在所在程序段有效。

7. 参考点控制指令（G28、G29）

格式：G28X（U）_Y_Z（W）_

说明：返回参考点。刀具经过指定的中间点快速运动至参考点。

　　X_、Y_、Z_：回参考点时经过的中间点坐标，在G90时为中间点在工件坐标系中的坐标值，G91时为中间点相对于起点的偏移量。

　　U_、W_：数控车床增量编程时，中间点相对于起点的偏移量。

格式：G29X（U）_Y_Z（W）_

说明：从参考点返回。刀具经过 G28 指令中指定的中间点快速运动至目标点。

　　X_、Y_、Z_：返回的定位终点坐标，在G90时为定位终点在工件坐标系中的坐标，在G91时为定位终点相对于G28中间点的偏移量。

　　U_、W_：数控车床增量编程时，运动终点相对于中间点的偏移量。

　　G28、G29 指令的运动方式如图 6-17 所示，仅在所在的程序段中有效。G28 指令一般用于刀具自动更换或者消除机械误差，在执行该指令之前应取消刀尖半径补偿。在 G28 的程序段中不仅产生坐标轴移动指令，而且记忆了中间点坐标值，供 G29 使用。电源接通后，在没有手动返回参考点的状态下，指定 G28 时，从中间点自动返回参考点，与手动返回参考点效果相同。这时从中间点到参考点的方向就是机床参数"回参考点方向"设定的方向。G29 指令通常紧跟在 G28 指令之后。

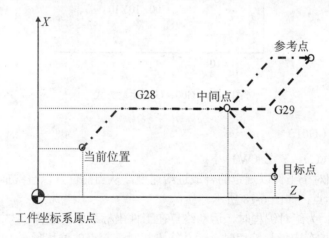

图 6-17　G28/G29 运动方式

8. 快速点定位（G00）

格式：G00X（U）_Y_Z（W）_

说明：刀具相对于工件以各轴预先设定的速度，从当前位置运动至指定坐标点。

X_、Y_、Z_：为绝对编程时，运动终点在工件坐标系中的坐标。

U_、W_：数控车床增量编程时，运动终点相对于起点的偏移量。

例如：G00X30W-10

说明：刀具从当前位置，快速运动至坐标为（30，当前 Z 坐标-10）处。

G00 一般用于加工前快速定位或加工后快速退刀。其快移速度由机床参数"快移进给速度"对各轴分别设定，不能用 F 指令规定。另外，可以利用操作面板上的快速修调按钮调整。

在执行 G00 指令时，由于各轴以各自速度移动，不能保证各轴同时到达终点，因此刀具的运动路线如图 6-18 所示。操作者必须格外小心，以免刀具与工件发生碰撞。常见的做法是，将 X 轴移动到安全位置，再放心地执行 G00 指令。

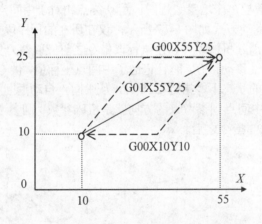

图 6-18　G00、G01 运动方式

9. 直线插补（G01）

格式：G01X（U）_Y_Z（W）_F_

说明：刀具相对于工件以规定的合成进给速度，从当前位置以直线插补方式运动至指定坐标点，如图 6-18 所示。

X_、Y_、Z_：为绝对编程时，运动终点在工件坐标系中的坐标。

U_、W_：数控车床增量编程时，运动终点相对于起点的偏移量。

F_：合成进给速度。

例如：G01X30W-10F80

说明：刀具以 80 mm/min 的进给速度，从当前位置沿最短直线距离，运动至坐标为（30，当前 Z 坐标-10）处。

10. 圆弧插补（G02、G03）

$$格式：\begin{matrix} G02 \\ G03 \end{matrix} \begin{Bmatrix} X(U)\_Z(W)\_I\_K\_ \\ X\_Y\_I\_J\_ \\ Y\_Z\_J\_K\_ \end{Bmatrix} F\_$$

$$\begin{matrix} G02 \\ G03 \end{matrix} \begin{Bmatrix} X(U)\_Z(W)\_ \\ X\_Y\_ \\ Y\_Z\_ \end{Bmatrix} R\_F\_$$

说明：G02 为顺时针插补，G03 为逆时针插补，如图 6-19 所示。

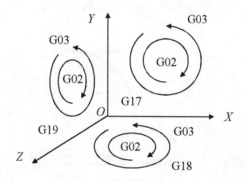

图 6-19 圆弧插补方向判别

刀具相对于工件以规定的合成进给速度，从当前位置以圆弧插补方式运动至指定坐标点。

X_、Y_、Z_：圆弧终点，在G90时为圆弧终点在工件坐标系中的坐标，在G91时为圆弧终点相对于圆弧起点的偏移量。

U_、W_：数控车床增量编程时，运动终点相对于起点的偏移量。

I_、J_、K_：圆弧圆心相对于当前位置（圆弧起点）在X轴、Y轴、Z轴的偏移量。

R_：圆弧的半径，当圆弧圆心角小于180度时为正值，否则为负值。

F_：合成进给速度。

圆弧插补 G02、G03 的判断，是观察者迎着坐标轴的指向，在面对的平面内，根据其插补时的旋转方向为顺时针/逆时针来区分的。I_、J_、K_在绝对、增量编程时都是以增量方式指定，R_在直径、半径编程时都是半径值。整圆编程时不能使用 R，只能用 I、J、K。

例如使用 G02 指令描述图 6-20 所示劣弧 a 和优弧 b。

圆弧 a

G91G02X30Y30R30F300

G91G02X30Y30I30J0F300

G90G02X0Y30R30F300

G90G02X0Y30I30J0F300

圆弧 b

G91G02X30Y30R-30F300

G91G02X30Y30I0J30F300

G90G02X0Y30R-30F300

G90G02X0Y30I0J30F300

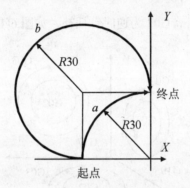

图 6-20　圆弧编程

例 6-4：如图 6-21 所示，用圆弧插补指令编程。

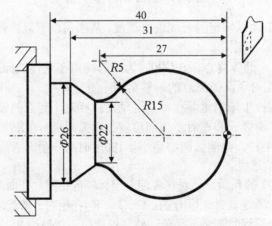

图 6-21　圆弧编程

%0001

N1 M03 S400；主轴以 400r/min 旋转

N2 G00 X0；到达工件中心

N3 G01 Z0 F60；直线插补运动至圆弧起点

N4 G03 U24 W-24 K-15；加工 R15 圆弧段

N5 G02 X22 Z-27 R5；加工 R5 圆弧段

N6 G01 X31 Z-31；加工圆锥

N7 Z-40；加工Φ26 外圆，省略 G01X31

N8 X40；退刀，省略 G01Z-40

N9 G00 Z5；回对刀点，省略 X40

N10 M30；主轴停、主程序结束并复位

11. 坐标平面指令（G17、G18、G19）

格式：G17

格式：G18

格式：G19

说明：G17，G18，G19 分别指定空间坐标系中的 XOY 平面、XOZ 平面和 YOZ 平面
为选择进行圆弧插补和刀具半径补偿的平面。

如图 6-19 所示，G17，G18，G19 指令都是模态指令。

对于三坐标数控铣床和铣镗加工中心，开机后数控装置自动将机床设置成 G17 状态，
如果在 XOY 坐标平面内进行轮廓加工，就不需要由程序设定 G17。同样，数控车床总是
在 XOZ 坐标平面内运动，在程序中也不需要用 G18 指令指定。

12. 暂停指令（G04）

格式：G04P_

说明：刀具暂停运动一段时间。

　　　　P_：暂停时间，单位为 s。

例如：G04P3

说明：刀具在当前位置停留 3 秒。

G04 为非模态指令，仅在其被规定的程序段中有效，在执行含 G04 指令的程序段时，
先执行暂停功能。G04 在前一程序段的进给速度降到零之后才开始暂停动作。该指令在不
停止主轴转动的情况下，可使刀具作指定时间的停留，以获得圆整而光滑的表面。例如：
对盲孔作深度控制时，在刀具进给到规定深度后，用暂停指令使刀具作非进给光整切削，
然后退刀，可以保证孔底平整。该指令可用于切槽、钻孔、镗孔以及刀具运动轨迹拐角的
控制。

例 6-5：编制位于工件坐标系（10，20，0）位置处，深度 15 mm 的盲孔钻削加工程序。

%0002；程序名

M03S500F100；启动主轴

G00X10Y20；快速定位

Z2；接近工件

G01Z-15；钻孔

G04P2；孔底暂停

G00Z2；抬升刀具

G28Z3；返回参考点

M30；程序复位

6.4 自动编程简介

自动编程是数控加工中的关键技术，是数控加工工艺的具体实施。图像交互式自动编程发展迅速，且应用广泛。本章主要介绍利用"CAXA制造工程师"进行自动编程的步骤和方法。

6.4.1 自动编程的基本概念

手工编程通常只应用于一些简单零件的编程，对于几何形状复杂，或者虽不复杂但程序量很大的零件（如一个零件上有数千个孔），编程的工作量是相当繁重的，这时手工编程便很难胜任。一般认为，手工编程仅适用于3轴联动以下加工程序的编制，3轴联动（含3轴）以上的加工程序必须采用自动编程。据有关资料介绍，一般手工编程时间与加工时间之比平均为30∶1，在数控机床不能开动的原因中，有20%～30%是由于等待编程。因此，编程自动化是人们的迫切需求。

正因为客观上的迫切需要，20世纪50年代第一台数控机床问世不久，为了发挥NC机床高效的特点和满足复杂零件的加工需求，麻省理工学院便开始自动编程技术的研究。从那时到现在，自动编程技术有了很大的发展，从最早的语言式自动编程系统（APT）到目前广泛使用的交互式图形自动编程系统，极大地满足了人们对复杂零件的加工需求，丰富了数控加工技术的内容。

自动编程就是用计算机编制数控加工程序的过程。编程人员只需根据图样的要求，使用数控语言编写出零件加工源程序，送入计算机进行数值计算、后置处理，生成零件加工程序单，直至自动制作数控加工穿孔纸带，或将加工程序通过通信的方式送入数控机床，实现数控加工。自动编程的出现使得一些计算繁琐、手工编程困难或无法编出的加工任务得以完成。因此，自动编程的前景是非常远大的。

6.4.2　自动编程的基本工作原理

交互式图形自动编程系统的工作原理如图 6-8 所示，它采用图形输入方式，通过激活屏幕上的相应选单，利用系统提供的图形生成和编辑功能，将零件的几何图形输入到计算机，完成零件造型。同时以人机交互方式指定要加工的零件部位、加工方式和加工方向，输入相应的加工工艺参数，通过软件系统的处理自动生成刀具轨迹文件，并动态显示刀具运动的加工轨迹，生成适合指定数控系统的数控加工程序，最后通过通信接口，把数控加工程序送给机床数控系统。这种编程系统具有交互性好、直观性强、运行速度快、便于修改和检查、使用方便、容易掌握等特点。因此，交互式图形自动编程已成为国内外流行的 CAD/CAM 软件所普遍采用的数控编程方法。在交互式图形自动编程系统中，需要输入 2 种数据以产生数控加工程序，即零件几何模型数据和切削加工工艺数据。交互式图形自动编程系统实现了造型→刀具轨迹生成→加工程序自动生成的一体化，它的 3 个主要处理过程是：零件几何造型、生成刀具轨迹文件、后置处理生成零件加工程序。

1.　零件几何造型

交互式图形自动编程系统（CAD/CAM），可通过 3 种方法获取和建立零件几何模型：

（1）软件本身提供的 CAD 设计模块。

（2）其他 CAD/CAM 系统生成的图形，通过标准图形转换接口（例如 STEP、DXFIGES、STL、DWG、PARASLD、CADL、NFL 等），转换成编程系统的图形格式。

（3）三坐标测量机数据或三维多层扫描数据。

2.　生成刀具轨迹

在完成了零件的几何造型以后，交互式图形自动编程系统第二步要完成的是产生刀具轨迹。其基本过程为：

（1）首先确定加工类型（轮廓、点位、挖槽或曲面加工），用光标选择加工部位，选择走刀路线或切削方式。

（2）选取或输入刀具类型、刀号、刀具直径、刀具补偿号、加工预留量、进给速度、主轴转速、退刀安全高度、粗精切削次数及余量、刀具半径长度补偿状况、进退刀延伸线值等加工所需的全部工艺切削参数。

（3）编程系统根据这些零件几何模型数据和切削加工工艺数据，经过计算、处理，生成刀具运动轨迹数据，即刀位文件 CLF（Cut Location File），并动态显示刀具运动的加工轨迹。刀位文件与采用哪一种特定的数控系统无关，是一个中性文件，因此通常称产生刀具路径的过程为前置处理。

3.　后置处理

后置处理的目的是生成针对某一特定数控系统的数控加工程序。由于各种机床使用的数控系统各不相同，例如有 FANUC，SIEMENS，华中等系统，每一种数控系统所规定的代码及格式不尽相同。为此，自动编程系统通常提供多种专用的或通用的后置处理文件。这些后置处理文件的作用是将已生成的刀位文件转变成合适的数控加工程序。早期的后置处理文件是不开放的，使用者无法修改。目前绝大多数优秀的 CAD/CAM 软件提供开放式的通用后置处理文件。使用者可以根据自己的需要打开文件，按照希望输出的数控加工程序格式，修改文件中相关的内容。这种通用后置处理文件，只要稍加修改，就能满足多种数控系统的要求。

4. 模拟和通信

系统在生成了刀位文件后模拟显示刀具运动的加工轨迹是非常必要和直观的，它可以检查编程过程中可能的错误。通常自动编程系统提供一些模拟方法，分为线架模拟和实体模拟两类，可以有效的检查刀具运动轨迹与零件的干涉。

通常自动编程系统还提供计算机与数控系统之间数控加工程序的通信传输。通过 RS232C 通信接口，可以实现计算机与数控机床之间 NC 程序的双向传输（接收、发送和终端模拟），可以设置 NC 程序格式（ASCII、EIA、BIN）、通信接口（COM1、COM2）、传输速度、奇偶校验、数据位数、停止位数及发送延时参数等有关的通信参数。

6.4.3 国内外典型 CAM 软件介绍

1. CAXA 制造工程师、数控车、线切割

"CAXA"系列软件是由北京北航海尔软件有限公司开发的全中文 CAD/CAM 软件。是作为国家"863/CIMS"目标产品的优秀国产 CAD/CAM 软件，它包括电子图板、实体设计、工艺图表、工艺汇总表、制造工程师、数控铣、数控车、雕刻、线切割、网络 DNC、协同管理等，涵盖了从 2D、3D 产品设计到加工制造及管理的全过程。由于软件符合中国人的思维习惯，具有易学习、易使用、高效率的特点。是目前国内使用最多的正版 CAD/CAM 软件之一。

（1）CAXA 的 CAD 功能

主要是提供线框造型、曲面造型、实体造型方法来生成 3D 图形；采用 NURBS 非均匀 B 样条造型技术，能更精确地描述零件形体；有多种方法来构建复杂曲面，包括扫描、放样、拉伸、导动、等距、边界网格等；对曲面的编辑方法有任意裁剪、过渡、拉伸、变形、相交、拼接等；可生成真实感图形；具有 DXF 和 IGES 图形数据交换接口。

（2）CAXA 的 CAM 功能

支持 2～5 轴铣削加工，提供轮廓、区域 3～5 轴加工；允许区域内有任意形状和数量的岛，分别指定区域边界和岛的起模斜度，自动进行分层加工；针对叶轮、叶片类零件提供 4～5 轴加工；可以利用刀具侧刃和端刃加工整体叶轮和大型叶片；支持带有锥度的刀具

进行加工，任意控制刀轴方向。此外还支持钻削加工。

支持车削加工，如轮廓粗车、精切、切槽、钻中心孔、车螺纹；可以对轨迹的各种参数进行修改，以生成新的加工轨迹；

支持线切割加工，如快、慢走丝切割；可输出 3B 或 G 代码的后置格式；

系统提供丰富的工艺控制参数，多种加工方式（粗加工、参数线加工、限制线加工、复杂曲线加工、曲面区域加工、曲面轮廓加工），刀具干涉检查，真实感仿真，数控代码反读，后置处理等功能。

2. Pro/Engineer

Pro/Engineer 是美国 PTC 公司于 1988 年推出的产品，它是一种最典型的基于参数化（Parametric）实体造型的软件，可工作在工作站和 UNIX 操作环境下，也可以运行在微机的 Windows 环境下。Pro/Engineer 包含从产品的概念设计、详细设计、工程图、工程分析、模具，直至数控加工的产品开发全过程。

（1）Pro/Engineer CAD 功能

主要具有简单零件设计、装配设计、设计文档（绘图）和复杂曲面的造型等功能；具有从产品模型生成模具模型的所有功能。可直接从 Pro/E 实体模型生成全关联的工程视图，包括尺寸标注、公差、注释等，还提供三坐标测量仪的软件接口，可将扫描数据拟合成曲面，完成曲面光顺和修改。

提供图形标准数据库交换接口，包括：IGES、SET、VDA、CGM、SIA 等，还提供 Pro/E 与 CATIA 软件的图形直接交换接口。

（2）Pro/Engineer CAM 功能

主要具有提供车加工、2～5 轴铣削加工、电火花线切割，激光切割等功能。加工模块能自动识别工件毛坯和成品的特征。当特征发生修改时，系统能自动修改加工轨迹。

3. UGⅡ

UGⅡ是美国 Unigraphics Solutions 公司的 CAD/CAM/CAE 产品。其核心 Parasolid 提供强大的实体建模功能和无缝数据转换能力。UGⅡ提供用户一个灵活的复合建模，包括实体建模、曲面建模、线框建模和基于特征的参数建模。UGⅡ覆盖制造全过程，融合了工业界丰富的产品加工经验，为用户提供了一个功能强劲的、实用的、柔性的 CAM 软件系统。UGⅡ可以运行在工作站和微机、UNIX 或 Windows 操作环境下。

（1）UGⅡ的 CAD 功能

主要是提供实体建模、自由曲面建模等造型手段，提供装配建模、标准件库建模等环境；可建立和编辑各种标准的设计特征，例如孔、槽、型腔、凸台、倒角和倒圆等；可从实体模型生成完全相关的二维工程图；提供 IGES、STEP 等标准图形接口，还提供大量的直接转接器，如与 CATIA、CADDS、I－DEAS、AutoCAD 等 CAD/CAM 系统直接高效地进行数据转换；具有有限元分析和机构分析模块；对二维、三维机构可进行复杂的运动学分析和设计仿真。

（2）UGⅡ的CAM功能

主要是提供 2~4 轴车削加工，具有粗车、多次走刀、精车、车沟槽、车螺纹和中心钻孔等功能；提供2~5轴或更高的铣削加工，如型芯和型腔铣削；提供粗切单个或多个型腔，沿任意形状切去大量毛坯材料以及可加工出型芯的全部功能。这些功能对加工模具和冷冲模特别有用。

UGⅡ软件还具有固定轴铣削功能、Cut 清根切削功能、可变轴铣削功能、顺序铣切削功能、切削仿真（VERICUT）功能、EDM 线切削功能、机床仿真功能（包含整个加工环境——机床、刀具、夹具和工件，对数控加工程序进行仿真，检查相互间的碰撞和干涉情况）等。它还提供非均匀 B 样条轨迹生成器；从 NC 处理器中直接生成基于 NURBS 的刀具轨迹数据；直接从 UG 的实体模型中产生新的刀具轨迹，其加工程序可比原来程序减少50%~70%，特别适用于高速加工。

除上述模块以外，UG 还提供注塑分析、钣金设计、排样和制造、管路、快速成型转换等。

4．Master CAM

Master CAM 是美国 CNC 公司开发的一套适用于机械设计、制造，运行在 PC 平台上的三维 CAD/CAM 交互式图形集成系统。它可以完成产品的设计和各种类型数控机床的自动编程，包括数控铣床（3~5 轴）、车床（带 C 轴）、线切割机（4 轴）、激光切割机、加工中心等的编程加工。

产品零件的造型可以由系统本身的 CAD 模块来建立模型，也可以通过三坐标测量仪测得的数据建模。系统提供的 DXF、IGES、CADL、VDA、STL、PARASLD 等标准图形接口，可实现与其他 CAD 系统的双向图形传输，也可以通过专用 DWG 图形接口与 AutoCAD 进行图形传输。

系统具有很强的加工能力，可实现多曲面连续加工、毛坯粗加工、刀具干涉检查与消除、实体加工模拟、DNC 连续加工以及开放式的后置处理等功能。

6.4.4　CAXA 制造工程师应用

下面通过一个自动编程的例子，对 CAXA 制造工程师的自动编程过程进行一般性的介绍。

1．六角星的造型

造型思路：由图纸可知六角星的造型特点主要是由多个空间面组成的，因此在构造实体时首先应使用空间曲线构造实体的空间线架，然后利用直纹面生成曲面，可以逐个生成也可以将生成的一个角的曲面进行圆形均布阵列，最终生成所有的曲面。最后使用曲面裁剪实体的方法生成实体，完成造型。

（1）绘制六角星的框架

绘制六边形。单击曲线生成工具栏上的"⬡"画多边形按钮，在特征树下方的立即菜单中选择"中心"定位，边数"6"条，"内接"，回车确认。按照系统提示点取中心点，按回车"Enter"键，在弹出的对话框内输入内接半径为 100。然后单击鼠标右键结束该六边形的绘制。这样我们就得到了如图 6-22（a）所示的六边形。

构造六角星的轮廓线。单击曲线生成工具栏上的"＼"画直线按钮，在特征树下方的立即菜单中选择"两点线"、"连续"、"非正交"，将六边形的各个角点连接，如图 6-22（b）所示。

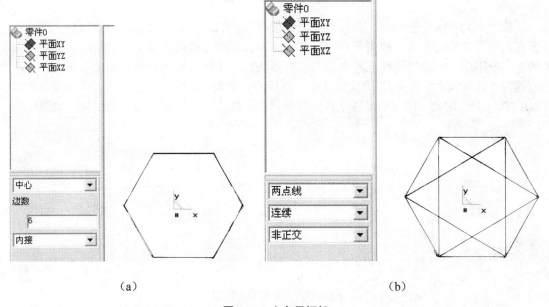

（a）　　　　　　　　　　　　　　　　（b）

图 6-22　六角星框架

使用"删除"工具将多余的线段删除，单击"⊘"擦除按钮，用鼠标直接点取多余的线段，拾取的线段会变成红色，单击右键确认，如图 6-23（a）所示。裁剪后图中还会剩余一些线段，单击线面编辑工具栏中"✂"曲线裁减按钮，在特征树下方的立即菜单中选择"快速裁剪"、"正常裁剪"方式，用鼠标点取剩余的线段就可以实现曲线裁剪。这样我们就得到了如图 6-23（b）所示六角星的一个轮廓。

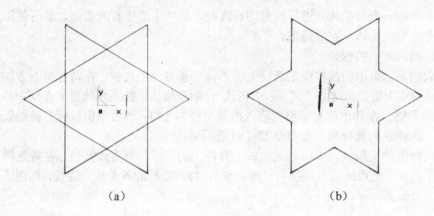

（a）　　　　　　　　　　　　　　（b）

图 6-23　六角星轮廓

　　构造六角星的空间线架。在构造空间线架时，我们还需要六角星的一个顶点，因此需要在六角星的高度方向上找到一点（0，0，40），以便通过两点连线实现六角星的空间线架构造。使用曲线生成工具栏上的"＼"画直线按钮，在特征树下方的立即菜单中选择"两点线"、"连续"、"非正交"，用鼠标点取六角星的一个角点，然后单击回车，输入顶点坐标（0，0，40）。同理，作六角星各个角点与顶点的连线，完成六角星的空间线架，如图 6-24 所示。

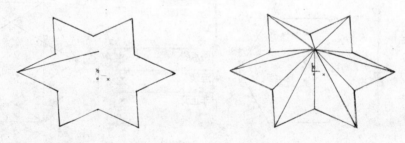

图 6-24　六角星空间线架

（2）六角星曲面生成

　　通过直纹面生成曲面。选择六角星的一个角为例，用鼠标单击曲面工具栏中的"～"直纹面按钮，在特征树下方的立即菜单中选择"曲线＋曲线"的方式生成直纹面，然后用鼠标左键拾取该角相邻的两条直线完成曲面。

　　生成其他各个角的曲面。在生成其他曲面时，我们可以利用直纹面逐个生成曲面，也可以使用阵列功能对已有一个角的曲面进行圆形阵列来实现六角星的曲面构成。单击几何变换工具栏中的"❀"阵列按钮，在特征树下方的立即菜单中选择"圆形"阵列方式，分布形式"均布"，份数"6"，用鼠标左键拾取一个角上的两个曲面，单击鼠标右键确认，然后根据提示输入中心点坐标（0，0，0），也可以直接用鼠标拾取坐标原点，系统会自动生成各角的曲面，如图 6-25 所示。

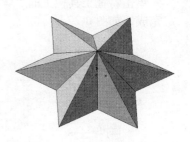

生成六角星的加工轮廓平面。单击曲线生成工具栏上的"□"画矩形按钮，进入空间曲线绘制状态，在特征树下方的立即菜单中选择画矩形方式"中心点－边长"，然后按照提示用鼠标点取坐标系原点，也可以按回车"Enter"键，在弹出的对话框内输入中心点的坐标（0，0，0），边长 220 并确认，然后单击鼠标右键结束该矩形的绘制。用鼠标单击曲面工具栏中的"◻"平面工具按钮，并在特征

图 6-25　六角星空间曲面

树下方的立即菜单中选择"裁剪平面"。用鼠标拾取平面的外轮廓线，然后确定链搜索方向（用鼠标点取箭头），系统会提示拾取第一个内轮廓线，用鼠标拾取六角星底边的一条线，单击鼠标右键确定，完成加工轮廓平面如图 6-26 所示。

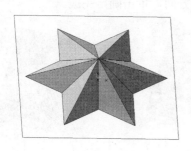
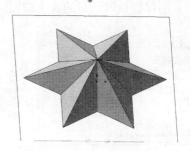
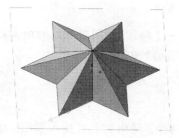

图 6-26　六角星加工轮廓平面

（3）生成加工实体

生成基本体。选中特征树中的 *XOY* 平面，单击鼠标右键选择"创建草图"。或者直接单击"$\mathcal{U}$"创建草图按钮，进入草图绘制状态。

单击曲线生成工具栏上的"🖑"曲线投影按钮，用鼠标拾取已有的外轮廓圆，将矩形投影到草图上。

单击特征工具栏上的""拉伸增料按钮，在拉伸对话框中选择相应的选项。单击确定完成，如图 6-27 所示。

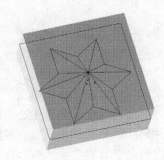

图 6-27　六角星基本体

利用曲面裁剪除料生成实体。如图 6-28 所示，单击特征工具栏上的"💮"曲面裁剪除料按钮，用鼠标拾取已有的各个曲面，并且选择除料方向，单击确定完成。

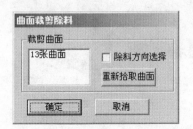
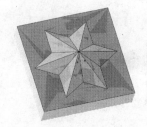
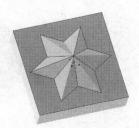

图 6-28　六角星加工实体

利用"隐藏"功能将曲面隐藏。单击【编辑】—【隐藏】，用鼠标从右向左框选实体或用鼠标单个拾取曲面，单击右键确认，实体上的曲面就被隐藏了。

2．六角星的加工准备

（1）设定加工刀具

选择【应用】—【轨迹生成】—【刀具库管理】命令，弹出刀具管理对话框，如图 6-29 所示。

增加铣刀。单击增加铣刀按钮，在对话框中输入铣刀名称。一般都是以铣刀的直径和刀角半径来表示，刀具名称尽量和工厂中用刀的习惯一致，刀具名称一般采用"D10，r3"的表示形式，D 代表刀具直径，r 代表刀角半径。

设定增加的铣刀的参数。在刀具库管理对话框中键入正确的数值，刀具定义即可完成。其中的刀刃长度和刀杆长度与仿真有关而与实际加工无关，在实际加工中要正确选择吃刀量和吃刀深度，以免刀具损坏。

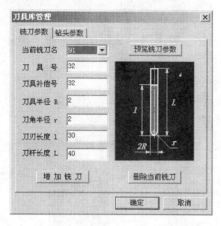

图 6-29　刀库设置

（2）后置设置

用户可以增加当前使用的机床，给出机床名，定义适合自己机床的后置格式。系统默认的格式为 FANUC 系统的格式。

选择【应用】—【后置处理】—【后置设置】命令，弹出后置设置对话框，如图 6-30 所示。

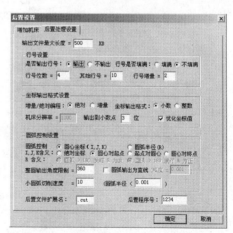

图 6-30　后置设置

增加机床设置。选择当前机床类型。

后置处理设置。选择"后置处理设置"标签，根据当前的机床，设置各参数。

（3）设定加工范围

此例的加工范围直接拾取曲面造型上的轮廓线即可。

3. 常规加工

六角星的整体形状是较为平坦的，因此在粗加工时采用等高粗加工方法，精加工时采用曲面区域加工方法。

（1）等高粗加工

设置"粗加工参数"。单击【应用】-【轨迹生成】-【等高粗加工】，在弹出的"粗加工参数表"中设置"粗加工参数"，如图 6-31 所示。

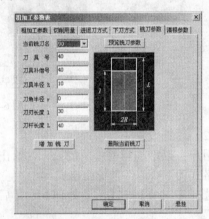
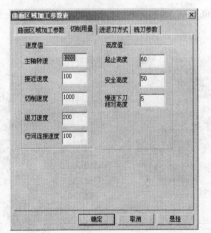
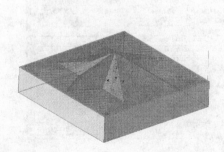

图 6-31　等高粗加工轨迹

设置粗加工"铣刀参数"。

设置粗加工"切削用量"参数。

确认"进退刀方式"、"下刀方式"、"清根参数"为系统默认值。按"确定"退出参数设置。

　　按系统提示拾取加工轮廓。拾取设定加工范围的矩形，单击链搜索箭头；按系统提示"拾取加工曲面"，选中整个实体表面，系统将拾取到的所有曲面变红，然后按鼠标右键结束。

　　生成粗加工刀具轨迹。系统提示："正在准备曲面请稍候"、"处理曲面"等，然后系统就会自动生成粗加工轨迹。

　　隐藏生成的粗加工轨迹。拾取轨迹，单击鼠标右键在弹出菜单中选择【隐藏】命令，隐藏生成的粗加工轨迹，以便于下步操作。

　　（2）曲面区域加工

　　设置曲面区域加工参数。单击【应用】－【轨迹生成】－【曲面区域加工】，在弹出的"曲面区域加工参数表"中设置"曲面区域加工"精加工参数，如图 6-32 所示。

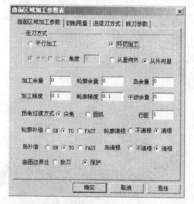
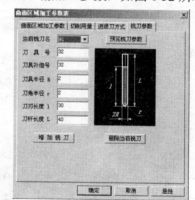

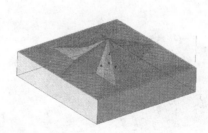

图 6-32　曲面区域加工轨迹

　　设置精加工"铣刀参数"。

　　设置精加工"切削用量"参数。

　　确认"进退刀方式"为系统默认值。按"确定"完成并退出精加工参数设置。

　　按系统提示拾取整个零件表面为加工曲面，按右键确定。系统提示"拾取干涉面"，如果零件不存在干涉面，按右键确定跳过。系统会继续提示"拾取轮廓"，用鼠标直接拾取零件外轮廓，单击右键确认，然后选择并确定链搜索方向。系统最后提示"拾取岛屿"，由于零件不存在岛屿，我们可以单击右键确定跳过。

　　生成精加工轨迹。精加工的加工余量为0。

　　（3）加工仿真、刀具轨迹路检验与修改

　　按"可见"按钮，显示所有已生成的粗、精加工轨迹。

　　单击【应用】－【轨迹仿真】，如图 6-33 所示，在立即菜单中选定选项。按系统提示同时拾取粗加工刀具轨迹与精加工轨迹，按右键。系统将进行仿真加工。

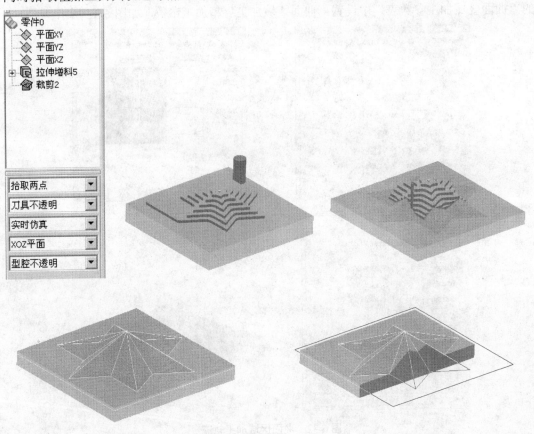

图 6-33　粗/精加工仿真

　　观察仿真加工走刀路线，检验判断刀具轨迹是否正确、合理（有无过切等错误）。

　　单击【应用】－【轨迹编辑】，弹出"轨迹编辑"表，按提示拾取相应加工轨迹或相应轨点，修改相应参数，进行局部轨迹修改。若修改过大，应该重新生成加工轨迹。

仿真检验无误后，可保存粗/精加工轨迹。

（4）生成 G 代码

单击【应用】－【后置处理】－【生成 G 代码】，在弹出的"选择后置文件"对话框中给要生成的 NC 代码文件名（六角星．cut）及其存储路径，按"确定"退出。

分别拾取粗加工轨迹与精加工轨迹，按右键确定，生成加工 G 代码，如图 6-34 所示。自动生成的 G 代码还需要人工添加程序号以及删除某些注释。

图 6-34　加工 G 代码

（5）生成加工工艺单

生成加工工艺单的目的有三个：

① 车间加工的需要，当加工程序较多时可以使加工有条理，不会产生混乱；

② 方便编程者和机床操作者的交流，凭嘴讲的东西总不如纸面上的文字更清楚；

③ 车间生产和技术管理上的需要，加工完的工件的图形档案、G 代码程序可以和加工工艺单一起保存，如需要再加工此工件，可以立即取出来加工，不需要再做重复的劳动。

选择【应用】－【后置处理】－【生成工序单】命令，弹出选择 HTML 文件名对话框，输入文件名后按确定，加工工艺单如表 6-5 所示。或者在屏幕左下边提示拾取加工轨迹，用鼠标选取或用窗口选取或按"W"键，选中全部刀具轨迹，点右键确认，立即生成加工工艺单。

表6-5　加工工艺单

加工轨迹明细单

序号	代码名称	刀具号	刀具参数	切削速度	加工方式	加工时间
1	六角星.cut	40	刀具直径=20.00 刀角半径=0.20 刀刃长度=30.000	800	粗加工	167分钟
2	六角星.cut	32	刀具直径=4.00 刀角半径=2.00 刀刃长度=30.000	1000	曲面区域	51分钟

　　加工工艺单可以用 IE 浏览器来看，也可以用 WORD 来看并且可以用 WORD 来进行修改和添加。

　　至此六角星的造型、生成加工轨迹、加工轨迹仿真检查、生成 G 代码程序，生成加工工艺单的工作已经全部做完，可以把加工工艺单和 G 代码程序通过工厂的局域网送到车间去了。车间在加工之前还可以通过《CAXA 制造工程师》中的校核 G 代码功能，再看一下加工代码的轨迹形状，做到加工之前胸中有数。在机床上完成对刀后，就可以开始样件加工了。

6.5　思　考　题

1．数控编程分为哪几类？
2．数控机床坐标系规定的原则是什么？
3．简述数控机床 X、Y、Z 轴的确定。
4．G 代码表示什么功能？M 代码表示什么功能？
5．自动编程中后置处理的作用是什么？
6．采用自动编程，编制加工自己名字的程序。
7．语言式自动编程的基本工作原理是什么？
8．图形交互式自动编程的信息处理过程是怎样的？

第7章 数控车床编程

由于各个数控机床生产厂家采用不同的数控装置，因此不同型号数控机床的编程指令及其用法存在着或多或少的差别。编程人员在编制数控加工程序时，一定要仔细阅读和参照所使用机床的编程手册，避免数控程序中的语法错误。本章将以华中数控 HNC-21T 世纪星数控车床系统为例，对数控车床的编程特点和编程方法进行介绍。

7.1 数控车床编程概述

零件的数控加工程序是由数控装置能够识别的一系列指令按规定格式组成，主要描述刀具按照工艺规程加工零件时的走刀路线，以及机床的辅助动作。数控装置将零件的数控加工程序转化为对机床的控制信号，通过驱动元件实现动作。

7.1.1 数控车床坐标系

1. 机床坐标系

对于数控车床坐标系如图 7-1 所示。

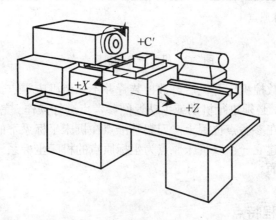

图 7-1 车床坐标轴及其方向

Z 轴——与主轴轴线重合，沿着 Z 轴正方向运动将增大零件和刀具间的距离；

X 轴——垂直于 Z 轴，对应于转塔刀架的径向移动，沿着 X 轴正方向运动将增大零件和刀具间的距离；

Y 轴——（通常是虚设的）与 X 轴和 Z 轴一起构成遵循右手定则的坐标系统。编程中不涉及 Y 坐标方向的运动。

2．机床参考点

机床参考点是采用增量式测量的数控机床所特有的。增量式测量方式要求在开始测量时，运动件必须首先回到固定的测量基准，建立测量的起始点，然后才能开始累计运动件的移动量。因此数控车床刀架回到固定的参考点，数控装置就获得了刀架运动的测量起始点。

机床参考点是一个硬件点，其位置由 X、Z 向的挡块和行程开关确定。对某台数控车床来讲，参考点与机床原点之间有严格的位置关系，可以与机床零点重合，也可以不重合，通过参数指定机床参考点到机床零点的距离，如图 7-2 所示。该参数机床出厂前已调试准确，确定为某一固定值，这个值就是参考点在机床坐标系下的坐标。

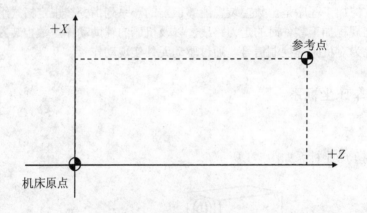

图 7-2　机床原点和机床参考点

用增量式测量的数控机床开机后，数控装置并不知道机床零点。为了正确地在机床工作时建立机床坐标系，必须进行机动或手动返回参考点进行操作。完成返回参考点操作后，数控装置上即显示出在参考点位置上，刀架基准点在机床坐标系下的坐标值。由此反推出机床原点，即相当于建立一个以机床原点为坐标原点的机床坐标系。因此机床原点是通过机床参考点体现出来的。

7.1.2　数控车床编程特点

（1）允许在一个程序段中，可以采用绝对坐标、相对坐标或两者混合使用。绝对坐标和相对坐标的选择要依据图纸上的尺寸标注，原则是尽可能减少尺寸换算，因为尺寸换算必然引起精度换算，这样有可能影响零件的加工精度。

（2）根据车削零件的特点，图纸径向尺寸的标注和测量都使用直径，所以数控车削编程时径向坐标也都用直径表示。为保证径向尺寸精度，X 向的脉冲当量一般为 Z 向脉冲当量的一半。同时系统还具有半径编程和直径编程功能，可以通过指令设定。

（3）数控车削的毛坯多为棒料或锻料，加工余量较大，数控系统具有多种固定循环功能，可进行多次重复循环切削，大大简化了编程。

（4）数控车削编程是对车刀刀尖运动轨迹的描述，而实际上为了提高刀具寿命和工件表面质量，车刀刀尖都有一定的圆弧半径，为提高工件的尺寸精度，数控系统具有刀尖圆弧半径补偿功能。同时根据对刀的需要和解决刀具磨损问题，数控系统还具有刀具几何位置补偿和刀具磨损补偿功能，以解决每把刀的位置差异和磨损问题。

7.1.3　刀具补偿

刀具补偿功能包括刀具偏置补偿、刀具磨损补偿和刀尖圆弧半径补偿。

刀具的补偿功能由 T 代码指定，T 代码的说明如下：

格式：T_

说明：指令字后跟 4 位数字，前两位为刀具安装的刀位号，后两位为刀具补偿号。

例如：T0205

说明：选择 2 号刀，使用 5 号刀补。

刀具补偿号是刀具偏置补偿寄存器的地址号，该寄存器存放刀具的 X 轴和 Z 轴偏置补偿值、刀具的 X 轴和 Z 轴磨损补偿值。T 加补偿号表示开始补偿功能。补偿号为 00 表示补偿量为 0，即取消补偿功能。系统对刀具的补偿或取消都是通过拖板的移动来实现的，如图 7-3 所示。补偿号可以和刀具号相同，也可以不同，即一把刀具可以对应多个补偿号（值）。当指定补偿号后，数控装置自动在如表 7-1 和表 7-2 所示的刀偏数据表和刀补数据表中调取相应数据，计算刀具的实际偏置值。

表 7-1　刀偏数据表

刀 偏 号	X 偏 置	Z 偏 置	X 磨 损	Z 磨 损	试 切 直 径	试 切 长 度
#XX00	0.000	0.000	0.000	0.000	0.000	0.000
#XX01	0.000	0.000	0.000	0.000	0.000	0.000
#XX02	0.000	0.000	0.000	0.000	0.000	0.000
#XX03	0.000	0.000	0.000	0.000	0.000	0.000
#XX04	0.000	0.000	0.000	0.000	0.000	0.000
#XX05	0.000	0.000	0.000	0.000	0.000	0.000
#XX06	0.000	0.000	0.000	0.000	0.000	0.000
……	……	……	……	……	……	……

表 7-2 刀补数据表

刀 补 号	半 径	刀 尖 方 位
#XX00	0.000	3
#XX01	1.000	3
#XX02	3.000	3
#XX03	0.000	3
……	……	……

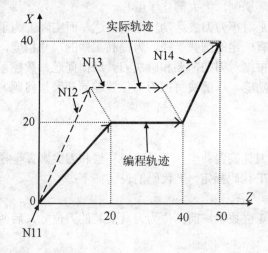

………

N11 T0202　　　　　　　（选刀，调入 2 号刀补）

N12 G01 X20 Z20　　　（移动，实现刀具偏置）

N13 Z40　　　　　　　　（正确加工）

N14 X40 Z50 T0200　　（取消刀补，在移动中消除刀具偏置）

………

图 7-3 刀补的建立与取消

1. 刀具偏置补偿

我们编程时描述的刀具运动轨迹，其实只是刀位点（即编程控制点，通常为刀尖点）的运动轨迹，而数控机床控制的是刀架基准点的运动，因此要将刀架基准点与刀位点建立联系。但由于刀具的几何形状及安装的不同，其刀位点位置是不一致的，当使用多把车刀加工时，换刀后刀位点的几何位置将出现差异，其相对于工件原点的距离也是不同的，这样就需要将各把刀的刀位点统一到一点上来。因此需要将各刀具的位置值进行比较或设定，称为刀具偏置补偿。刀具偏置补偿可使加工程序编制时不考虑刀具的安装位置差异。

刀具偏置补偿的设置方式有两种，分别介绍如下：

（1）绝对补偿形式

在对刀时，可以在刀偏数据表中直接输入 X 偏置值、Z 偏置值，或者通过输入试切直径、长度值，由数控装置自动计算 X 偏置值和 Z 偏置值。其步骤举例如下：

① 在手动数据输入模式（MDI）下，调出"刀具偏置表"（如表 7-1 所示），移动光标，选择欲设置的刀具偏置补偿号。

② 用选定的刀具试切工件端面，在刀偏表中"试切长度"栏，输入此时刀具在工件坐标系下的 Z 轴坐标值（设置前刀具不得有 Z 轴位移）。如编程时将工件原点设在工件前端面，即输入 0。系统自动计算出工件原点相对与该刀刀位点的 Z 轴距离，并将 Z 偏置数据填入表中。

③ 用同一把刀具试切工件外圆，在刀偏表中"试切直径"栏，输入此时刀具在工件坐标系下的 X 轴坐标值，即试切后测量得到的工件直径值（设置前不得有 X 轴位移）。系统自动计算出工件原点相对与该刀刀位点的 X 轴距离，并将 X 偏置数据填入表中。

换刀后，用下一把刀重复②～③步骤：即可得到各刀绝对刀偏值。

（2）相对补偿形式

在对刀时，确定一把刀为标准刀具，并以其刀位点位置为依据建立坐标系。这样，当其他各刀转到加工位置时，其刀位点位置相对标准刀具刀位点位置就会出现偏差，原来建立的坐标系就不再适用，因此应对非标刀具相对于标准刀具之间的偏置值在 X 方向和 Z 方向进行补偿，使其刀位点位置移至标准刀具刀位点位置。

如果有对刀仪，相对刀偏值的测量步骤是：

① 将标准刀具对刀，建立标准刀具刀偏数据，选择该偏置数据为标准刀具偏置数据，将标准刀具刀位点移到对刀仪十字中心。

② 在手动数据输入模式（MDI）下，将刀具当前位置设为相对零点。

③ 换刀后，将新换刀具的刀位点移到对刀仪十字中心，此时显示的相对值，即为该刀相对与标准刀具的刀偏值。将其输入刀偏数据表中对应偏置号的 X 偏置和 Z 偏置栏。

如果没有对刀仪，相对刀偏值的测量步骤是：

① 将标准刀具对刀，建立标准刀具刀偏数据，选择该偏置数据为标准刀具偏置数据，使用标准刀具试切工件端面，在手动数据输入模式（MDI）下，将刀具当前 Z 轴位置设为相对零点（设零前不得有 Z 轴位移）。

② 用标准刀具试切工件外圆，在手动数据输入模式（MDI）下，将刀具当前 X 轴位置设为相对零点（设零前不得有 X 轴位移）。此时，标准刀具已在工件上确定了一个基准点。当标准刀具在基准点位置时，也即在设置的相对零点位置；

③ 换刀后，将新换刀具移到工件上基准点的位置上，此时显示的相对值，即为该刀相对与标准刀具的刀偏值。将其输入刀偏数据表中对应偏置号的 X 偏置和 Z 偏置栏。

也可以通过输入试切直径、长度值，自动计算相对标准刀具的刀偏值。

2. 刀具磨损补偿

刀具磨损补偿是用来补偿由刀具磨损造成的工件超差，也可用来补偿对刀不准引起的误差。磨损补偿与刀具偏置补偿存放在同一个寄存器的地址号中。各刀的磨损补偿只对该刀有效（包括标准刀具），刀具磨损补偿是与刀具几何位置补偿同时通过 T 代码指令实现的，T 代码中的刀补号既是刀具几何位置补偿号，也是刀具磨损补偿号。

有的用户不习惯使用刀具磨损补偿，而使将工件的超差在刀具偏置补偿中修正。

3. 刀尖圆弧半径补偿

在理想状态下，我们认为车刀的刀尖是一个点。而实际中出于刀具寿命和零件表面质量的要求，车刀刀尖往往是由一小段半径不大的圆弧切削刃构成。当切削加工时刀具切削点在刀尖圆弧上变动；造成实际切削点与刀位点之间的位置有偏差，引起过切或欠切。在精加工中，为了保证零件的尺寸精度，需要对刀尖圆弧造成的加工误差进行补偿。另外，在加工具有光滑回转曲面的零件时，往往为了降低表面粗糙度采用圆头刀加工，为了方便按零件轮廓编程，也需要对刀具进行补偿。

常见的刀尖圆弧半径为 0.2 mm、0.4 mm、0.8 mm、1.2 mm。为使系统能够正确计算出刀具刀位点的实际运动轨迹，除了要给出刀尖圆弧半径外，还应给出刀具的理想刀尖位置号。各种刀具的理想刀尖位置号如图 7-4 所示。

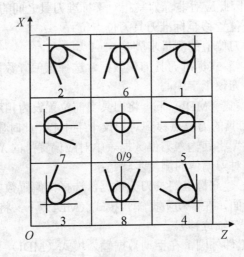

图 7-4　理想刀尖位置号

刀尖圆弧半径补偿功能通过 G41、G42、G40 指令建立和取消。可以在 MDI 方式下或数控程序中使用。当沿着刀具前进方向看过去，刀具在工件的左侧则采用左补偿，刀具在工件的右侧则采用右补偿（如图 7-5）。

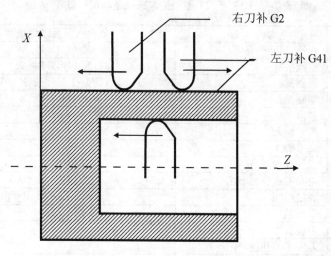

图 7-5　左刀补和右刀补

格式：G41

说明：刀尖圆弧半径左补偿。

格式：G42

说明：刀尖圆弧半径右补偿

格式：G40

说明：取消刀尖圆弧半径补偿，也可采用 TXX00 直接取消刀补。

G40、G41、G42 都是模态代码，可相互注销。这三个指令均没有参数，其补偿号（代表所用刀具对应的刀尖半径补偿值）由 T 代码指定。其刀尖圆弧补偿号与刀具偏置补偿号对应。需要注意的是刀尖圆弧半径补偿的建立/取消的效果，并非在执行了圆弧半径补偿指令后，立刻就在数控车床的刀架位置上反映出来。若要使刀具真正在位置上发生偏移，需要在圆弧补偿指令之后，必须再执行一个直线插补（G01）或快速移动（G00）指令，方可使刀具真正在位置上发生偏移。

7.2　数控车床编程指令

华中世纪星 HNC－21T 数控装置 G 功能指令可以参见表 7-3。表示相对坐标的 U、W 不能用于数控车床的循环指令 G80、G81、G82、G71、G72、G73、G76 程序段中，但是可以用于这些指令定义精加工轮廓的程序段中。

表 7-3　HNC−21T 型数控车床准备功能一览表

G 指 令		组	功　　　能	参数（后续地址字）
	G00		快速定位	X（U）_Z（W）_
★	G01	01	直线插补	X（U）_Z（W）_
	G02		顺圆插补	X（U）_Z（W）_I_K_ 或 X（U）_Z（W）_R_
	G03		逆圆插补	X（U）_Z（W）_I_K_ 或 X（U）_Z（W）_R_
	G04	00	暂停	P_
	G20	08	英寸输入	
★	G21		毫米输入	
	G28	00	返回到参考点	X（U）_Z（W）_
	G29		由参考点返回	X（U）_Z（W）_
	G32	01	螺纹切削	X_Z_R_E_P_F_
★	G36	16	直径编程	
	G37		半径编程	
★	G40		刀尖半径补偿取消	
	G41	09	左刀补	
	G42		右刀补	
	G53	00	直接机床坐标系编程	
★	G54		坐标系选择	
	G55		坐标系选择	
	G56	11	坐标系选择	
	G57		坐标系选择	
	G58		坐标系选择	
	G59		坐标系选择	
	G71		外径/内径车削复合循环	U_R_P_Q_X_Z_F_S_T_ 或 U_R_P_Q_E_F_S_T_
	G72		端面车削复合循环	W_R_P_Q_X_Z_F_S_T_
	G73	06	闭环车削复合循环	U_W_R_P_Q_X_Z_F_S_T_
	G76		螺纹切削复合循环	C_R_E_A_X_Z_I_K_U_V_Q_P_F_
	G80		内/外径车削固定循环	X_Z_I_F_
	G81		端面车削固定循环	X_Z_K_F_
	G82		螺纹切削固定循环	X_Z_I_R_E_C_P_F_
★	G90	13	绝对值编程	
	G91		增量值编程	
	G92	00	工件坐标系设定	X_Z_
★	G94	14	每分钟进给	
	G95		每转进给	
	G96	16	恒线速度有效	
★	G97		取消恒线速度	

① 00 组中的 G 代码是非模态的，其他组的 G 代码是模态的；

② ★标记者为所在组缺省值。

7.2.1 模式设置

1. 恒线速度指令（G96、G97）

格式：G96S_

说明：恒线速度有效。

S_值为切削的恒定线速度，单位为 m/min。

格式：G97S_

说明：取消恒线速度功能。

S_：为取消恒线速度后，指定的主轴转速，单位为 r/min。如缺省，则为执行 G96 指令前的主轴转速度。

要使用主轴恒线速度功能，主轴必须能自动变速。（如：伺服主轴、变频主轴）主轴的最高转速在系统参数中设定。

2. 直径方式和半径方式编程（G36、G37）

格式：G36

说明：直径值编程（缺省）。

格式：G37

说明：半径值编程。

车床上加工的工件形状通常是回转体，其 X 轴方向尺寸可以用两种方式加以指定：直径方式和半径方式。采用直径方式时，X 轴方向绝对坐标采用直径值，相对坐标采用实际偏离距离的 2 倍。采用半径方式时，X 轴方向绝对坐标采用半径值，相对坐标采用实际偏离距离。

例 7-1 按同样的轨迹分别用直径、半径编程，加工图 7-6 工件。

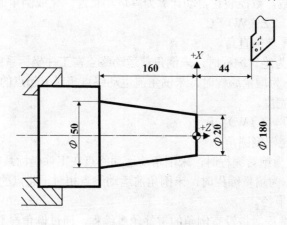

图 7-6 直径/半径编程

直径编程
%0001
N1 G36 M03 S400 F100
N2 G01 X20 W-44
N3 U30 Z-160
N4 G00 X180 Z44
N5 M30

半径编程
%0002
N1 G37 M03 S400 F100
N2 G01 X10 W-44
N3 U15 Z-160
N4 G00 X90 Z44
N5 M30

7.2.2 倒角加工

1. 直线尾端倒角

在车床加工的大量零件中，45°的倒角和圆角是很常见的结构。如果编制这些结构的数控加工程序时，使用直线插补或者是圆弧插补，那么坐标点的计算和指令的使用会使工作变得繁琐。为了方便编程，指令系统中提供了用于在直线插补尾部倒角的参数，在编程时只需直接指定倒角参数，数控装置自动计算刀具运动轨迹，完成倒角的正确加工。

格式：G01X（U）_Z（W）_C_
说明：直线插补尾端倒直角。

　　X_、Z_：为绝对编程时，未倒角前运动终点在工件坐标系中的坐标。

　　U_、W_：为增量编程时，未倒角前运动终点相对于起点的偏移量。

　　C_：倒角宽度。

格式：G01X（U）_Z（W）_R_
说明：直线插补尾端倒圆角。

　　X_、Z_：为绝对编程时，未倒角前运动终点在工件坐标系中的坐标。

　　U_、W_：为增量编程时，未倒角前运动终点相对于起点的偏移量。

　　R_：圆角半径。

如图 7-7 所示，编程时按没有倒角的零件轮廓编程，通过倒角参数描述倒角加工。数控装置通过预读后面的程序段，自动判断倒角的方向，所以在编程时无需考虑参数的正负。在螺纹切削程序段中不能使用倒角控制参数。

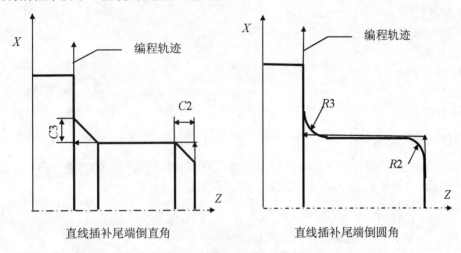

直线插补尾端倒直角　　　　　　　　直线插补尾端倒圆角

图 7-7　直线插补尾端倒角

例 7-2　完成如图 7-8 所示零件的精加工。

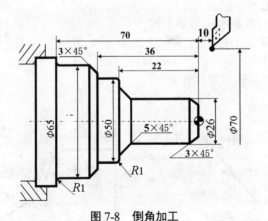

图 7-8　倒角加工

```
%0001
N1 G00 Z1 M03 S500
N2 X0
N3 G01 Z0 F80
N4 X26 C3
N5 Z22 C5
```

N6 X50 R1
N7 Z36
N8 X65 C3
N9 Z70 R1
N10 X70
N11 G00 Z10
N12 M05
N13 M30

2. 圆弧尾端倒角

正如在直线插补指令后加参数，可以完成在直线插补尾端倒角的功能一样，在圆弧插补指令的后面增加参数，也可以在圆弧插补运动的尾端进行倒角。

格式： $\left.\begin{matrix} G02 \\ G03 \end{matrix}\right\}$ X（U）_ Z（W）_ $\left.\begin{matrix} I\_K\_ \\ R\_ \end{matrix}\right\}$ $\left.\begin{matrix} RL=\_ \\ RC=\_ \end{matrix}\right\}$ F_

说明： 圆弧插补尾端倒直角或圆角。

X_、Z_：为绝对编程时，未倒角前运动终点在工件坐标系中的坐标。

U_、W_：为增量编程时，未倒角前运动终点相对于起点的偏移量。

I_、K_：圆弧圆心相对于当前位置（圆弧起点）在 X 轴、Z 轴的偏移量。

R_：圆弧的半径。

RL=_：倒角宽度，必须大写。

RC=_：圆角半径，必须大写。

F_：进给速度。

例 7-3 加工如图 7-9 所示零件。

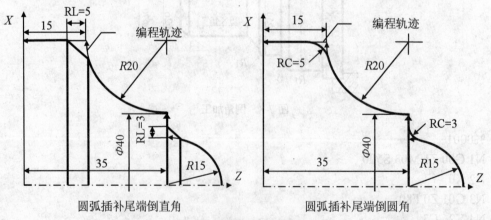

圆弧插补尾端倒直角　　　　　　圆弧插补尾端倒圆角

图 7-9　圆弧插补尾端倒角

圆弧插补尾端倒直角。

```
%0001
G00X0Z55
M03S500F100
G01Z50
G03U30W-15R15RL=3
G01X40
G02U40W-20R20RL=5
G01W-15
M30
```

圆弧插补尾端倒圆角。

```
%0002
G00X0Z55
M03S500F100
G01Z50
G03U30W-15R15RC=3
G01X40
G02U40W-20R20RC=5
G01W-15
M30
```

7.2.3　螺纹加工

1. 螺纹切削（G32）

格式：G32X（U）_Z（W）_R_E_P_F_

说明：切削一条螺纹线的一次走刀。

　　　X_、Z_：为绝对编程时，有效螺纹终点在工件坐标系中的坐标。

　　　U_、W_：为增量编程时，有效螺纹终点相对于起点的偏移量。

　　　R_：Z 向尾退量。

　　　E_：X 向尾退量。

　　　P_：螺纹始点角。

　　　F_：螺纹导程。螺纹导程＝螺纹螺距×螺纹头数。

如图 7-10，使用 R、E 可免去退刀槽。R、E 在绝对或增量编程时都是以增量方式指定，其为正表示沿 Z、X 正向回退，为负表示沿 Z、X 负向回退。R、E 可以省略，表示不使用尾退功能。根据螺纹标准，R 一般取 0.75~1.75 倍的螺距，E 取螺纹的牙型高。螺纹起始角是指主轴基准脉冲处距离螺纹切削起始点的主轴转角，加工双头螺纹时，这个参数分别使用 0 和 180。使用 G32 指令能加工圆柱螺纹、锥螺纹和端面螺纹。螺纹车削加工为成型车削，且切削进给量较大，刀具强度较差，一般要求分数次进给加工，切削次数及每次吃刀量见表 7-4。

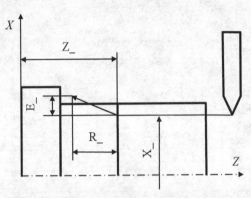

图 7-10　G32 运动方式和参数

表 7-4　为常用螺纹切削的进给次数与吃刀量

米 制 螺 纹							
螺距	1.0	1.5	2	2.5	3	3.5	4
牙深（半径量）	0.649	0.974	1.299	1.624	1.949	2.273	2.598
（直径量）切削次数及吃刀量　1 次	0.7	0.8	0.9	1.0	1.2	1.5	1.5
2 次	0.4	0.6	0.6	0.7	0.7	0.7	0.8
3 次	0.2	0.4	0.6	0.6	0.6	0.6	0.6
4 次		0.16	0.4	0.4	0.4	0.6	0.6
5 次			0.1	0.4	0.4	0.4	0.4
6 次				0.15	0.4	0.4	0.4
7 次					0.2	0.2	0.4
8 次						0.15	0.3
9 次							0.2

　　在螺纹加工中不能使用恒定线速度功能，从螺纹粗加工到精加工，主轴的转速必须保持不变。由于机床运动部件的速度改变存在加速和减速阶段，所以螺纹加工轨迹中应设置足够的升速进刀段和降速退刀段，以消除伺服滞后造成的螺距误差。在主轴旋转的情况下，严禁停止螺纹切削的进给运动。因此在螺纹切削时，机床的进给保持功能无效，如果此时按下面板上的进给保持按键，刀具直到加工完螺纹后才会停止运动，进入进给保持状态。

例 7-4 对图 7-11 所示的圆柱螺纹编程。螺纹导程为 1.5 mm，升速进刀段 1.5 mm，牙深（半径值）0.974 mm，每次吃刀量（直径值）分别为 0.8 mm、0.6 mm、0.4 mm、0.16 mm。Z 向尾退量为 1 倍螺距。

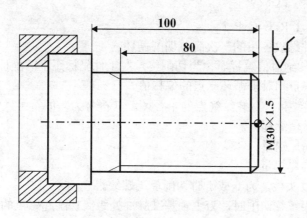

图 7-11 螺纹加工

```
%0010
N1 G00 X40 Z10                      （快速接近工件）
N2 M03 S300                         （主轴以 300 r/min 旋转）
N3 G00 X29.2 Z1.5                   （到螺纹起点，升速段 1.5 mm，吃刀深 0.8 mm）
N4 G32 Z-80 R1.5 E0.974 F1.5        （切削螺纹到螺纹切削终点，尾退）
N5 G00 X32                          （X 轴方向快退）
N6 Z1.5                             （Z 轴方向快退到螺纹起点处）
N7 X28.6                            （X 轴方向快进到螺纹起点处，吃刀深 0.6 mm）
N8 G32 Z-80 R1.5 E0.974 F1.5        （切削螺纹到螺纹切削终点，尾退）
N9 G00 X32                          （X 轴方向快退）
N10 Z1.5                            （Z 轴方向快退到螺纹起点处）
N11 X28.2                           （X 轴方向快进到螺纹起点处，吃刀深 0.4 mm）
N12 G32 Z-80 R1.5 E0.974 F1.5       （切削螺纹到螺纹切削终点，尾退）
N13 G00 X32                         （X 轴方向快退）
N14 Z1.5                            （Z 轴方向快退到螺纹起点处）
N15 X28.04                          （X 轴方向快进到螺纹起点处，吃刀深 0.16 mm）
N16 G32 Z-80 R1.5 E0.974 F1.5       （切削螺纹到螺纹切削终点，尾退）
N17 G00 X40                         （X 轴方向快退）
N18 Z10                             （Z 轴方向快退）
```

N19 M05　　　　　　　　　　　　　（主轴停）

N20 M30　　　　　　　　　　　　　（程序结束）

2. 螺纹切削循环（G82）

格式：G82X_ Z_ I_ R_ E_ C_ P_ F_

说明：完成工件螺纹各头的一次简单切削循环。

X_、Z_：绝对值编程时，为切削终点在工件坐标系下的坐标。增量值编程时，为螺纹终点相对于循环起点的偏移值。

I_：为螺纹起点与螺纹终点的半径差。其符号为差的符号（无论是绝对值编程还是增量值编程）。

R_：Z向尾退量。

E_：X向尾退量。

C_：螺纹头数，为0或1时切削单头螺纹。

P_：单头螺纹切削时，为主轴基准脉冲处距离切削起始点的主轴转角（缺省值为0）。多头螺纹切削时，为相邻螺纹头的切削起始点之间对应的主轴转角。

F_：螺纹导程。

螺纹切削循环，如图7-12，同G32螺纹切削一样，在进给保持状态下，该循环在完成全部动作之后才停止运动。R_、E_也可以省略，表示不使用尾退功能。

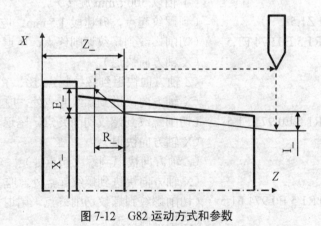

图 7-12　G82 运动方式和参数

3. 螺纹切削复合循环（G76）

格式：G76C_ R_ E_ A_ X_ Z_ I_ K_ U_ V_ Q_ P_ F_

说明：采用单边切削方式完成由螺纹的粗精加工。

C_：精整次数（1～99），为模态值。

R_：螺纹 Z 向尾退长度（0～99），为模态值。

E_：螺纹 X 向尾退长度（0～99），为模态值。

A_：刀尖角度（二位数字），为模态值；在 80°、60°、55°、30°、29° 和 0° 六个角度中选一个。

X_Z_：绝对值编程时，为有效螺纹终点的坐标；增量值编程时，用 G91 指令定义为增量编程，该参数为有效螺纹终点相对于循环起点的有向距离，使用后用 G90 定义为绝对编程。

I_：螺纹两端的半径差，如 I0，为直螺纹（圆柱螺纹）切削方式。

K_：螺纹高度，该值由 X 轴方向上的半径值指定。

U_：精加工余量（半径值）。

V_：最小切削深度（半径值），当某次切削深度，小于该值时，则以该值为切削深度。

Q_：第一次切削的切削深度（半径值）。

P_：主轴基准脉冲处距离切削起始点的主轴转角。

F_：螺纹导程。

螺纹切削固定循环 G76 执行如图 7-13 所示的加工轨迹。

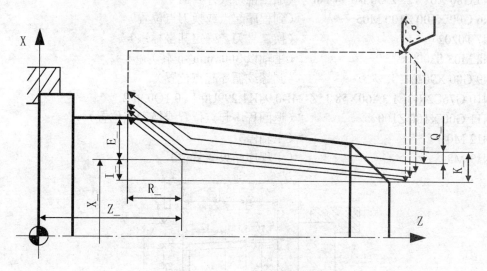

图 7-13　G76 运动方式和参数

　　G76 循环采用单边切削方式，其单边切削形式及参数如图 7-14 所示，这种切削方式能改善刀具切削状态，减小刀尖的受力。第一次切削时切削深度由 Q_ 参数指定，以后每次切深依次递减。

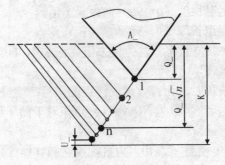

图 7-14 单边切削

例 7-5 用螺纹切削复合循环 G76 指令编程，工件尺寸见图 7-15。

```
%0120
N1 G00 X100 Z100              （换一号刀，确定其坐标系）
N2 T0101                      （到程序起点或换刀点位置）
N3 M03 S400                   （主轴以 400r/min 正转）
N4 G00 X90 Z4                 （到简单循环起点位置）
N5 G80 X61.125 Z-30 I-0.94 F80 （加工锥螺纹外表面）
N6 G00 X100 Z100 M05         （到程序起点或换刀点位置）
N7 T0202                      （换二号刀，确定其坐标系）
N8 M03 S300                   （主轴以 300r/min 正转）
N9 G00 X90 Z4                 （到螺纹循环起点位置）
N10 G76C2R-3E1.3A60X58.15Z-24I-0.94K1.299U0.1V0.1Q0.9F2
N11 G00 X100 Z100            （返回程序起点位置或换刀点位置）
N12 M05                       （主轴停）
N13 M30                       （主程序结束并复位）
```

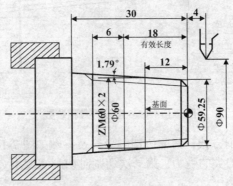

图 7-15 螺纹复合加工

7.2.4　简单切削循环

简单切削循环通常是用一个含 G 代码的程序段完成用多个程序段指令的加工操作，使程序得以简化。

1.　内（外）径切削循环（G80）

格式：G80X_Z_I_F_

说明：完成工件内（外）径的一次简单切削循环。

　　　X_、Z_：绝对值编程时，为切削终点在工件坐标系下的坐标。增量值编程时，为切削终点相对于循环起点的偏移值。

　　　I_：为切削起点与切削终点的半径差。其符号为差的符号（无论是绝对值编程还是增量值编程）。为 0 时可以省略。

　　　F_：进给速度。

适用于大长度或长度方向上的切除量大于直径方向上的切除量的加工，如图 7-16。

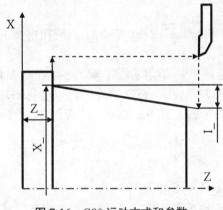

图 7-16　G80 运动方式和参数

2.　端面切削循环（G81）

格式：G81X_Z_K_F_

说明：完成工件端面的一次简单切削循环。

　　　X_、Z_：绝对值编程时，为切削终点在工件坐标系下的坐标。增量值编程时，为切削终点相对于循环起点的偏移值。

　　　K_：为切削起点相对于切削终点的 Z 向偏移值。为 0 时可以省略。

　　　F_：进给速度。

适用于大直径或直径方向上的切除量大于长度方向上的切除量的加工，如图 7-17。

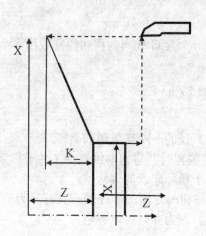

图 7-17　　G81 运动方式和参数

7.2.5　复合切削循环

　　运用这组复合切削循环指令，只需指定精加工路线和粗加工的吃刀量，系统会自动计算粗加工路线和走刀次数。

　　G71，G72，G73 复合循环中 P_指定的程序段，应有 G00 或 G01 指令，否则产生报警。在 MDI 方式下，不能运行 G71、G72、G73 指令，可以运行 G76 指令。在复合循环 G71，G72，G73 中由 P_Q_指定的精加工程序段之中，不应包含 M98 子程序调用及 M99 子程序返回指令。

　　1.　内（外）径粗车复合循环（G71）

　　格式：G71U_R_P_Q_X_Z_F_S_T_
　　　　　 G71U_R_P_Q_E_F_S_T_

　　说明：完成由直线、圆弧组合母线的回转体工件内（外）径粗车加工，采用平行于 Z
　　　　　 轴的分层切削方式。第一种格式适用于无凹槽的工件，如图 7-18，第二种格式
　　　　　 适用于有凹槽的工件，如图 7-19。

　　　　　 U_：粗车每一层切削深度，为无符号参数。

　　　　　 R_：每完成粗车一层后的退刀量。

　　　　　 P_：描述刀具精加工轨迹的第一个程序段号。

　　　　　 Q_：描述刀具精加工轨迹的最后一个程序段号。

　　　　　 X_：X 方向保留的精加工余量。

　　　　　 Z_：Z 方向保留的精加工余量。

　　　　　 E_：保留的精加工余量，为 X 方向的等高距离。

　　F_S_T_：粗加工时使用的 F、S、T，与精加工程序段中指定的 F_S_T_无关。

　　精加工余量的留出方向如果与坐标轴正向相同，则参数为正，否则为负。由于系统需要有能够描述零件外形的精加工程序段，才能计算出相应的粗加工刀具运动轨迹，因此 G71 指令必须带有 P_Q_参数，且其参数值必须与精加工程序段相应的起始段号、终止段号相对应，否则不能进行该循环加工。

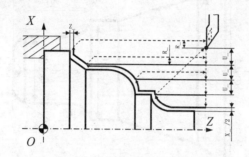

图 7-18　加工无凹槽工件 G71 运动方式和参数

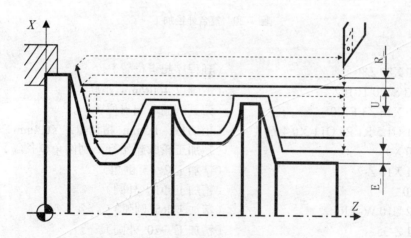

图 7-19　加工带凹槽工件 G71 运动方式和参数

　　该指令适用于毛坯为棒料，且长度较大或长度方向上的切除量大于直径方向上的切除量的工件加工。

　　例 7-6　用外径粗加工复合循环编制图 7-20 所示零件的加工程序：要求循环始点在 A（46，3），切削深度为 1.5 mm（半径量），退刀量为 1 mm，X 方向精加工余量为 0.4 mm，Z 方向精加工余量为 0.1 mm，其中点划线部分为工件毛坯。

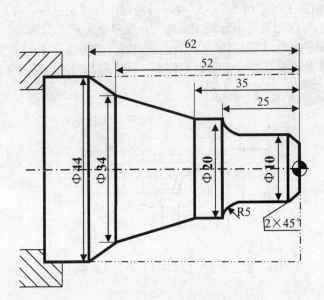

图 7-20　复合外径加工

```
%0080
N1 G00 X80 Z80                          （到程序起点位置）
N2 M03 S400 T0102                       （主轴以 400r/min 正转）
N3 G00 X46 Z3 F100                      （刀具到循环起点位置）
N4 G71 U1.5 R1 P5 Q11 X0.4 Z0.1         （粗切量：1.5mm 精切量：X0.4mm Z0.1mm）
N5 G00 X0                               （精加工轮廓起始行，到倒角延长线）
N6 G01 X10 Z-2                          （精加工 2×45°倒角）
N7 Z-20                                 （精加工 Φ10 外圆）
N8 G02 U10 W-5 R5                       （精加工 R5 圆弧）
N9 G01 Z-35                             （精加工 Φ20 外圆）
N10 X34 Z-52                            （精加工外圆锥）
N11 X44 Z-62                            （精加工外圆锥）
N12 X50                                 （退出已加工面）
N13 G00 X80 Z80                         （回对刀点）
N14 M05                                 （主轴停）
N15 M30                                 （主程序结束并复位）
```

例 7-7　用有凹槽的外径粗加工复合循环编制图 7-21 所示零件的加工程序，其中点划线部分为工件毛坯。

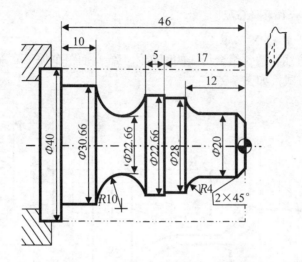

图 7-21　凹槽零件加工

%0090

N1 G00 X80 Z100　　　　　　　　　　　　　（到程序起点）

N2 T0101 M03 S400　　　　　　　　　　　　（换一号刀，主轴以 400r/min 正转）

N3 G00 X42 Z3　　　　　　　　　　　　　　（到循环起点位置）

N4 G71 U1 R1 P8 Q17 E0.3 F100　　　　　　（有凹槽粗切循环加工）

N5 G00 X80 Z100　　　　　　　　　　　　　（粗加工后，到换刀点位置）

N6 T0202　　　　　　　　　　　　　　　　　（换二号刀，确定其坐标系）

N7 G00 G42 X42 Z3　　　　　　　　　　　　（二号刀建立刀尖园弧半径补偿）

N8 G00 X10　　　　　　　　　　　　　　　　（精加工轮廓开始，到倒角延长线处）

N9 G01 X20 Z-2 F80　　　　　　　　　　　　（精加工倒 2×45°角）

N10 Z-8　　　　　　　　　　　　　　　　　　（精加工 Φ20 外圆）

N11 G02 X28 Z-12 R4　　　　　　　　　　　（精加工 R4 圆弧）

N12 G01 Z-17　　　　　　　　　　　　　　　（精加工 Φ28 外圆）

N13 X26.66　　　　　　　　　　　　　　　　（精加工台阶）

N14 W-5　　　　　　　　　　　　　　　　　　（精加工 Φ26.66 外圆槽）

N15 G02 X30.66 Z-36 R10　　　　　　　　　（精加工 R10 下切圆弧）

N16 G01 W-10　　　　　　　　　　　　　　　（精加工 Φ30.66 外圆）

N17 X40　　　　　　　　　　　　　　　　　　（退出已加工表面，精加工轮廓结束）

N18 G00 G40 X80 Z100　　　　　　　　　　（取消半径补偿，返回换刀点位置）

N19 M30　　　　　　　　　　　　　　　　　　（主轴停、主程序结束并复位）

2. 端面粗车复合循环（G72）

格式：G72W_R_P_Q_X_Z_F_S_T_

说明：完成由直线、圆弧组合母线的回转体工件端面粗车加工，采用平行于 X 轴的分层切削方式，如图 7-22。

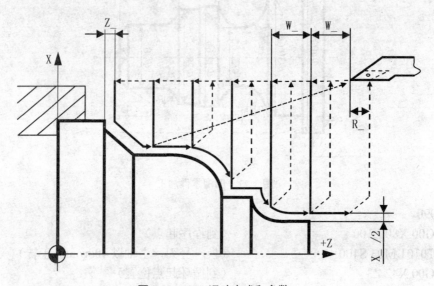

图 7-22　G72 运动方式和参数

W_：粗车每一层切削深度，无符号参数。

R_：完成粗车一层后的退刀量。

P_：描述精加工路径的第一个程序段号。

Q_：描述精加工路径的最后一个程序段号。

X_：X 方向保留的精加工余量。

Z_：Z 方向保留的精加工余量。

F_S_T_：粗加工时使用的 F、S、T，与精加工程序段中指定的 F_S_T_无关。

精加工余量的留出方向如果与坐标轴正向相同，则参数为正，否则为负。该循环与 G71 的区别在于切削方向平行于 X 轴。描述刀具精加工轨迹的第一个程序段必须为 G00/G01 指令，且该程序段中不应编有 X 向移动指令。

该指令适用于以毛坯为棒料，且直径较大或直径方向上的切除量大于长度方向上的切除量的工件加工。

例 7-8　编制图 7-23 所示零件的加工程序。要求循环起始点在 A（80，1），切削深度为 1.2 mm，退刀量为 1 mm，X 方向精加工余量为 0.2 mm，Z 方向精加工余量为 0.5 mm，其中点划线部分为工件毛坯。

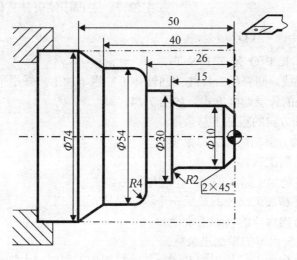

图 7-23 零件图

%0100

N1 G00 X100 Z80   （到程序起点或换刀点位置）

N2 T0101   （换一号刀）

N3 M03 S400   （主轴以 400r/min 正转）

N4 X80 Z1   （到循环起点位置）

N5 G72W1.2R1P8Q17X0.2Z0.5F100   （外端面粗切循环加工）

N6 G00 X100 Z80   （粗加工后，到换刀点位置）

N7 G42 X80 Z1   （加入刀尖园弧半径补偿）

N8 G00 Z-53   （精加工轮廓开始，到锥面延长线处）

N9 G01 X54 Z-40 F80   （精加工锥面）

N10 Z-30   （精加工 Φ54 外圆）

N11 G02 U-8 W4 R4   （精加工 $R4$ 圆弧）

N12 G01 X30   （精加工 Z26 处端面）

N13 Z-15   （精加工 Φ30 外圆）

N14 U-16   （精加工 Z15 处端面）

N15 G03 U-4 W2 R2   （精加工 $R2$ 圆弧）

N16 Z-2   （精加工 Φ10 外圆）

N17 U-6 W3   （精加工倒 2×45°角，精加工轮廓结束）

N18 G00 X50   （退出已加工表面）

N19 G40 X100 Z80   （取消半径补偿，返回程序起点位置）

N20 M30 （主轴停、主程序结束并复位）

3. 闭环车削复合循环（G73）

格式：G73U_W_R_P_Q_X_Z_F_S_T_

说明：完成由直线、圆弧组合母线的回转体工件粗车加工，采用平行于精加工时刀具运动轨迹的分层切削方式，如图 7-24。

　　U_：X 轴方向的粗加工总余量。

　　W_：Z 轴方向的粗加工总余量。

　　R_：粗切削次数。

　　P_：描述精加工路径的第一个程序段号。

　　Q_：描述精加工路径的最后一个程序段号。

　　X_：X 方向保留的精加工余量。

　　Z_：Z 方向保留的精加工余量。

　　F_S_T_：粗加工时使用的 F、S、T，与精加工程序段中指定的 F_S_T_无关。

　　适用于毛坯为铸造件或锻造件、已初步具备零件形状的工件加工，能进行高效率加工。每次 X，Z 方向的切削量为该方向上的粗加工总余量除以切削次数。要注意精加工余量参数和粗加工余量参数的正负。

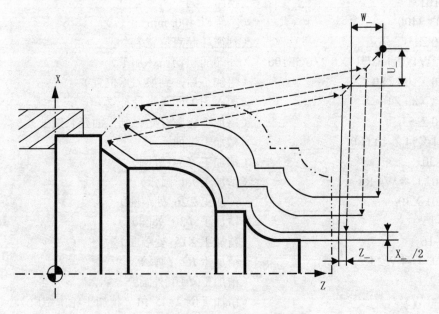

图 7-24　G73 运动方式和参数

例 7-9 编制图 7-25 所示零件的加工程序：设切削起始点在 A（60，5）；X、Z 方向粗加工余量分别为 3 mm、0.9 mm；粗加工次数为 3；X、Z 方向精加工余量分别为 0.6 mm、0.1 mm。其中点划线部分为工件毛坯。

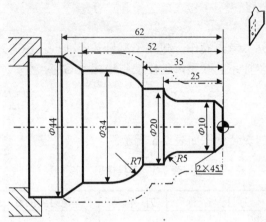

图 7-25　零件图

%0110
N1 G00 X80 Z80	（到程序起点位置）
N2 M03 S400 T0101	（主轴以 400 r/min 正转）
N3 G00 X60 Z5	（到循环起点位置）
N4 G73U3W0.9R3P5Q13X0.6Z0.1F120	（闭环粗切循环加工）
N5 G00 X0 Z3	（精加工轮廓开始，到倒角延长线处）
N6 G01 U10 Z-2 F80	（精加工倒 2×45°角）
N7 Z-20	（精加工 $\varPhi$10 外圆）
N8 G02 U10 W-5 R5	（精加工 R5 圆弧）
N9 G01 Z-35	（精加工 $\varPhi$20 外圆）
N10 G03 U14 W-7 R7	（精加工 R7 圆弧）
N11 G01 Z-52	（精加工 $\varPhi$34 外圆）
N12 U10 W-10	（精加工锥面）
N13 U10	（退出已加工表面，精加工轮廓结束）
N14 G00 X80 Z80	（返回程序起点位置）
N15 M30	（主轴停、主程序结束并复位）

7.3 数控车床编程实例

7.3.1 机床状态

机床已上电，完成回参考点操作，建立了测量基础准点。各把刀具已经完成对刀，建立了工件坐标系与机床坐标系的联系，使用缺省坐标系 G54。

7.3.2 刀具状态

各个刀位上的刀具的安装状态如表 7-5 所示。

表 7-5　刀具情况

刀　位	刀 具 名 称	刀 补 号	理想刀尖位置	备　注
1	外圆粗车刀	01	3	主偏角 93 度
2	外圆精车刀	02	3	主偏角 93 度
3	外圆螺纹刀	03	8	刀尖角 60 度
4	切断刀	04	3	刀宽 4mm

7.3.3 切削参数

外圆粗车采用切削速度 500 r/min，切削深度 2.5 mm，进给速度 150 mm/min。

外圆精车采用切削速度 800 r/min，切削深度 0.5 mm，进给速度 80 mm/min。

切槽采用切削速度 300 r/min，进给速度 15 mm/min。

螺纹车削采用切削速度 400 r/min，切削次数和切削深度参见表 7-4。

7.3.4 编程实例

例 7-10　编制图 7-26 所示零件的加工程序。工件材质为 45# 钢，毛坯为直径 Φ50 mm、长 150 mm 的棒料。

① 工件坐标系建立：

根据零件的尺寸标注，确定工件坐标系原点位于工件的右端面中心点。端面加工余量 1 mm。

② 工艺过程设计如下：

沿轴线进刀，粗车外表面；

切槽；

沿轴线进刀，精车外表面（需要补偿到尖半径）；

切螺纹；

切断（为改善切削条件，采用梯次进刀）。

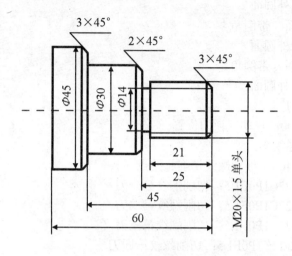

图 7-26　零件图

③ 程序编制如下：

%0001

N1　G00X200Z200；移动到换刀位置

T0101；换外圆粗车刀

M03S500F150；主轴旋转

X55Z2；靠近工件

G71U2.5R1P10Q11X0.5Z0.2；粗加工复合循环

N2　G00X200Z200；移动到换刀位置

T0303；换切断刀

Z-25；移动位置

X24；靠近工件

G01X14S300F15；切槽

G04P2；暂停 2 秒

G00X24；退刀

N3　X200Z200；移动到换刀位置

T0202；换外圆精车刀

G42G00X55Z2；靠近工件，建立右补偿

N10 G00X0；精加工程序段，移动至轴线

G01Z0S800F80；切至端面中心

X20C3；切端面，带倒角

Z-25；切直径 20 外圆面

X30C2；切轴肩面，带倒角

Z-45；切直径 30 外圆面

X45C3；切轴肩面，带倒角

Z-65；切直径 45 外圆面

N11 G00X55 退刀

N4　G40X200Z200；移动置换刀位置

　　T0404；换螺纹车刀

　　G00X20Z5S400；移到螺纹切削起始点

　　G82X19.2Z-22C1P0F1.5；切削螺纹第一刀

　　G82X18.6Z-22C1P0F1.5；切削螺纹第二刀

　　G82X18.2Z-22C1P0F1.5；切削螺纹第三刀

　　G82X18.04Z-22C1P0F1.5；切削螺纹第四刀

N5　G00X200Z200；移动至换刀位置

　　T0303；换切断刀

　　X46Z-64S300F15；移动至切断位置

　　M98P0002L6；调用进刀子程序 6 次

　　G00X200Z200；移动至换刀位置

M05；主轴停止

M30；程序复位

%0002

G01U-9；切入

　　G00U9；退出

　　W-1；移位

G01U-9；切入

G00U9；退出

W1；移位

M99；子程序返回

例 7-11　编制图 7-27 所示零件的加工程序。工件材质为 45#钢，毛坯为直径 Φ55 mm、长 140 mm 的棒料。

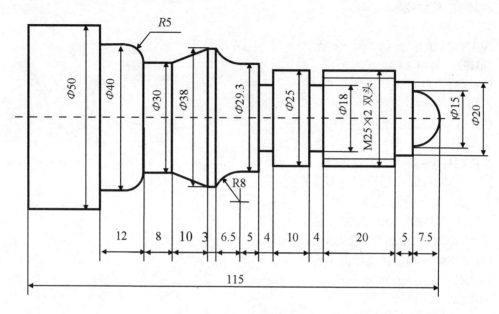

图 7-27　零件图

① 工件坐标系建立：

根据零件的尺寸标注，确定工件坐标系原点位于工件的右端面中心点。端面加工余量1 mm。

② 工艺过程设计如下：

沿轴线进刀，粗车外表面；

切槽；

沿轴线进刀，精车外表面（需要补偿到尖半径）；

切螺纹；

切断（为改善切削条件，采用梯次进刀）。

③ 程序编制如下：

%0001

N1　G00X200Z200；移动到换刀位置

T0101；换外圆粗车刀

M03S500F150；主轴旋转

X58Z2；靠近工件

G71U2.5R1P10Q11E0.5；粗加工复合循环

N2　G00X200Z200；移动到换刀位置

T0303；换切断刀

Z-36.5；移动位置

X31；靠近工件

G01X18S300F15；切第一个槽

G04P2；暂停 2 秒

G00X31；退刀

Z-50.5；移动位置

G01X18；切第二个槽

G04P2；暂停 2 秒

G00X31；退刀

N3 X200Z200；移动到换刀位置

T0202；换外圆精车刀

G42G00X56Z2；靠近工件，建立右补偿

N10 G00X0；精加工程序段，移动至轴线

G01Z0S800F80；切至端面中心

G03X15W-7.5R7.5；加工球头

G01X20；切台阶面

W-5；切直径 20 外圆面

X25；切台阶面

W-38；切直径 25 外圆面

X29.3；切台阶面

W-5；切直径 29.3 外圆面

G02X38W-6.5R8；加工 R8 圆弧面

G01W-3；切直径 38 外圆面

X30W-10；切圆锥面

W-8；切直径 30 外圆面

G03X40W-5R5；加工 R5 圆弧面

G01W-7；切直径 40 外圆面

X50；切台阶面

Z-117；切直径 50 外圆面

N11 G00X56 退刀

N4 G40X200Z200；移动置换刀位置

T0404；换螺纹车刀

    G00X27Z-8S400；移到螺纹切削起始点

    G76C2A60X22.402Z-35I0K1.299U0.1V0.1Q0.9P0F4；切削第一条螺纹

    G76C2A60X22.402Z-35I0K1.299U0.1V0.1Q0.9P180F4；切削第二条螺纹

N5　G00X200Z200；移动至换刀位置

　　　T0303；换切断刀

　　　X56Z-119S300F15；移动至切断位置

　　　M98P0002L7；调用进刀子程序 7 次

　　　G00X200Z200；移动至换刀位置

M05；主轴停止

M30；程序复位

%0002

G01U-9；切入

　　　G00U9；退出

　　　W-1；移位

G01U-9；切入

G00U9；退出

W1；移位

M99；子程序返回

7.4　思　考　题

1．试述数控车床编程的特点。

2．如图 7-28 所示零件，刀具 T1 为外圆粗车刀，T2 为外圆精车刀，T3 为切断刀，毛坯为棒料：直径 27 mm，长度 80 mm，试编制加工程序。

3．如图 7-29 所示零件，刀具 T1 为外圆粗车刀，T2 为外圆精车刀，T3 为切断刀，毛坯为棒料：直径 53 mm，长度 100 mm，试编制加工程序。

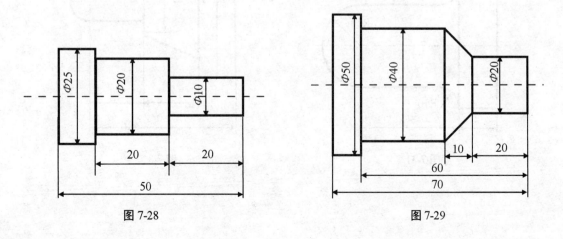

图 7-28　　　　　　　　　　　　　　　　　　图 7-29

4. 如图 7-30 所示零件，刀具 T1 为外圆粗车刀，T2 为外圆精车刀，T3 为切断刀，毛坯为棒料：直径 43 mm，长度 100 mm，试编制加工程序。

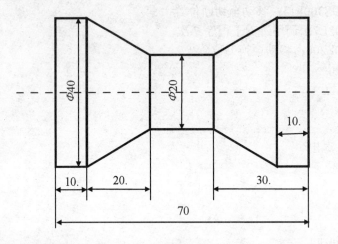

图 7-30

5. 如图 7-31 所示零件，刀具 T1 为外圆粗车刀，T2 为外圆精车刀，T3 为切断刀，毛坯为棒料：直径 45 mm，长度 100 mm，试编制加工程序。

6. 如图 7-32 所示零件，刀具 T1 为外圆粗车刀，T2 为外圆精车刀，T3 为切断刀，毛坯为铸件留有余量 8～15 mm，试编制加工程序。

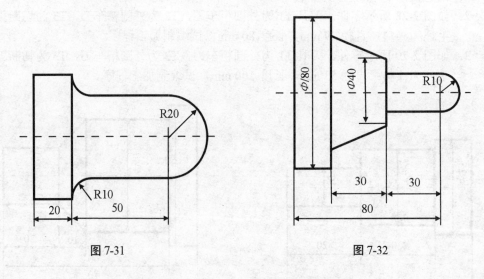

图 7-31   图 7-32

第8章 加工中心编程

本章将以华中数控 HNC-21M 世纪星数控加工中心为例，对加工中心的编程特点和编程方法进行介绍。

8.1 加工中心编程概述

8.1.1 加工中心机床坐标系

1. 机床坐标系

根据数控机床坐标系的判定规则，可以判定加工中心的坐标轴方向如图 8-1 所示。

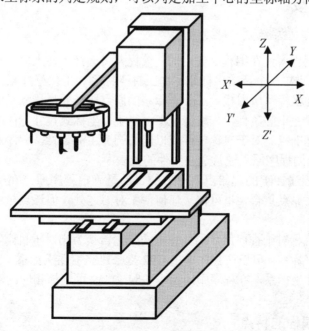

图 8-1 立式加工中心坐标系

　　Z 轴——平行于主轴轴线，刀具远离工件方向为坐标轴正向。

　　X 轴——从主轴看向机床立柱，观察者的右手方向为坐标轴正向。

　　Y 轴——与 X 轴、Y 轴垂直，以右手定则判定该坐标轴正向。

　　需要注意的是在机床上，各坐标轴的正方向均是指刀具相对于工件的运动正方向，如果描述的是工件相对于刀具的运动，则使用 X'、Y'、Z' 来描述，无论采用哪种描述，在编程时一律按刀具相对工件发生运动的情况进行处理，也就是使用 X、Y、Z 坐标方向来描述加工运动。

2. 机床零点和机床参考点

　　机床坐标系是机床固有的坐标系，机床坐标系的原点也称为机床原点或机床零点，在机床经过设计制造和调整后，这个原点便被确定下来，它是固定的点。数控装置上电时并不知道机床零点位置，每个坐标轴的机械行程是由最大和最小限位开关来限定的。为了正确地在机床工作时建立机床坐标系，通常在每个坐标轴的移动范围内设置一个机床参考点（测量起点）。机床起动时通常要进行机动或手动回参考点，以建立机床坐标系。机床参考点可以与机床零点重合，也可以不重合，通过设置参数可以指定机床参考点到机床零点的距离，机床回到了参考点位置，也就知道了该坐标轴的零点位置。找到所有坐标轴的参考点，数控装置就建立起了机床坐标系。机床坐标轴的有效行程范围是由软件限位来界定的，其值由制造商定义。

3. 工件坐标系、程序原点和对刀点

　　工件坐标系是编程人员在编程时使用的，编程人员选择工件上的某一已知点作为原点（也称程序原点），建立一个新的坐标系称为工件坐标系。工件坐标系一旦建立便一直有效，直到被新的工件坐标系所取代。工件坐标系的原点选择要尽量满足编程简单、尺寸换算少、引起的加工误差小等条件，一般情况下，对于以坐标式尺寸标注的零件，程序原点应选在尺寸标注的基准点。对于对称零件或以同心圆为主的零件，程序原点应选在对称中心线或圆心上。Z 轴的程序原点通常选在工件的上表面。

　　对刀点是零件程序加工的起始点，对刀的目的是确定程序原点在机床坐标系中的位置。对刀点可与程序原点重合，也可位于任何便于对刀之处，但该点与程序原点之间必须有确定的坐标联系。

　　数控装置可以将相对于程序原点的任意点的坐标转换为相对于机床零点的坐标。加工开始时要设置工件坐标系，可以在程序中用 G92 指令建立工件坐标系，也可以在对刀时预置 G54～G59 的工件坐标系，在程序中用指令 G54～G59 可选择相应的工件坐标系使用。

8.1.2　加工中心编程的特点

　　（1）具有丰富的孔加工循环以及镜像、缩放、旋转功能，可以使某些复杂的编程工作

简化。对于结构复杂的零件，常采用宏编程或自动编程。

（2）刀具的补偿除了半径补偿外还有长度补偿，需要把握建立和取消刀补时的刀具运动轨迹，避免加工错误或撞刀。在移动刀具时要考虑其他坐标方向是否会发生干涉。

（3）需要注意刀具的切入和切出方式，避免局部过切。规划刀具轨迹时，尤其是对于零件表面和型腔的加工，注意避免局部欠切削造成残留。

（4）可以自动换刀，完成多种类型的加工，自动化程度高，但是要注意程序中刀具的选择和刀补的设定，同时还应规划好刀具在刀库中的排列顺序以及刀具的校调。

8.1.3 刀具补偿功能

1. 刀具的半径补偿（G40、G41、G42）

格式：$\begin{Bmatrix} G17 \\ G18 \\ G19 \end{Bmatrix} \begin{Bmatrix} G40 \\ G41 \\ G42 \end{Bmatrix} \begin{Bmatrix} G00 \\ G01 \end{Bmatrix} X\_Y\_Z\_D\_$

说明：G17、G18、G19：指定刀具半径补偿平面，投影到补偿平面上的刀具轨迹得到半径补偿。

G40：取消刀具半径补偿。

G41：刀具半径左补偿（在刀具前进方向左侧补偿），图 8-2 所示。

G42：刀具半径右补偿（在刀具前进方向右侧补偿），图 8-2 所示。

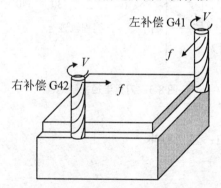

图 8-2 刀具半径补偿

G00、G01：建立和取消刀具半径补偿运动类型。

X_、Y_、Z_：建立或取消刀具半径补偿的运动终点坐标。

D_：刀具半径补偿号，D00～D99 它代表了刀补表中对应的半径补偿值。

G40、G41、G42 都是模态代码，可相互注销，刀具半径补偿平面的切换必须在补偿取消的方式下进行。建立和取消刀具半径补偿，必须是在 G00/G01 的运动之后，刀具才发生位置偏移，编程时按照零件的实际轮廓编程。

使用刀补功能时应注意以下几点：

（1）在带刀补加工时，不能有连续两段 Z 向移动指令。

（2）应避免带刀补进行锐角内切加工。

（3）尽量避免直线于圆弧的锐角切入和切出。

（4）建立刀补或取消刀补的前一程序段不能有 Z 轴移动。

例 8-1：考虑刀具半径补偿，编制图 8-3 所示零件的加工程序，要求按箭头所指示的路径进行加工，设加工开始时刀具距离工件上表面 50 mm。

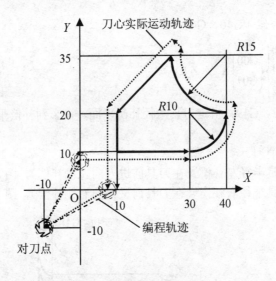

图 8-3 刀具半径补偿编程

%0001

G17G42G00X0Y10D01；建立刀补

M03S900；

G01Z-10F150；下刀

X30；加工直边

G03X40Y20I0J10；加工 R10 圆弧

G02X25Y35I0 J15；加工 R15 圆弧

G01X10Y20；加工斜边

Y0；加工直边

G40X-10Y-10；取消刀补

G00Z50M05；抬起刀，主轴停转

M30；程序复位

加工前应先用手动方式对刀，使刀具移动到工件坐标系（－10，－10，50）的对刀点处。

2. 刀具的长度补偿（G43、G44、G49）

$$\text{格式：} \begin{Bmatrix} G17 \\ G18 \\ G19 \end{Bmatrix} \begin{Bmatrix} G43 \\ G44 \\ G49 \end{Bmatrix} \begin{Bmatrix} G00 \\ G01 \end{Bmatrix} X\_Y\_Z\_H\_$$

说明：G17、G18、G19：指定刀具长度补偿方向所垂直的平面。

G49：取消刀具长度补偿。

G43：刀具长度正补偿（补偿轴终点加上偏置值）。

G44：刀具长度负补偿（补偿轴终点减去偏置值）。

G00、G01：建立和取消刀具半径补偿运动类型。

X_、Y_、Z_：建立或取消刀具半径补偿的运动终点坐标。

H_：刀具长度补偿号，H00～H99 代表了刀补表中对应的长度补偿值。

G43、G44、G49 都是模态代码，可相互注销。垂直于 G17/G18/G19 所选平面的轴，受到长度补偿。长度补偿偏置号改变时，新的偏置值并不累加到原有偏置值上。例如：设 H01 的偏置值为 20，H02 的偏置值为 30，则：

G90G43G00Z100H01；刀具编程点位于 Z 坐标为 120 处。

G43Z100H02；刀具编程点位于 Z 坐标为 130 处。

例 8-2：考虑刀具长度补偿，编制如图 8-4 所示零件的加工程序，要求按箭头所指示的路径进行加工。

%0001

G91G17G00X120Y80M03S600

G43H01Z-32

G01Z-21F300

G04P2

G00Z21

X30Y-50

G01Z-41

G00Z41

X50Y30

G01Z-25

G04P2

G49G00Z57
X-200Y-60M05
M30

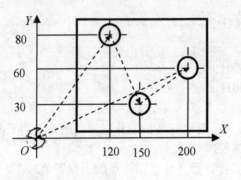

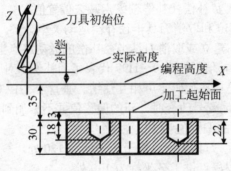

图8-4　刀具长度补偿编程

8.2　HNC—21M 的编程指令体系

华中世纪星 HNC—21M 数控装置 G 功能指令见附表 3，用来规定刀具和工件的相对运动轨迹、机床坐标系、坐标平面、刀具补偿、坐标偏置等多种加工操作。

8.2.1　尺寸单位设定（G22）

格式：G22
说明：脉冲当量输入制式
G22 为模态功能，可与 G20、G21 相互注销，当在程序中出现 G22，以后出现的坐标字后数值为在该坐标方向上得到的脉冲个数。由于在数控机床上，伺服系统的动作是由数控装置发出的脉冲来控制的，单个脉冲所能实现的机床运动被称为脉冲当量，所以机床在这个坐标方向上的运动量的大小是脉冲个数与该方向上脉冲当量的乘积。

8.2.2　局部坐标系设定（G52）

格式：G52X_Y_Z_

说明：X_、Y_、Z_：局部坐标系原点在当前工件坐标系中的坐标值。

G52 指令能在所有的工件坐标系（G92、G54～G59）内形成子坐标系即局部坐标系，设定局部坐标系后，工件坐标系和机床坐标系保持不变。G52 指令为非模态指令，在含有G52 指令的程序段中，绝对值编程方式的指令值就是在该局部坐标系中的坐标值。在缩放及旋转功能下不能使用 G52 指令，但在 G52 下能进行缩放及坐标系旋转。

8.2.3　单方向定位（G60）

格式：G60X_Y_Z_

说明：X_、Y_、Z_：单向定位终点。

单向定位终点在 G90 时为终点在工件坐标系中的坐标，在 G91 时为终点相对于起点的位移量。单方向定位过程各轴先快速运动定位到一中间点，然后以一固定速度移动到定位终点。各轴的定位方向（从中间点到定位终点的方向）以及中间点与定位终点的距离由机床参数（单向定位偏移值）设定，当该参数值<0 时定位方向为负，当该参数值>0 时定位方向为正。G60 指令仅在其被规定的程序段中有效。

8.2.4　螺旋线插补（G02、G03）

$$
格式：\begin{array}{l} G17\left\{\begin{array}{l}G02\\G03\end{array}\right\}X\_Y\_\left\{\begin{array}{l}I\_J\_\\R\_\end{array}\right\}Z\_F\_ \\[2em] G18\left\{\begin{array}{l}G02\\G03\end{array}\right\}X\_Z\_\left\{\begin{array}{l}J\_K\_\\R\_\end{array}\right\}Y\_F\_ \\[2em] G19\left\{\begin{array}{l}G02\\G03\end{array}\right\}Y\_Z\_\left\{\begin{array}{l}I\_K\_\\R\_\end{array}\right\}X\_F\_ \end{array}
$$

说明：X_、Y_、Z_：其中由 G17/G18/G19 平面选定的两个坐标为螺旋线在该面投影形成的圆弧终点，意义同圆弧进给。第三个坐标是与选定平面相垂直的螺旋线轴的终点，其余参数的意义同圆弧进给，如图 8-5。

该指令对另一个不在圆弧平面上的坐标轴施加运动指令，对于任何小于 360 度的圆弧都可附加任一数值的单轴指令，从而形成螺旋线运动。

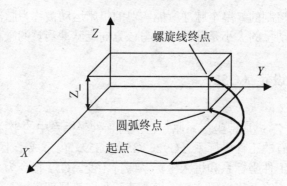

图 8-5　螺旋线插补

8.2.5　虚轴指定（G07）及正弦线插补

格式：G07X_Y_Z_

说明：X_、Y_、Z_：坐标字后跟数字 0，则该轴为虚轴。坐标字后跟数字 1 则该轴为实轴。

G07 为虚轴指定和取消指令，为模态指令。如果某轴为虚轴，则此轴只参加计算而不发生运动。虚轴仅对自动操作有效，对手动操作无效。用 G07 可实现正弦曲线插补，方法是在螺旋线插补前将参加圆弧插补的某一轴指定为虚轴，则螺旋线插补就变为正弦线插补。

下面的程序段实现如图 8-6 所示的正弦曲线插补运动。

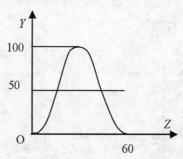

图 8-6　正弦线插补

G90G00X-50Y0Z0；运动到螺旋线起点

G07X0G91；设 X 轴为虚轴

G03X0Y0I0J50Z60F800；螺旋线插补变为正弦线插补

8.2.6 棱角处理

1. 准停检验（G09）

格式：G09

说明：一个包括 G09 的程序段在继续执行下一个程序段前，准确停止在本程序段的终
　　　点。

G09 为非模态指令，仅在其被规定的程序段中有效。该功能用于加工尖锐的棱角。

2. 段间过渡方式（G61、G64）

格式：G61

说明：G61：精确停止检验

格式：G64

说明：G64：连续切削方式

G61、G64 为模态指令，可相互注销，G64 为缺省值。在 G61 后的各程序段，编程轴
都要准确停止在程序段的终点，然后再继续执行下一程序段。在 G64 之后的各程序段，编
程轴刚开始减速时，未到达所编程的终点就开始执行下一程序段。但在定位指令（G00 G60）
或有准停校验（G09）的程序段中，以及在不含运动指令的程序段中，进给速度仍减速到
0 才执行定位校验。

　　G61 与 G09 的区别在于 G61 为模态指令，如图 **8-7** 所示，G61 方式的编程轮廓与实际
加工出的轮廓相符。G64 方式的编程轮廓与实际加工出的轮廓不同，其差别程度取决于进
给速度的大小及两路径间的夹角，进给速度越大其差别越大。

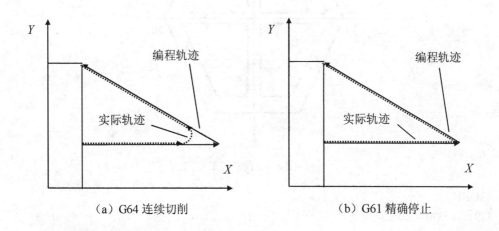

（a）G64 连续切削　　　　　　　　　（b）G61 精确停止

图 8-7　段间过渡

8.2.7 简化编程指令

1. 镜像功能（G24、G25）

格式：G24X_Y_Z_

　　　　M98P_

　　　　G25X_Y_Z_

说明：G24：建立镜像

　　　G25：取消镜像

　　　X_、Y_、Z_：镜像位置

　　　M98P_：调用加工子程序

G24、G25 为模态指令，可相互注销，G25 为缺省值。当工件相对于某一轴具有对称形状时，可以利用镜像功能和子程序，只对工件的一部分进行编程，而能加工出工件的对称部分，这就是镜像功能。当某一轴的镜像有效时，该轴执行与编程方向相反的运动。

例 8-3：使用镜像功能，编制如图 8-8 所示轮廓的加工程序，设刀具起点（0，0，100），切削深度 5 mm，工件坐标系原点位于工件上表面中心。

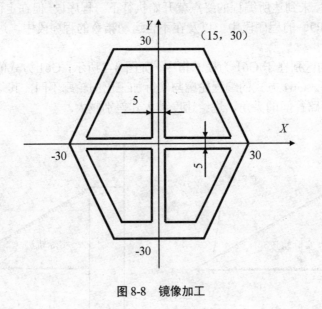

图 8-8　镜像加工

%0004

G91G17M03S600

M98P100；加工

G24X0；轴镜像镜像位置为 $X=0$

M98P100；加工

G24Y0；X、Y 轴镜像镜像位置为（0，0）

M98P100；加工

G25X0；X 轴镜像继续有效，取消 Y 轴镜像

M98P100；加工

G25Y0；取消镜像

M30

%100

G41G00X2.5Y2.5D01

G43Z-98H01

G01Z-7F300

X22

X-11Y22.5

X-11

Y-22.5

G49G00Z105

G40X-2.5Y-2.5

M99

2. 缩放功能（G50、G51）

格式：G51X_Y_Z_P_

　　　 M98P_

　　　 G50

说明：G51：建立缩放

　　　 G50：取消缩放

　　　 X_、Y_、Z_：缩放中心坐标值

　　　 P_：缩放倍数

　　　 M98P_：调用加工子程序

G51、G50 为模态指令，可相互注销，G50 为缺省值。G51 既可指定平面缩放，也可指定空间缩放。在 G51 后运动指令的坐标值以 X_、Y_、Z_为缩放中心，按 P_规定的缩放比例进行计算。在有刀具补偿的情况下，先进行缩放，然后才进行刀具半径补偿、刀具长度补偿。

例 8-4：使用缩放功能，编制如图 8-9 所示轮廓的加工程序，已知四边形 ABCD，缩放的图形缩放中心为 E，缩放系数为 0.83、0.67 倍，设刀具起点（0，0，100）。

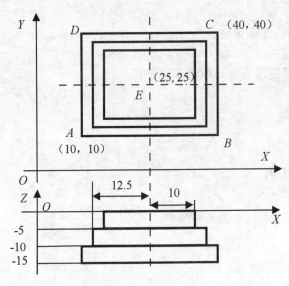

图 8-9　缩放加工

```
%0005
G17M03S600F300
G43G00Z4H01；建立长度补偿
X25Y25；移动到缩放中心
#51=9；给 51 号全局变量赋值
G51X25Y25P0.67；缩放
M98P100；加工
G50；取消缩放
#51=14；给 51 号全局变量赋值
G51X25Y25P0.83；缩放
M98P100；加工
G50；取消缩放
#51=19；给 51 号全局变量赋值
M98P100；加工
G49G00Z100；取消长度补偿
X0Y0；刀具返回
M05；主轴停止
M30；程序复位
%100
```

G91G42G00X-25Y-15D01；半径右补偿

Z[-#51]；下刀

G01X40

Y30

X-30

Y-40

G00Z[#51]；抬刀

G90G40X25Y25；取消半径补偿

M99；子程序返回

3. 旋转变换（G68、G69）

格式：$\begin{Bmatrix} G17 \\ G18 \\ G19 \end{Bmatrix} G68 \begin{Bmatrix} X\_Y\_ \\ X\_Z\_ \\ Y\_Z\_ \end{Bmatrix} P\_$

M98P_

G69

说明：G68：建立旋转。

G69：取消旋转。

X_、Y_、Z_：旋转中心的坐标值。

P_：旋转角度，0～360 度。

M98P_：调用加工子程序。

G68、G69 为模态指令，可相互注销，G69 为缺省值。在有刀具补偿的情况下，先旋转后进行刀具半径补偿和刀具长度补偿。在有缩放功能的情况下，先缩放后旋转。

如图 8-10 所示零件，在加工均布的 8 个槽时可以使用旋转功能，方法是编制加工一个槽的子程序，利用旋转指令可以依次加工各个孔槽。这样就可以简化编程工作。

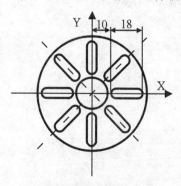

图 8-10　旋转加工

例 8-5：如图 8-10 所示零件，编制加工 8 个均布槽的加工程序，槽宽 5 mm，深 10 mm。采用直径为 10 mm 的铣刀。

%0001；主程序

G54G17S1200M3F50；启动主轴

G00X0Y0Z10；移动至起始点

M98P0033；加工

G68X0Y0P45；旋转 45 度

M98P0033；加工

G68X0Y0P90；旋转 90 度

M98P0033；加工

G68X0Y0P135；旋转 135 度

M98P0033；加工

G68X0Y0P180；旋转 180 度

M98P0033；加工

G68X0Y0P225；旋转 225 度

M98P0033；加工

G68X0Y0P270；旋转 270 度

M98P0033；加工

G68X0Y0P315；旋转 315 度

M98P0033；加工

G69；取消旋转

G00Z250；升起刀具

M30；程序复位

%0033；槽加工子程序，之字形下刀

G00X12.5Y0Z2；移动至加工起始点

G01X25.5Z1；之字形下刀

X12.5Z0

X15.5Z-1

X12.5Z-2

X15.5Z-3

X12.5Z-4

X15.5Z-5

X12.5Z-6

X15.5Z-7

X12.5Z-8

X15.5Z-9

X12.5Z-10

X15.5；加工槽底

G00Z10；升起刀具

X0Y0；返回起始点

M99；返回主程序

8.2.8　固定循环

数控加工中某些加工动作循环已经典型化，例如：钻孔、镗孔的动作是孔位平面定位、快速引进、工作进给、快速退回等，这样一系列典型的加工动作已经预先编好程序并存储在内存中，可以使用称为固定循环的一个 G 代码程序段调用，从而简化编程工作。调用固定循环时，保存系统模态值，即固定循环子程序不修改系统模态。

孔加工固定循环指令有 G73、G74、G76、G80～G89，通常由下述 6 个动作构成（见图 8-11）。

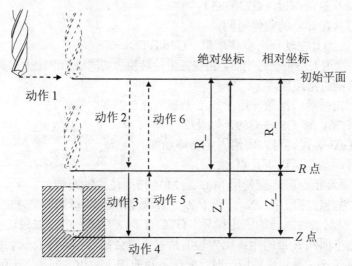

图 8-11　固定循环动作及数据形式

（1）*X*、*Y* 轴定位。

（2）定位到 *R* 点（定位方式取决于上次是 G00 还是 G01）。

（3）孔加工。

（4）在 *Z* 点的动作。

（5）退回到 *R* 点（参考点）。

（6）快速返回到初始点。

固定循环的数据表达形式可以用绝对坐标 G90 和相对坐标 G91 表示，如图 8-11 所示，固定循环的程序格式包括数据形式、返回点平面、孔加工方式、孔位置数据、孔加工数据和循环次数。数据形式（G90 或 G91）在程序开始时就已指定，因此在固定循环程序格式中可不注出。

固定循环的程序格式如下：

格式：$\begin{Bmatrix} G98 \\ G99 \end{Bmatrix}$ G_ X_ Y_ Z_ R_ Q_ P_ I_ J_ K_ F_ L_

说明：G98：返回初始平面。

G99：返回 R 点平面。

G_：固定循环代码 G73、G74、G76 和 G81～G89 之一。

X_、Y_：加工起点到孔位的距离（G91）或孔位坐标（G90）。

Z_：R 点到 Z 点的距离（G91）或孔底坐标（G90）。

R_：初始点到 R 点的距离（G91）或 R 点的坐标（G90）。

Q_：每次进给深度（G73/G83）。

P_：刀具在 Z 点的暂停时间。

I_、J_：刀具在轴反向位移增量（G76/G87）。

K_：每次退刀后再次进给时，由快速进给转换为切削进给时距上次加工面的距离。

F_：切削进给速度。

L_：固定循环的次数，用于加工于等距分布的多个孔。

G73、G74、G76、和 G81～G89，以及 Z_、R_、P_、F_、Q_、I_、J_、K_ 是模态指令，G80、G01～G03 等代码可以取消固定循环功能。

使用固定循环时应注意以下几点

（1）在固定循环指令前，应使用 M03 或 M04 指令使主轴旋转。

（2）在固定循环程序段中，X_、Y_、Z_、R_数据应至少指定一个才能进行加工。

（3）在使用控制主轴回转的固定循环（G74、G84、G86）中，如果连续加工一些孔间距比较小、初始平面到 R 点的距离比较短的情况下，会出现在开始孔的切削动作时，主轴还没有达到正常转速。遇到这种情况时，应在各孔的加工动作之间插入 G04 指令以获得必要的时间。

（4）在固定循环程序段中如果指定了 M 功能，则在最初定位时执行 M 功能，等待 M 功能执行完成后，才能进行孔加工循环。

1. 取消固定循环（G80）

格式：G80

说明：取消固定循环，同时 R 点和 Z 点也被取消。

2. 钻孔循环（G81）

格式： $\begin{Bmatrix} G98 \\ G99 \end{Bmatrix}$ G81X_Y_Z_R_F_L_

说明：该指令常用于在零件的表面用中心钻钻孔，以便为后续钻孔中使用的麻花钻定
　　　心。该指令也适用于长度较短的通孔加工。

G81 钻孔动作循环包括 X_Y_ 坐标定位、快进、工进、和快速返回等动作。指令的动
作循环见图 8-12，如果 Z_为零，该指令不执行。

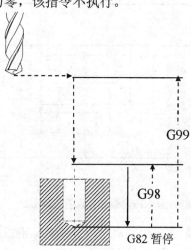

图 8-12　钻孔循环

3. 带停顿的钻孔循环（G82）

格式： $\begin{Bmatrix} G98 \\ G99 \end{Bmatrix}$ G82X_Y_Z_R_P_F_L_

说明：该指令常用于长度较短的盲孔加工。

G82 指令与 G81 指令相似，只是在 Z 点会有暂停，暂停的时间由 P_给定。因此 G82
可以获得较好的孔底形状，有效提高孔深精度。如果 Z_为零，该指令不执行。

4. 快速钻深孔钻循环（G73）

格式： $\begin{Bmatrix} G98 \\ G99 \end{Bmatrix}$ G73X_Y_Z_R_Q_P_K_F_L_

说明：该指令适用于深孔的快速加工。

　　　Q：每次进给深度。

　　　K：每次退刀距离。

加工深孔时，切屑不易排出，影响刀具切削，同时导致切削液不易进入加工区，造成刀具的切削状态变坏，缩短刀具寿命。G73 指令能够在 Z 轴方向进行间歇进给，使深孔加工时切屑易于排出，较少的退刀量，可以有效提高加工效率。Z_、K_、Q_ 为零时该指令不执行，G73 指令动作循环见图 8-13。

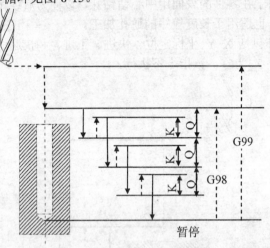

图 8-13 快速钻深孔循环

例 8-6：使用 G73 指令编制深孔加工程序，工件坐标系原点在工件的上表面中心，孔位于工件坐标系原点，设刀具起点距工件上表面 10 mm，距孔底 100 mm，在距工件上表面 2 mm 处（R 点），由快进转换为工进，每次进给深度 10 mm，每次退刀距离 5 mm。

```
％0003
G90M03S600F200
G00X50Y50Z10G98
G73X0Y0R-8P2Q-10K5Z-100
G00X50Y50Z10
M05
M30
```

5. 钻深孔循环（G83）

格式：$\begin{Bmatrix} G98 \\ G99 \end{Bmatrix}$ G83 X_ Y_ Z_ R_ Q_ P_ K_ F_ L_

说明：该指令适用于深孔加工，常用于对排屑和刀具寿命要求高的场合。

Q：每次进给深度。

K：每次退刀后再次进给时，由快速进给转换为切削进给时距上次加工面的距离。

G83 指令通过递进进刀的方式，可以有效地排屑、使刀具散热，这些都有利于改善加工状态，但是由于往复距离较长，不利于加工效率的提高。加工动作循环见图 8-14，Z_、K_、Q_为零时该指令不执行。

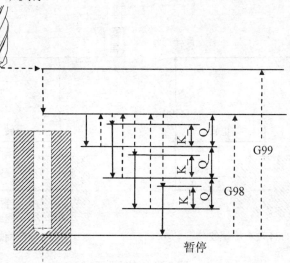

图 8-14　钻深孔循环

例 8-7：使用 G83 指令编制深孔加工程序，设刀具起点距工件上表面 42 mm，距孔底 80 mm，在距工件上表面 2 mm 处（R 点）由快进转换为工进。每次进给深度 10 mm，每次退刀后再由快速进给转换为切削进给时，距上次加工面的距离 5 mm。

```
%0003
G00G99G91F200
M03S500
G83X100G90R40P2Q-10K5Z0
G90G00X0Y0Z80
M05
M30
```

6. 攻丝循环（G84）

格式：$\begin{Bmatrix} G98 \\ G99 \end{Bmatrix}$ G84X_Y_Z_R_P_F_L_

说明：攻右旋螺纹。

G84 攻螺纹时从 R 点到终点主轴正转，在 Z 点暂停后主轴反转，丝锥退出。G84 指令动作循环见图 8-15（a）。

攻丝时机床的速度倍率、进给保持功能均不起作用。R 点应选在距工件表面 7 mm 以上的位置。如果 Z_为零，该指令不执行。

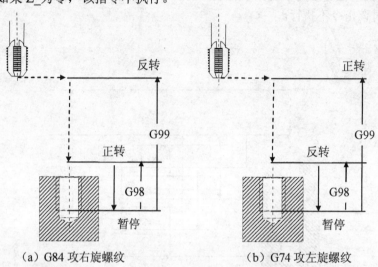

（a）G84 攻右旋螺纹　　　　　　　　（b）G74 攻左旋螺纹

图 8-15　攻丝循环

例 8-8：使用 G84 指令编制螺纹攻丝加工程序，设刀具起点距工件上表面 48 mm，距孔底 60 mm，在距工件上表面 8 mm 处（R 点），由快进转换为工进。

%0004
G92X0Y0Z60
G90G00F200M03S600
G98G84X100R20P10G91Z-20
G00X0Y0
M05
M30

7. 反攻丝循环（G74）

格式：$\begin{Bmatrix} G98 \\ G99 \end{Bmatrix}$G74X_Y_Z_R_P_F_L_

说明：攻左旋螺纹。

G74 攻反螺纹时主轴反转，在 Z 点暂停后主轴正转，丝锥退出。指令动作循环见图 8-15（b）。

攻丝时机床的速度倍率、进给保持功能均不起作用。R 点应选在距工件表面 7 mm 以上的位置。如果 Z_为零，该指令不执行。

例 8-9: 使用 G74 指令编制反螺纹攻丝加工程序,设刀具起点距工件上表面 48 mm,距孔底 60 mm,在距工件上表面 8 mm 处(R 点),由快进转换为工进。

```
%0004
G92X0Y0Z60
G91G00F200M04S500
G98G74X100R-40P4G90Z0
G0X0Y0Z60
M05
M30
```

8. 精镗循环(G76)

格式: $\begin{Bmatrix} G98 \\ G99 \end{Bmatrix}$ G76X_Y_Z_R_P_I_J_F_L_

说明:带有让刀动作的镗孔循环。

I_:X 轴刀尖反向位移量。

J_:Y 轴刀尖反向位移量。

G76 精镗时,主轴正转进刀,在 Z 点进行定向停止,然后向刀尖反方向让刀,使刀尖离开已加工表面,快速退刀。这种带有让刀的退刀不会划伤已加工平面,保证了孔的精度。指令的动作循环见图 8-16。如果 Z_为零,该指令不执行。

例 8-10: 使用 G76 指令编制精镗加工程序,设刀具起点距工件上表面 42 mm,距孔底 50 mm,在距工件上表面 2 mm 处(R 点),由快进转换为工进。

```
%0006
G92X0Y0Z50
G00G91G99M03S600F200
G76X100R-40P2I-6Z-10
G00X0Y0Z40
M05
M30
```

9. 镗孔循环(G85)

格式: $\begin{Bmatrix} G98 \\ G99 \end{Bmatrix}$ G85X_Y_Z_R_P_F_L_

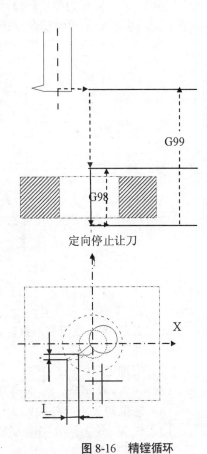

定向停止让刀

图 8-16 精镗循环

说明：G85 指令与 G84 指令的动作类似，不同之处在于镗刀到达 Z 点暂停后，退刀时主轴不反转。

10. 停转退刀镗孔循环（G86）

格式：$\begin{Bmatrix} G98 \\ G99 \end{Bmatrix}$ G86X_Y_Z_R_F_L_

说明：G86 指令与 G81 指令的动作类似，不同之处在于镗刀到达 Z 点后，主轴停止然后快速退刀，指令执行完之后主轴将重新正转。

11. 反镗循环（G87）

格式：$\begin{Bmatrix} G98 \\ G99 \end{Bmatrix}$ G87X_Y_Z_R_P_I_J_F_L_

说明：I_：X 轴刀尖反向位移量。

　　　J_：Y 轴刀尖反向位移量。

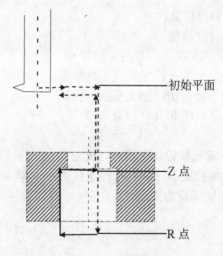

图 8-17　反镗循环

如果 Z_为零，该指令不执行。指令的动作循环见图 8-17，描述如下：

（1）在 X_Y_定位。

（2）主轴定向停止。

（3）在 X、Y 方向，分别向刀尖的反方向移动 I_、J_值。

（4）定位到 R 点（孔底）。

（5）在 X、Y 方向分别向刀尖方向移动 I_、J_值。

（6）主轴正转。

（7）在 Z 轴正方向上加工至 Z_点。

（8）主轴定向停止。

（9）在 X、Y 方向分别向刀尖反方向移动 I_、J_值。

（10）返回到初始平面（只能用 G98）。

（11）在 X、Y 方向分别向刀尖方向移动 I_、J_值。

（12）主轴正转。

例 8-11：使用 G87 指令编制反镗加工程序，设刀具起点距工件上表面 40 mm，距孔底（R 点）80 mm。

```
%0007
G92X0Y0Z80
G00G91G98F300
G87X50Y50I-5G90R0P2Z40
G00X0Y0Z80M05
M30
```

12. 手动退刀镗孔循环（G88）

格式：$\begin{Bmatrix} G98 \\ G99 \end{Bmatrix}$ G88X_Y_Z_R_P_F_L_

说明：I_：X 轴刀尖反向位移量。

　　　J_：Y 轴刀尖反向位移量。

如果 Z_为零，该指令不执行。指令的动作循环描述如下：

（1）在 X_Y_轴定位。

（2）定位到 R 点。

（3）在 Z 轴方向上加工至 Z_点。

（4）暂停后主轴停止。

（5）转换为手动状态，手动将刀具从孔中退出。

（6）返回到初始平面。

（7）主轴正转。

13. 带暂停的停转退刀镗孔循环（G89）

格式：$\begin{Bmatrix} G98 \\ G99 \end{Bmatrix}$ G89X_Y_Z_R_F_L_

说明：G89 指令与 G86 指令的动作类似，不同之处在于镗刀在 Z 点有暂停。

如果 Z_为零，G89 指令不执行。

8.3 加工中心编程实例

下面我们通过加工实例来看数控加工中心程序的编制方法。

8.3.1 机床状态

机床已上电，完成回参考点操作，建立了测量基础准点。各把刀具已经完成对刀，建立了工件坐标系与机床坐标系的联系，使用缺省坐标系 G54。

8.3.2 刀具状态和切削参数

刀库中刀具的安装状态如表 8-1 所示。

表 8-1　刀具情况

刀位	刀具名称	直径 mm	刀补号	转速 r/min	进给速度 mm/min	切深 mm	备　　注
1	中心钻	12	D01	800	100	—	孔定位和孔倒圆
3	立铣刀	20	D03	550	80	8	外轮廓加工
7	键槽铣刀	8	D07	1200	25	2.5	型腔加工
10	钻头	8	D10	1200	100	—	孔加工

8.3.3 编程实例

例 8-12：加工如图 8-18 所示的零件。材料 45# 钢，毛坯尺寸 100×70×10。

1. 工艺处理

加工前用平虎钳夹紧并找平。

（1）工步和走刀路线的确定。按刀具确定工步和走刀路线。

① 外轮廓加工：先完成 5 mm 高的台阶，再由 Pl 点的延长线切入，完成 4 mm 高的外轮廓。

② 型腔加工：完成 26×25 的型腔。

③ 孔加工：用中心钻定位，再钻孔，最后孔倒角。

零件的粗、精加工通过改变由刀具半径补偿量实现。

（2）刀具和切削用量参见表 8-2。

2. 数值计算

工件坐标系如图 8-18 所示。

已知点坐标：P1（48.378，0），P2（11.699，65），P3（23.820，65），P4（46.180，65）。

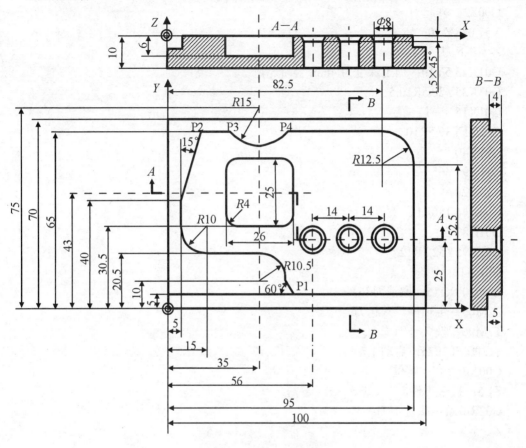

图 8-18　加工中心编程实例

3. 编程

%0001；程序名

G54G90G17；绝对坐标编程

T3M6；换 3 号刀

S550M3F80；启动主轴

G00Z2；移近工件

X115Y0

G41D03Y5；建立半径补偿

Z-5；下刀

G01X-15；加工深度为 5mm 台阶

G00Z2；升起刀

X57.048Y-10；定位

Z-4；下刀

G01X45.5Y10；加工深度为 4mm 台阶轮廓

G03X35Y20.5R10.5

G01X15

G02X5Y30.5R10

G01Y40

X11.699Y65

X23.820

G03X46.180R15

G01X82.5

G02X95Y52.5R12.5

G01Y-10

G40G00X115；取消刀补

Z2M05；主轴停，升起刀

T7M06；换 7 号刀

S1200M03F25；启动主轴

G00X35Y37；定位

Z1.5；接近工件

G02R6Z-1；螺旋下刀

Z-3.5

Z-6

G01X26.5Y35F50；移动至行切起始点

G91Y16；行切

X6

Y-16

X6

Y16

X5

Y-16

G90G42D07G00X35Y43；建立刀补

G02Y30.5R6.25；圆弧进刀

G01X22；环切型腔

Y55.5

X48

Y30.5

X35

G02Y43R6.25；圆弧退刀

G40G00X35Y44；取消刀补

Z10M05；主轴停转，升起刀

T1M06；换1号刀

S800M03F100；启动主轴

G00X42Y25Z10；移动至起始点

G91G98G81X14Z-4R-8L3；钻定位孔

G80M05；主轴停转

T10M06；换10号刀

S1200M3F100；启动主轴

G90G00X42Y25Z10；移动至起始点

G91G98G81X14Z-16R-8L3；钻孔

G80M05；主轴停转

T1M06；换1号刀

S800M03F100；启动主轴

G90G00X42Y25Z10；移动至起始点

G91G98G81X14Z-9.78R-8L3；孔倒角

G80M05；主轴停转

G90G00Z200；升起刀具

M30；程序复位

8.4 宏指令编程简介

8.4.1 概述

在程序中使用变量，通过对变量进行赋值及处理的方法达到程序功能，这种有变量的程序被称为宏程序。HNC−21M 为用户配备了强有力的类似于高级语言的宏程序功能，用户可以使用变量进行算术运算、逻辑运算和函数的混合运算，此外宏程序还提供了循环语句、分支语句和子程序调用语句，利于编制各种复杂的零件加工程序，减少乃至免除手工编程时进行繁琐的数值计算，精简程序量。

1. 宏程序的使用格式

宏变量和语句可以在主程序和子程序中使用，宏子程序的调用使用 G65 指令或 M98 功能实现。例如：

%0001；主程序

………

#51=20；全局变量赋值

………

G65P0300K30；调用子程序

………

M30；程序复位

%0300；子程序

………

G00X[#51]Y[#10]；使用宏变量，#10 对应参数 K

………

M99；子程序返回

2. 宏子程序的调用

G65P_L_参数表

M98P_L_

P_：子程序号

L_：重复调用次数

参数表：由多个参数构成，每个参数都是一个字母和一个数值的组合，字母对应于宏程序中的变量，字母后的数值赋给该变量。

在调用宏子程序时，系统会将当前程序段各参数（A～Z 共 26 个参数，如果没有定义则为零）的内容拷贝到宏子程序执的局部变量#0～#25，同时拷贝调用宏子程序时当前通道九个轴的绝对位置（机床绝对坐标）到宏执行时的局部变量#30～#38，见表 8-2。调用一般子程序时不保存系统模态值，即子程序可修改系统模态并保持有效。

例 8-13：下面的主程序在调用子程序时，设置了 I、K 参数，子程序可分别通过当前局部变量 #8、#10 来访问主程序的 I、K 参数。

%0001；主程序

………

G65P6076I20K40；调用子程序

………

M30；程序复位

%6076；子程序

IF [AR[#8]EQ0]OR[]AR[#10]EQ0]；判定参数是否定义

………；未定义

M99；返回主程序

ENDIF

G91；相对坐标

IF AR[#8]EQ90；判定是否绝对坐标

#8=#8-#30；将参数 I 的值转换为相对坐标，＃30 为 X 轴绝对坐标

ENDIF

………

M99；返回主程序

3. 多重调用

子程序的嵌套调用深度最多可以有 9 层，每一层子程序都有自己的局部变量（50 个），详见附表 3。

8.4.2　宏变量及常量

1. 宏变量的表示

一个宏变量由＃符号和变量号组成，如：＃2、＃34，也可以使用表达式来表达宏变量，格式为＃［表达式］，例如：

＃［＃50］，如果＃50 的值是 10，则表示＃10。

在地址符后可以使用宏变量，例如：

X［＃9］，如果＃9 的值是 50，则表示 X50。

2. 宏变量的赋值

利用赋值语句可以把一个数值或表达式的结果送给一个宏变量。

格式为：＃变量号＝数值或表达式

例如：

#2=175/SQRT[2]*COS[55*PI/180]；

#3=124.0；

当宏程序以子程序的形式出现、其局部变量还可以在宏程序被调用时赋值。例如：G65 P2312 X100 Y20 F30；其中 X、Y、F 对应于宏程序中的变量号，变量的具体数值由参数字后的数值决定，其对应关系见表 8-2。

表 8-2　宏程序调用时参数名与变量号对应表

局部变量	参数名或系统变量	局部变量	参数名或系统变量
#0	A	#20	U
#1	B	#21	V
#2	C	#22	W
#3	D	#23	X
#4	E	#24	Y
#5	F	#25	Z
#6	G	#26	固定循环指令初始平面 Z 模态值
#7	H	#27	不用
#8	I	#28	不用
#9	J	#29	不用
#10	K	#30	调用子程序时轴 0 的绝对坐标
#11	L	#31	调用子程序时轴 1 的绝对坐标
#12	M	#32	调用子程序时轴 2 的绝对坐标
#13	N	#33	调用子程序时轴 3 的绝对坐标
#14	O	#34	调用子程序时轴 4 的绝对坐标
#15	P	#35	调用子程序时轴 5 的绝对坐标
#16	Q	#36	调用子程序时轴 6 的绝对坐标
#17	R	#37	调用子程序时轴 7 的绝对坐标
#18	S	#38	调用子程序时轴 8 的绝对坐标
#19	T		

例如：

```
G65    P0023    A220    X34    F100
                 ↓       ↓      ↓
                #0      #23    #5
```

3. 宏变量的种类

宏变量可以分为局部变量、全局变量、系统变量三类。HNC－21T/M 数控系统支持的宏变量及其含义参见附表 4。

局部变量的作用范围仅局限于某一个特定的宏程序，例如宏程序 A 调用宏程序 B，两个程序中都具有#1 变量，但是 A 程序和 B 程序中的#1 变量不是同一个变量，他们仅在各自所在的程序中有效，相互之间没有影响。

全局变量的作用范围贯穿整个程序过程，像上面所举的 A、B 两程序中都使用变量#55，则 A 程序中的#55 和 B 程序中的#55 是同一个变量。

系统变量是指机床内部的变量，通常用于存储机床在运行过程中的状态和参数。

4. 局部变量的检测

有时需要在子程序中检测用户是否使用了某个可省略的参数，就需要对相应变量进行检测。对于每个局部变量，都可以使用系统宏 AR［＃变量号］来检测其是否被定义，以及该变量的类型。如果该宏的返回值为 0，则被检测的变量未定义，如果返回 90，被检测的变量被定义为绝对坐标方式，如果返回 91，被检测变量被定义为增量坐标方式。

5. 常量

系统可以使用的宏常量如下：

PI：圆周率 π

TRUE：条件成立（真）

FALSE：条件不成立（假）

8.4.3　运算符与表达式

1. 运算符

表 8-3　宏程序运算符

类别	符号	含　义	类别	符号	含　义
算术运算符	+	加	函数	SIN	正弦
	-	减		COS	余弦
	*	乘		TAN	正切
	/	除		ABS	绝对值
条件运算符	EQ	＝　等于		INT	取整
	NE	≠　不等于		SIGN	符号
	GT	＞　大于		SQRT	开平方
	GE	≥　大于等于		EXP	自然指数
	LT	＜　小于	逻辑运算符	AND	与
	LE	≤　小于等于		OR	或
				NOT	非

2. 表达式

表达式是用运算符连接起来的常数、宏变量的组合。

例如：

175/SQRT[2] * COS[55 * PI/180]；

#3*6 GT 14；

8.4.4 结构语句

1. 条件判别语句

格式:

IF 条件表达式

…

ELSE

…

ENDIF

条件表达式结果为真执行 IF 与 ELSE 之间的语句，结果为假执行 ELSE 与 ENDIF 之间的语句。

格式:

IF 条件表达式

…

ENDIF

条件表达式结果为真执行 IF 与 ENDIF 之间的语句，结果为假就直接向 ENDIF 以后执行。

2. 循环语句

格式:

WHILE 条件表达式

…

ENDW

条件表达式结果为真执行 WHILE 与 ENDW 之间的语句，并回到 WHILE 重新判断表达式的结果，结果为假就向 ENDW 以后执行。

8.4.5 宏程序编制

例 8-14: 利用短直线段逼近整圆的数控加工程序。

```
%1000
G92X0Y0Z0
G65P002X-50Y0R50；宏程序调用加工整圆
M30
%002
；加工整圆子程序圆心为（X,Y）,半径为 R
```

；X->#23　Y->#24　R->#17

IF [AR[#17] EQ 0] OR [#17 EQ 0]；如果没有定义 R

M99

ENDIF

IF [AR[#23] EQ 0] OR [AR[#24] EQ 0]；如果没有定义圆心

M99

ENDIF

#45=#1162；记录第 12 组模态码#1162（G61 或 G64）

#46=#1163；记录第 13 组模态码#1163（G90 或 G91）

G91G64；用相对编程 G91 及连续插补方式 G64

IF [AR[#23] EQ 90]；如果 X 为绝对编程方式

#23=#23-#30；则转为相对编程方式

ENDIF

IF [AR[#24] EQ 90]；如果 Y 为绝对编程方式

#24 = #24-#31；则转为相对编程方式

ENDIF

#0=#23+#17*COS[0]

#1=#24+#17*SIN[0]

G01X[#0]Y[#1]

#10=1

WHILE [#10 LE 100]；用 100 段短直线逼近圆

#0=#17*[COS[#10*2*PI/100]-COS[[#10-1]*2*PI/100]]

#1=#17*[SIN[#10*2*PI/100]-SIN[[#10-1]*2*PI/100]]

G01X[#0]Y[#1]

#10=#10+1

ENDW

G[#45]G[#46]；恢复第 12 组 13 组模态

M99

例 8-15：切圆台与斜方台，各自加工 3 个循环，要求倾斜 10 度的斜方台与圆台相切，圆台在方台之上，顶视图见图 8-19。

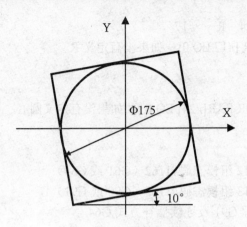

图 8-19　宏程序编程实例

```
%8002
#10=10.0；圆台阶高度
#11=10.0；方台阶高度
#12=124.0；圆外定点的 X 坐标值
#13=124.0；圆外定点的 Y 坐标值
N01 G92 X0.0 Y0.0 Z0.0
N05 G00 Z10.0
#0=0
N06 G00 X[-#12] Y[-#13]
N07 Z[-#10] M03 S600
WHILE #0 LT 3；加工圆台
N[08+#0*6] G01 G42 X[-#12/2] Y[-175/2] F280.0 D[#0+1]
N[09+#0*6] X[0] Y[-175/2]
N[10+#0*6] G03 J[175/2]
N[11+#0*6] G01 X[#12/2] Y[-175/2]
N[12+#0*6] G40 X[#12] Y[-#13]
N[13+#0*6] G00 X[-#12] Y[-#13]
#0=#0+1
ENDW
N100 Z[-#10-#11]
#2=175/SQRT[2]*COS[55*PI/180]
#3=175/SQRT[2]*SIN[55*PI/180]
#4=175*COS[10*PI/180]
```

#5=175*SIN[10*PI/180]
#0=0
WHILE #0 LT 3；加工斜方台
N[101+#0*6] G01 G90 G42 X[-#2] Y[-#3] F280.0 D[#0+1]
N[102+#0*6] G91 X[+#4] Y[+#5]
N[103+#0*6] X[-#5] Y[+#4]
N[104+#0*6] X[-#4] Y[-#5]
N[105+#0*6] X[+#5] Y[-#4]
N[106+#0*6] G00 G90 G40 X[-#12] Y[-#13]
#0=#0+1
ENDW
G00 X0 Y0 M05
M30

8.5　思　考　题

1．加工中心编程的特点是什么？

2．如图 8-20 所示，孔的直径均为 Φ10 mm，盲孔，深 15 mm，刀具 T01 为中心钻，T02 为 Φ10 mm 钻头。

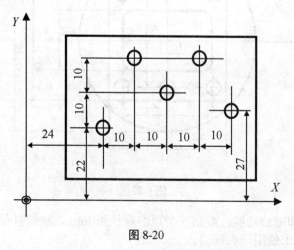

图 8-20

3．如图 8-21 所示，孔已加工好，编制一个精铣零件四周的程序，刀具自选。

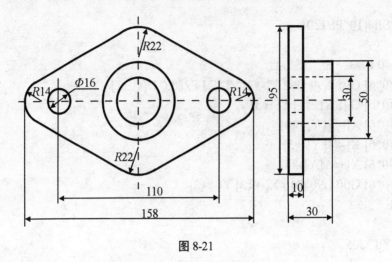

图 8-21

4．如图 8-22 所示，在圆柱形坯料上加工方形凸台，台高 20 mm，内腔深 30 mm，直径 Φ10 mm 的孔 6 个，深 30 mm，编制一个零件加工程序，刀具自选。

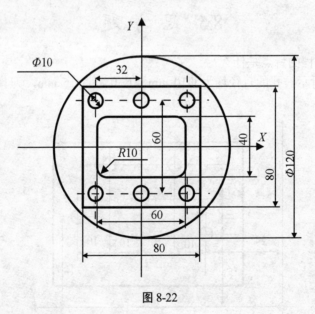

图 8-22

5．利用宏程序和缩放功能，编制一个顶圆直径 40 mm，底圆直径 80 mm，高 10 mm 的圆台加工程序，要求使用球头铣刀。

6．工件坐标系原点位于零件上表面中心，编制宏程序，完成母线为 $Z=X^2/48-30$ 的回转面内腔精加工程序，使用球头铣刀加工。

第9章　数控机床的故障诊断与维修

数控机床作为工作母机，是一个高精度、高效率、技术复杂的设备，由于种种原因，不可避免地会发生不同程度、不同类型的故障，导致数控机床不能正常工作。数控机床一旦发生故障，必须及时予以维修，排除故障。数控机床维修的关键是故障的诊断，即故障源的查找和故障定位。下面就数控机床的可靠性、故障规律、故障诊断的一般步骤和常用方法、故障诊断的一些新技术等进行阐述。

9.1　概　　述

9.1.1　数控机床的可靠性与维修

1. 可靠性与故障

可靠性是指数控机床在规定条件下和规定时间内完成规定功能的能力，而故障则意味着数控机床在规定条件下和规定时间内丧失了规定的功能。衡量可靠性的主要指标有以下几个：

（1）平均无故障时间 MTBF，它指数控机床在两次故障之间正常工作的平均时间，即总工作时间与总故障次数之比，是数控机床可靠性常用的特征量指标。

（2）平均维修时间 MTTR，它指数控机床每次故障后所需维修时间的平均值，维修时间包括查找故障时间、排除故障时间及清理验证时间等。数控机床平均维修时间越短越好。

（3）有效度 A（可利用率），是从可靠度和维修度对数控机床的正常工作进行综合评价的尺度，指在规定的工作条件和维修条件下，在某一特定的时间内数控机床正常工作的概率。即

$$A = \frac{MTBF}{MTBF + MTTR}$$

有效度反映了数控机床提供正确使用的能力，是衡量数控机床可靠性的又一个主要指标。

2. 维修

数控机床维修包含两个方面：

（1）日常维护和保养，又叫预防性维修，以有效延长机床的 MTBF；

（2）故障维修，机床在出现故障时，及时维修，尽量缩短 MTTR，将故障排除，保证其正常使用，提高机床的有效度 A 指标。

9.1.2　数控机床的故障规律

数控机床在整个使用期故障频度大致可以分为三个阶段，即早期故障期、偶发故障期和耗损故障期。其故障率随时间变化的规律可用图 9-1 所示的故障率曲线表示。

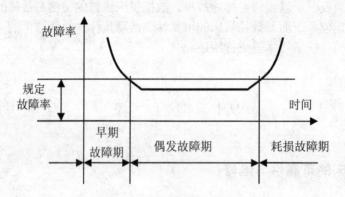

图 9-1　数控机床故障规律曲线

1. 早期故障期

早期故障期为使用初期阶段，该阶段的特点是故障发生的频率高，且随使用时间的增加而迅速下降。使用初期之所以故障频繁，原因大致如下：

（1）机械部分。数控机床虽然在出厂前进行过运行磨合，但时间较短，而且主要是对主轴和导轨进行磨合。由于零件的加工表面存在着微观的和宏观的几何形状偏差，在完全磨合前，零件的加工表面还比较粗糙，部件的装配可能存在误差，因而，在数控机床使用初期会产生较大的磨合磨损，使设备相对运动部件之间产生较大的间隙，导致故障的发生。

（2）电气部分。数控机床的控制系统使用了大量的电子元器件，这些元器件虽然在制造厂经过了相当长时间的老化试验和其他方式的筛选，但实际运行时，由于电路的发热、交变负荷、浪涌电流及反电势的冲击，性能较差的某些元器件经不住考验，因电流冲击或电压击穿而失效，或特性曲线发生变化，从而导致整个系统不能正常工作。

（3）液压部分。由于出厂后运输及安装阶段时间较长，使得液压系统中某些部位长时间无油，汽缸中润滑油干涸，而油雾润滑又不可能立即起作用，造成液压缸或汽缸可能产生锈蚀。此外，新安装的空气管道若清洗不干净，一些杂物和水分也可能进入系统，造成液压气动部分的初期故障。

2. 偶发故障期

数控机床在经历了早期的磨合和调整运行后，开始进入相对稳定的正常运行阶段。在这个阶段，故障率低而且相对稳定，近似常数。偶发故障是由于偶然因素引起的，如操作或维护不当等。在此期间，一方面要不断提高使用和管理水平，发挥数控机床的更高价值；另一方面要进行良好保养和定期维修，尽量避免大故障的发生，延长机床的使用寿命。

3. 耗损故障期

耗损故障期出现在数控机床使用的后期，其特点是故障率随着运行时间的增加而升高。出现这种现象的基本原因是由于数控机床的零部件及电子元器件经过长时间的运行，由于疲劳、磨损、老化等原因，寿命已接近衰竭，从而处于频发故障状态。

9.1.3　数控机床故障诊断的一般步骤

故障诊断是指在系统运行或基本不拆卸的情况下，即可掌握系统当前运行状态的信息、查明产生故障的部位和原因、或预知系统的异常和劣化的动向并采取必要对策的一门技术。

当数控机床发生故障时，除非出现危及数控机床或人身安全的紧急情况，一般不要关断电源，要尽可能地保持机床原来的状态不变，并对出现的一些信号和现象作好记录，这主要包括：故障现象的详细记录；故障发生时的操作方式及内容；报警号及故障指示灯的显示内容；故障发生时机床各部分的状态与位置；有无其他偶然因素，如突然停电、外线电压波动较大、雷电、局部进水等等。

无论是处于哪一个故障期，数控机床故障诊断的一般步骤都是相同的。数控机床一旦发生故障，首先要沉着冷静，根据故障情况进行全面的分析，确定查找故障源的方法和手段，然后有计划、有目的地一步步仔细检查，切不可急于动手，凭着看到的部分现象和主观臆断乱查一通。这样做具有很大的盲目性，很可能越查越乱，走很多弯路，甚至造成严重的后果。

故障诊断一般按下列步骤进行：

（1）详细调查故障情况。一方面要向操作员详细询问出现故障时的现象及故障记录；另一方面要对现场进行细致的勘查，由外到内细心的观察各部分是否有异常之处，如果故障情况允许，最好开机试验，详细观察故障情况。例如，西门子Ⅲ数控机床进给轴不转动，要弄清楚是操作方式不对、或是机床处于机械夹紧状态、或是位控板故障等原因引起，需要细致的勘查。为了进一步了解故障情况，要对数控机床进行检查，并着重检查荧光屏上的显示内容、控制柜中的故障指示灯、状态指示灯等。

（2）根据故障情况进行分析，缩小范围，确定故障源查找的方向和手段。对故障现象进行全面了解后，下一步可根据故障现象分析故障可能存在的位置。有些故障与其他部分联系较少，容易确定查找的方向，而有些故障原因很多，难以用简单的方法确定出故障源的查找方向，这就要仔细查阅数控机床的相关资料，弄清与故障有关的各种因素，确定若干个查找方向，并逐一进行查找。

（3）由表及里进行故障源查找。故障查找一般是从易到难。从外围到内部逐步进行。所谓难易，包括技术上的复杂程度和拆卸装配方面的难易程度。在故障诊断的过程中，首先应该检查可直接接近或经过简单的拆卸即可进行检查的那些部位，然后检查须要进行大量的拆卸工作之后才能接近和进行检查的那些部位。

9.2 数控机床常用的故障诊断方法

数控机床是涉及多个应用学科的十分复杂的系统，加之数控系统和机床本身的种类繁多，功能各异，不可能找出一种适合各种数控机床、各类故障的通用诊断方法。这里仅对一些常用的一般性方法加以介绍，在实际的故障诊断中，对这些方法要综合运用。

9.2.1 CNC 系统故障诊断的一般方法

1. 根据报警号进行故障诊断

计算机数控系统大都具有很强的自诊断功能。当机床发生故障时，可对整个机床包括数控系统自身进行全面的检查和诊断，并将诊断到的故障或错误以报警号或错误代码的形式显示在 CRT 上。报警号（错误代码）一般包括下列几方面的故障（或错误）信息：

（1）程序编制错误或操作错误；

（2）存储器工作不正常；

（3）伺服系统故障；

（4）可编程序控制器故障；

（5）连接故障；

（6）温度、压力、液位等不正常；

（7）行程开关（或接近开关）状态不正确。

利用报警号进行故障诊断是数控机床故障诊断的主要方法之一。如果机床发生了故障，且有报警号显示于 CRT 上，首先就要根据报警号的内容进行相应的分析与诊断。当然，报警号多数情况下并不能直接指出故障源之所在，而是指出了一种现象，维修人员就可以根据所指出的现象进行分析，缩小检查的范围，有目的地进行检查。

2. 根据控制系统 LED 灯或数码管的指示进行故障诊断

在现代数控系统中设置有众多报警指示装置，如在 NC 主板上，各控制单元部件均有发光二极管或多段数码管，通过指示灯的亮与灭，数码管的显示状态（如数字编号、符号等）来为维修人员指示故障所在位置及其类型。因此，根据控制系统的 LED（发光二极管）或数码管指示是另一种自诊断指示方法。如果和故障报警号同时报警，综合二者的报警内容，可更加明确地指示出故障的位置。

例如，FANUC 10，11 系统的主电路板上有一个七段 LED 数码管，在电源接通后，系统首先进行自检，这时数码管的显示不断改变，最后显示 "1" 而停止，说明系统正常。如果停止于其他数字或符号上，则说明系统有故障，且每一个符号表示相应的故障内容，维修人员就可根据显示的内容进行相应的检查和处理。

3. 根据 PC 状态或梯形图进行故障诊断

现在的数控机床几乎毫无例外地使用了可编程序控制器（PC），只不过有的与 CNC 系统合并起来，统称为 CNC。但在大多数数控机床上，二者还是相互独立的，二者通过接口相联系。无论其形式如何，PC 的作用都是相同的，主要进行开关量的管理与控制。控制对象一般是换刀系统，工作台板转换系统，液压、润滑、冷却系统及其他自动辅助装置等。这些系统及装置具有大量的开关测量反馈元件，发生故障的概率较大。特别是在偶发故障期，CNC 部分及各电路板的故障较少，上述各部分发生的故障可能会成为主要的诊断维修目标。因此，对这部分内容要熟悉。首先熟悉各测量反馈元件的位置、作用及发生故障时的现象与后果。对 PC 本身也要有所了解，特别是梯形图或逻辑图要尽量弄明白。这样，一旦发生故障，可帮助你从更深的层次认识故障的实质。

PC 输入输出状态的确定方法是每一个维修人员所必须掌握的。因为当进行故障诊断时经常需要确定一个传感元件是什么状态以及 PC 的某个输出应为什么状态。用传统的方法进行测量非常麻烦，甚至难以做到。一般数控机床都有能够从 CRT 上或 LED 指示灯上非常方便地确定其输入输出状态。

4. 用诊断程序进行故障诊断

绝大部分数控系统都有诊断程序。所谓诊断程序就是对数控机床各部分包括数控系统本身进行状态或故障检测的软件，当数控机床发生故障时，可利用该程序诊断出故障源所在范围或具体位置。用诊断程序进行故障诊断一般有三种形式，即启动诊断、在线诊断（或称后台诊断）和离线诊断。

启动诊断指从每次通电开始至进入正常的运行准备状态止，CNC 内部诊断程序自动执行的诊断，一般情况下数秒之内即告完成，其目的是确认系统的主要硬件是否正常工作。主要检查的硬件包括：CPU、存储器、I/O 单元等电路板或模块；CRT/MDI 单元、阅读机、软盘单元等装置或外设。若被检测内容正常，则 CRT 显示表明系统已进入正常运行的基本画面（一般是位置显示画面）。否则，将显示报警信息。

在线诊断是指在系统通过启动诊断进入运行状态后由内部诊断程序对 CNC 及与之相连接的外设、各伺服单元和伺服电机等进行的自动检测和诊断。只要系统不断电，在线诊断也就不会停止，在线诊断的诊断范围大，显示信息的内容也很多。一台带有刀库和台板转换的加工中心报警内容有五六百条。本节前边所介绍的报警号及 LED 指示灯就是启动诊断和在线诊断的内容显示。

离线诊断是利用专用的检测诊断程序进行的旨在最终查明故障原因、精确确定故障部位的高层次诊断，离线诊断的程序存储及使用方法一般不相同。如美国 A-B 公司的 8200 系统在作离线诊断检查时才把专用的诊断程序读入 CNC 中作运行检查。而 Cincinnati Acramatic 850 和 950 则将这些诊断程序与 CNC 控制程序一同存入 CNC 中，维修人员可以随时用键盘调用这些程序并使之运行，在 CRT 上观察诊断结果。需要注意的是，有些厂商不向用户提供离线诊断程序，有些则作为选择订货内容。在机床的考察、订货时要注意到这一点。

9.2.2　根据机床参数进行故障诊断

机床参数也称机床常数，为数控系统与具体机床相匹配时所确定的一组数据，它实际上是 NC 程序中未定的数据或可选择的方式。机床参数通常存于 RAM 中，由厂家根据所配机床的具体情况进行设定，部分参数还要通过调试来确定。机床参数大都随机床以参数表等形式提供给用户。

由于某种原因，如误操作等，存于 RAM 中的机床参数可能会发生改变甚至丢失而引起机床故障。在维修过程中，有时也需要利用某些机床参数对机床进行调整，还有的参数需根据机床的运行情况及状态进行必要的修正。因此，维修人员对机床参数应尽可能地熟悉，理解其含义，只有在理解的基础上才能很好地利用它，才能正确地进行修正而不致产生错误。

9.2.3　其他诊断方法

1．经验法

虽然数控系统都有一定的自诊断能力，但仅靠这些有时还是不能全部解决问题。部分数控系统自诊断能力较差，能够进行诊断的范围有限。这就要求维修人员根据自己的知识和经验，对故障进行更深入更具体的诊断。

在对数控机床的组成有了充分的了解后，根据故障现象大都可以判断出故障诊断的方向。一般说来，驱动系统故障首先检查反馈系统、伺服电机本身、伺服驱动板及指令电压，如测速反馈环、位置反馈环、指令增益、检测倍率和漂移补偿等。自动换刀不能执行则应首先检查换刀基准点的到位情况，液、气压是否正常，相关限位开关的动作是否正常等。

知识和经验要靠平时的学习与维修实践的总结和积累，而这些又是数控机床维修所必不可少的。因此，作为维修人员在平时就要抓紧业务技术学习，提高知识和实践水平。特别是要充分熟悉机床资料，不放过任何有价值的内容。故障排除之后，要总结经验，尽量将故障原因和处理方法分析清楚，并作好记录，这样，维修水平就会很快得到提高。

2. 换板法

当经过努力仍不能确定故障源在哪块线路板时，采用换板法是行之有效的。具体说来，就是将怀疑目标用备件板进行更换，或用机床相同的板进行互换。然后启动机床，观察故障现象是否消失或转移，以确定故障的具体位置。如果故障现象仍然存在，说明故障与所更换的电路板无关，而在其他部位；如果故障消失或转移，则说明更换之板正是故障板。

换板之前一定要确认故障在该板的可能性最大，用其他方法又难以确定其好坏，做到有的放矢，而不能盲目换板；另外该板的输入输出是正常的，至少要确认电源正常，负载不短路，若将旧板拔下，不经检查和判断就轻易地换上新板，有可能造成新板的损坏。

此外，换板时还要注意：

（1）若非对系统十分了解，有相当的把握，一般不要轻易更换 CPU 板及存储器板，这样有可能造成程序和机床参数的丢失，造成故障的扩大。

（2）若是 EPROM 板或板上有 EPROM 芯片，请注意存储器芯片上贴的软件版本标签是否与原板完全一致。若不一致，则不能更换。

（3）有些板是通用的，要根据机床的具体情况及使用位置进行设定。因此要注意板上拨动开关的位置是否与原板一致，短路线的设置是否与原板相同。

总之，换板法一般是行之有效的，是一种常用的故障诊断方法。但要小心谨慎地进行，否则，可能达不到预期的目的，而使故障诊断复杂化，也可能损坏备用板甚至引起严重的后果。

9.3　新技术在数控机床故障诊断中的应用

随着科学技术的发展及 CNC 技术的成熟与完善，新的理论和方法在诊断领域的应用，已使数控机床故障诊断技术进入了一个更高的阶段。出现了许多新兴的诊断系统，其中最引人注目的是"专家诊断系统"、"人工神经元网络故障诊断系统"、"自修复系统"和"通信诊断系统"，这些新技术的发展与应用，无疑会给数控维修特别是故障诊断提供更有效的方法与手段。

9.3.1 数控机床故障诊断的专家系统

专家诊断系统又称智能诊断系统。它将专业技术人员、专家的知识和维修技术人员的经验整理出来，运用推理的方法编制成计算机故障诊断程序库。专家诊断系统主要包括知识库和推理机两部分，如图 9-2 所示。知识库中以各种规则形式存放着分析和判断故障的实际经验和知识；推理机利用知识库内的产生式规则(If...then...)和 CNC 系统的状态信息，自动模仿专家（利用知识和经验解决复杂问题的思维活动）进行故障诊断，寻求故障原因和排除故障的方法。操作人员通过 CRT/MDI 用人机对话的方式使用专家诊断系统，操作人员输入数据或选择故障状态，从专家诊断系统处获得故障诊断的结论。一个完整的数控机床故障诊断专家系统应为图 9-3 所示的结构。

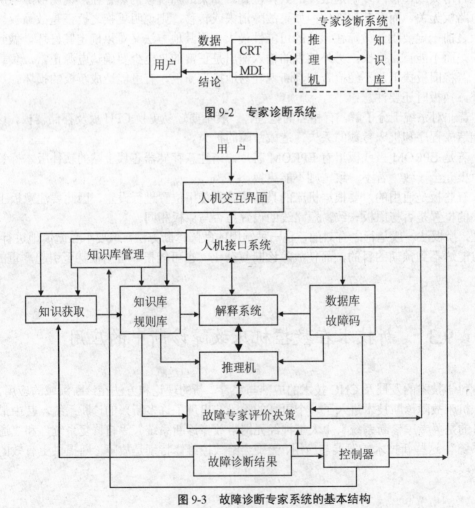

图 9-2　专家诊断系统

图 9-3　故障诊断专家系统的基本结构

　　数控机床故障诊断专家系统包括：数据库和故障码、知识库和规则库、知识库的管理、人机接口系统、推理机、解释系统、专家评价决策与控制器等主要模块。它可以用于故障监测、故障分析和决策处理，也可进行在线实时诊断和离线诊断。专家诊断系统程序在知识库和数据库的基础上，通过推理机制，综合利用各种规则，必要时还可调用各种应用程序，并在运行时向用户索取必要的信息，可尽快地直接找到最后故障，或最有可能的故障，再由人确定最后故障。

　　FANUC 公司用于 F-15 的故障诊断专家系统，其知识库存放着专家们已掌握的有关数控系统的各种故障原因及其处理方法，而推理机（推理软件）则能根据知识库中的知识或经验，进行分析，查找出故障的原因，综合给出故障等级。并根据故障等级的评价，对系统作出修改操作和控制或者停机维修的决定，而不是简单地搜索现成的答案。F-15 系统的推理机是一种采用"后向推理"策略的高级诊断系统。所谓后向推理是指先假设结论，然后再检查支持这个结论的条件是否成立，若具备则结论成立。在使用时，用户只要通过 CRT/MDI 作一些简单会话式回答的操作，即可诊断出 CNC 系统或机床的故障原因和位置。

9.3.2　人工神经元网络故障诊断系统

　　神经元网络理论是在现代神经科学研究成果的基础上发展起来的，神经元网络由许多并行的功能单元组成，这些单元类似于生物神经系统的单元，神经元网络反映了人脑功能的若干特性，是一种抽象的数学模型，出自不同的研究目的和角度，它可以作为大脑结构模型、认识模型、计算机信息处理方式和算法结构。神经元网络的特点是信息的分布式存储和并行协同处理，它有很强的容错性和适应性，善于联想、综合和推理。

　　神经元网络进行数控机床故障诊断的原理为：将数控机床的故障症状作为神经元网络的输入，将查得的故障原因作为神经元网络的输出，对神经元网络进行训练。神经元网络经过学习将得到的知识以分布的方式隐式地存储在各个网络上，其每个输出对应一个故障原因。当数控机床出现故障时，将故障现象或数控机床的症状输入到该故障神经元网络中，神经元网络通过并行、分布计算，便可将诊断结果通过神经元网络的输出端输出。由于神经元网络具有联想、容错、记忆、自适应、自学习和处理复杂多模式故障的优点，因而非常适用于像数控机床故障诊断这样的事情，是数控机床故障诊断新的发展方向。

9.3.3　自修复系统

　　自修复系统就是在控制系统内装一套备用板和诊断控制程序，当某一台电路板发生故障时，控制系统通过诊断控制程序进行判断，确定故障板后，即将该板与系统隔离，并启动备用板，机床就可以继续进行加工，同时发出报警信号，通知维修人员更换故障板。这种系统的优点是，发生故障不停机，修理工作不占机时，但系统成本较高。

Cincinnati-Milacron 公司的 950CNC 系统具有自修复系统功能。

9.3.4 通信诊断系统

通信诊断是指利用电话线路（或 Intemet 网）将 CNC 系统与该系统生产厂家设立的中央维修站连接起来，通过向用户设备发送诊断程序所进行的一种远程诊断，通信诊断系统结构如图 9-4 所示。当用户 CNC 系统出现故障时，CNC 系统经电话线路（或 Intemet 网）与中央维修站通信诊断计算机相连，由中央维修站向 CNC 系统发送诊断程序，并使 CNC 系统或机床执行某种指令，同时收集运行测试数据，分析比较，确定故障所在，然后将诊断结论和处理方法通知用户。通信诊断除用于故障发生后的诊断处理外，还可为用户作定期预防性诊断。SIEMENS 公司的数控系统就是采用了这种诊断功能。随着通信技术尤其是网络技术的发展，通信诊断技术的应用将日益广泛，对提高数控系统的可靠性具有特别重要的意义。

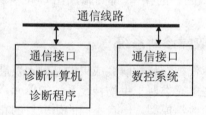

图 9-4 通信诊断系统

将专家系统、神经元网络、通信诊断和自修复等新技术结合起来，发挥各自的优点，对数控机床的故障诊断工作的开展、降低维护费用都具有及其重要的意义。

9.4 数控机床的维修

数控机床的故障维修，有以下几个方面。

9.4.1 数控系统的故障维修

由于各类数控机床所配的数控系统硬软件越来越复杂，加之制造厂商不完全向用户公开硬软件资料，因此数控系统的故障维修是很困难的。作为用户级的维修人员，其主要任务是正确处理数控系统的外围故障，用换板法修复硬件故障或根据故障现象及报警内容，正确判断出故障电路板或故障部件。至于换下来的故障电路板，可尽量做一些检查与修理。

数控系统的几个常见故障维修。

1. 数控系统不能接通电源

数控系统的电源输入单元（Input Unit）有电源指示灯（绿色发光二极管），如果此灯不亮，说明交流电源未加到输入单元，可检查电源变压器是否有交流电源输入；如果交流电源已输入，应检查输入单元的熔断丝是否烧断。

如果输入单元上的故障指示灯（红色发光二极管）亮，应检查数控系统的电源单元，一般是由于电源单元的工作允许信号 EN（Enable Signal）消失，输入单元切断了电源单元的供电。在此情况下，可能有两种原因：电源单元故障所致或电源单元的负载（即数控系统）故障所致。当然，输入单元故障也会引起故障指示灯亮，不过这种情况较为少见。

此外，数控系统操作面板上的电源开关（ON，OFF 按钮）中的 OFF 按钮接触不良，造成电源输入无法自保持，使得一旦松开 ON 按钮，电源即被切断，其现象也造成数控系统不能接通电源。

2. 数控系统的电池问题

绝大部分数控系统都装有电池，在系统断电期间，作为 RAM 保持或刷新的电源。常用的电池有两种：

（1）可充电的镍镉电池（或其他种类的蓄电池）；

（2）不可充电的高能电池。电压等级也是各种各样。

如果使用的是可充电电池，则数控系统本身有充电装置，在系统通电时由直流电源提供 RAM 的工作电压并给电池充电；在系统断电时，用电池储存的能量来保持 RAM 中的数据。如果使用的是不可充电的高能电池，则在系统通电时，由直流电源提供 RAM 的工作电压；系统断电时，由高能电池提供能量来保持 RAM 中的数据。

无论使用哪种电池，当电池电压不足时，数控系统都会发出报警信号，提醒操作者或维修人员及时更换电池。

更换电池一定要在数控系统通电的情况下进行。否则，存储器中的数据就会丢失，造成系统的瘫痪。

有些进口数控机床使用的电池很难买到，且价格也很贵。一般情况下可使用国产化的代用，原则是：电压相等、容量（按时数）基本相同。如果形状、体积与原电池不同，可焊两根引线，将电池置于合适的地方。

9.4.2　伺服驱动系统的故障维修

伺服驱动系统可分为直流伺服系统和交流伺服系统。目前生产的数控机床所采用的绝大多数是交流伺服系统。伺服驱动系统是一个完整的闭环自动控制系统。其中任一环产生故障或性能有所改变，都会导致整个系统的性能下降或发生故障。加之驱动部分的电流大且易发热、机械部分的间隙摩擦等因素的改变，也会对系统产生影响。测量反馈元件及反馈环的性能改变也会导致系统故障。因此，伺服驱动系统是整个数控机床的主要故障源之一。

下面列举两例常见的伺服驱动系统故障维修。

1. 飞车

这里所说的飞车，是指伺服电动机在运行时，转速持续上升或急剧上升，控制系统无法进行控制，然后造成紧急停车。造成飞车的原因可能是：

（1）从测量反馈元件来的信号异常。测量反馈信号的丢失、畸变或极性反向，均会引起上述故障。一旦发生飞车，可进行如下检查。

① 检查接线，确认是否有正反馈现象，测量反馈元件到电路板之间的连接是否可靠，有无接触不良和断路现象；

② 检查测量反馈元件能否正常工作，光电编码盘输出脉冲的频率或测速机输出电压是否与转速成正比

③ 检查电动机与反馈元件之间的连接是否松动或脱落，光栅尺读数头与运动部件的连接是否松动或脱落。

（2）伺服驱动系统的电路板故障。用换板法检查与伺服控制有关的电路板，有无发热、变色及其他异常之处。还可应用其他高级诊断方法进行检查，如使用诊断程序等。

（3）从 CNC 来的指令信号异常。这类故障多数是由于 D/A 转换器损坏所致，无论数字指令是多少，D/A 转换器输出总是最大值，则会产生貌似飞车但实际并非飞车的现象。检查方法采用测量模拟指令电压法。

2. 振动

振动是一个比较复杂的问题，因为引起振动的原因是多方面的。在分析振动问题时，要注意到振动的振幅和频率，可能会有助于进行故障诊断。

（1）设定原因。检查与速度、位置有关的参数，若有误，则修正。按照说明书的规定，检查速度控制系统的短路线设定、开关设定、电位器设定是否有误。

（2）振动频率与进给速度成正比变化时，可能有以下原因：

① 速度反馈元件（如测速发电机）或电动机本身有问题；

② 与转动有关的机械部分有问题。

（3）振动频率不随进给速度变化，可能有以下原因：

① 伺服驱动系统电路板设定或调整不良；

② 伺服系统电路板有故障。

（4）机械振动。车床的刀杆刚性不足，切削刃不锋利，机械连接的松动，轴承、齿轮、同布皮带的损坏，导轨的爬行等，都可能引起振动。

9.4.3　机械系统故障维修

数控机床的各运动部分都是电动、液动或气动驱动的，由各部分的共同作用来完成机械移动、转动、夹紧松开、变速和刀具转位等各种动作。当机床工作时，它们的各项功能相结合，发生故障时也混在一起。有些故障形式相同，但引起故障的原因却不同。这给故障诊断和排除带来了很大困难。

各种机械故障通常可通过细心维护保养、精心调整来解决。对于已磨损、损坏或者已失去功能的零部件，可通过修复或更换部件来排除故障。由于床身结构刚性差、切削振动大、制造质量差等原因而产生的故障，则难以排除。

下面以加工中心机床上主轴锥孔内弹性夹头的调整为例，说明机械故障处理情况。

主轴锥孔内的弹性夹头用于将安装在主轴锥孔内的刀柄拉紧，其拉紧靠碟形弹簧，松开靠液压油缸克服碟形弹簧力。该弹性夹头如果由于调整不当，或由于长期使用造成各部分磨损，有可能引起刀柄在锥孔内拉得不紧，刀柄锥度部分与主轴锥孔不能很好地贴合，因而造成刀柄松动，以致影响加工精度甚至根本不能加工。在少数情况下，也可能会出现释放刀具时，由于弹性夹头未完全张开而造成取下刀柄困难。

产生上述故障的根本原因是由于弹性夹头的位置不合适，对其进行适当的调整即可解决。调整时一般以弹性夹头底部与主轴锥孔外沿平面的距离作为控制尺寸来进行，当然最终要以实际的装刀卸刀柄来检验。

9.4.4　液压系统故障维修

液压系统是整个数控机床的重要组成部分，一般用于完成主轴抓刀机构的释放、换刀机械手的驱动、某些部位的夹紧等。数控机床的液压系统一般并不复杂（大型数控机床和使用液压伺服系统的数控机床除外），故障处理也不困难。

液压系统的故障大多数是由于维护保养不当所致。因此，平时按规定对液压系统进行维护和保养，液压系统的大多数故障都可避免发生。液压系统的日常维护保养内容一般在说明书上都有详细的规定，在此不做进一步说明。需要注意的是，当液压系统更换液压油品种时，要将系统中原有的油全部放掉并清洗系统，然后再加入新油，千万不要将不同牌号的油混合使用。

9.4.5　压缩空气系统故障处理

气动系统在数控机床上担任辅助工作，如换刀时，用于清洗刀柄和上轴锥孔；更换工作台板时，用于清洗导轨、定位孔和定位销；有安全工作间（封闭式机床的防护罩）的，用于驱动工作间门的启闭；更换工作台板时，抬起安全防护罩等。还有的机床利用气动系统实现旋转工作台的制动解除。在数控机床上，还常常使用气动卡盘、自动转位刀架等。

气动系统较为简单，一般不易出现故障，即使出现故障也比较容易解决。

气动系统的多数故障是由于杂质（主要为铁锈与水分）引起的。

由压缩空气系统中的杂质引起的故障一般是过滤器阻塞。发生这种故障时，要对过滤器进行清洗。数控机床上的空气过滤器使用的多为金属或陶瓷烧结滤芯。消洗时首先取出滤芯，用毛刷和汽油清洗，再用压缩空气从里往外吹，这样反复进行，直到清洗干净。有条件的单位，最好用超声波清洗机进行清洗，这样既快又干净。保持压缩空气的干燥方能保证气动系统不受水分的影响。这就要求在压缩空气进入机床前进行干燥处理。简单的方法是加一个气水分离器（水分滤气器）。有条件的单位，可将压缩空气进行冷却干燥，使压缩空气的温度低于机床安装厂房的环境温度，这样可有效地防止压缩空气中的水分遇冷而产生冷凝水。

另外，雾化油杯中的油面要经常检查，不能缺油。因为雾化油杯担负着整个气动系统运动零部件的润滑任务。如果雾化油杯缺油，就会加速磨损，甚至造成运动不灵活、锈蚀等问题。

9.4.6 其他系统故障处理

数控机床一般还包括冷却及通风系统、润滑系统等，这些系统也都是数控机床的重要组成部分。无论哪一部分出现问题，数控机床都不能正常运行。

1. 冷却及通风系统

多数数控机床的控制柜采用风冷。对风冷系统要经常检查风扇运转是否正常，进风口的空气过滤垫是否需要清洗等。有些系统采用制冷装置对控制柜进行冷却，其作用原理与一般空调相同。对冷却装置，需要经常进行检查，主要检查冷却装置的制冷效果，如果制冷效果不佳或根本不制冷，应赶快进行修理。

2. 润滑系统

有的数控机床由主轴润滑和中心润滑两套系统组成。

主轴润滑系统专门用来对主轴传动机构进行润滑。由油泵出来的油通过流量计到供油管流量计，预先被调到一定的流量，若出现异常（如油流中断），则发出报警信号。中心润滑系统用于对数控机床所有的滑动面（如导轨副）和运动部件进行润滑。油管中装有压力继电器，当中心润滑系统出现故障时，压力继电器就会切断所有的进给驱动回路的电源，使机床停止工作，同时显示报警内容。

润滑系统维护保养的特点是：选用合适的润滑油品，经常检查油位，不能缺油。在更换润滑油品牌时，一定要将原有的油放掉，并加入煤油至少运行 0.5 h，将管路清洗干净，再加入新油运行。

9.5　思　考　题

1. 叙述可靠性及可靠性的主要衡量指标。
2. 数控机床的故障规律如何？
3. 数控机床的故障诊断常用方法有哪些？
4. 数控机床发生故障，你会怎么去做？
5. 数控机床故障诊断的新技术有哪些？
6. 数控机床的故障维修主要有哪些方面？

附录 1 附 表

附表 1 转位车刀型号表示规则

型号表示规则	内 容		
	代号	车刀刀片夹紧方式	说明
第一位字母表示：车刀的夹紧方式	C		装无孔刀片，利用压板从刀片上方将刀片夹紧，如压板式
	M		装圆孔刀片，从刀片上方并利用刀片孔将刀片夹紧，如楔钩式
	P		装圆孔刀片，利用刀片孔将刀片夹紧，如杠杆式，偏心式，拉垫式等
	S		装沿孔刀片，螺钉直接穿过刀片孔，将刀片夹紧，如压孔式

	代号	刀片形状	名称	代号	刀片形状	名称
第二位字母表示：车刀刀片的形状（注：对于菱形、平行四边形，表中所示角度指较小的角度）	T		正三边形	P		五边形
	W		凸三边形	H		六边形
	F		偏 8 度三边形	O		八边形
	S		正方形	L		矩形

(续表)

型号表示规则	内 容					
	代号	刀片形状	名称	代号	刀片形状	名称
第二位字母表示：车刀刀片的形状（注：对于菱形、平行四边形，表中所示角度指较小的角度）	R		圆形	K		55度平行四边形
	V		35度菱形	B		82度平行四边形
	D		55度菱形			
	E		75度菱形	A		85度平行四边形
	C		80度菱形			
	M		86度菱形			
	代号	车刀头部的形式	名称	代号	车刀头部形式	名称
第三位字母表示：车刀头部形式（注：D型和S型车刀也可以安装圈形（R）刀片）	A		90度直头外圆车刀	G		90度偏头外圆车刀
	B		75度直头外圆车刀	J		93度偏头外圆（仿形）车刀
	C		90度直头端面车刀	K		75度偏头端面车刀
	D		45度直头外圆车刀	L		95度偏头外圆（端面）车刀
	E		60度直头外圆车刀	M		50度直头外圆车刀
	F		90度偏头端面车刀	N		63度直头外圆车刀
	R		75度偏头外圆车刀	V		72.5度直头外圆车刀
	S		45度偏头外圆车刀	W		60度偏头端面车刀
	T		60度偏头外圆车刀	Y		85度偏头端面车刀

（续表）

型号表示规则	内　容				
	代号	车刀头部的形式	名称	代号	车刀头部形式	名称

型号表示规则	代号	车刀头部的形式	名称	代号	车刀头部形式	名称
	U		93 度偏头端面车刀			

型号表示规则	代号	刀片法后角（度）		代号	刀片法后角（度）	
第四位字母表示：车刀刀片法后角大小	A	3		F	25	
	B	6		G	30	
	C	7		N	0	
	D	15		P	11	
	E	20		O	其余的后角，需专门说明	

注：如所有切削刃都用来作主切削刃、且具有不同的后角，则法后角表示较长一段切削刃的法后角、这段较长的切削刃，亦即代表切削刃的长度

第五位字母表示：车刀的切削方向	R：右切车刀；L：左切车刀；N：左、右切通用车刀
第六位用两位数字表示：车刀的刀尖高度	例如：刀尖高度为 25mm 的车刀，则第六位代号为 25
第七位用两位数字表示：车刀刀杆的宽度	例如：刀杆宽度为 20mm 的车刀，则第七位代号为 20，刀杆宽度为 8mm 时，则第七位代号为 08

第八位用符号"—"表示：车刀的长度符合《可转位车刀型式尺寸和技术条件》的规定，否则用一字母表示其长度值	代号	车刀长度	代号	车刀长度	代号	车刀长度	代号	车刀长度
	A	32	G	90	N	160	U	350
	B	40	H	100	P	170	V	400
	C	50	J	110	Q	180	W	450
	D	60	K	125	R	200	X	特殊尺寸
	E	70	L	140	S	250	Y	500
	F	80	M	150	T	300		

第九位用两位数字表示：车刀刀片的边长	选取舍去小数值部分的刀片切削刃长度或刀片理论边长值作代号，例如：切削刃长度为 16.5mm，则数字代号为 16。如舍去小数部分后只剩下一位数字，则必须在数字前加"0"，例如：切削刃长度为 9.525mm，则数字代号为 09

第十位用一字母表示：不同测量基准的精密级车刀	代号	简　图	测量基准面
	Q		外侧面和后端面
	F		内侧面和后端面

（续表）

型号表示规则	内　容		
	代号	简　图	测量基准面
第十位用一字母表示：不同测量基准的精密级车刀	B	h1±0.08　英格　L±0.08	内、外侧面和后端面
车刀型号示例：PTGNR2020－16Q	P	车刀刀片夹紧方式为利用刀片孔将刀片夹紧	
	T	车刀刀片形状为正三边形刀片	
	G	车刀头部形式为 G 型（90 度偏头外圆车刀）	
	N	车刀刀片法后角为 0 度	
	R	车刀切削方向为右切	
	20	车刀刀尖高度为 20mm	
	20	车刀刀杆宽度为 20mm	
	－	车刀长度为标准长度（L=125mm）	
	16	车刀刀片边长为 16.5mm	
	Q	表示以车刀的外侧面和后端面为测量基准的精密级车刀	

附表 2　成套量块尺寸及块数

套别	总块数	级别	尺寸系列(mm)	间隔(mm)	块数
1	91	00，0，1	0.5	—	1
			1	—	1
			1.001，1.002…1.009	0.001	9
			1.01，1.02…1.49	0.01	49
			1.5，1.6…1.9	0.1	5
			2.0，2.5…9.5	0.5	16
			10，20…100	10	10
2	83	00，0，1，2	0.5	—	1
			1	—	1
			1.005	—	1
			1.01，1.02…1.49	0.01	49
			1.5，1.6…1.9	0.1	5
			2.0，2.5…9.5	0.5	16
			10，20…100	10	10
3	46	0，1，2	1	—	1
			1.001，1.002…1.009	0.001	9
			1.01，1.02…1.09	0.01	9

（续表）

套别	总块数	级别	尺寸系列(mm)	间隔(mm)	块数
3	46	0，1，2	1.1，1.2…1.9	0.1	9
			2，3…9	1	8
			10，20…100	10	10
4	38	0，1，2，（3）	1	—	1
			1.005	—	1
			1.01，1.02…1.09	0.01	9
			1.1，1.2…1.9	0.1	9
			2，3…9	1	8
			10，20…100	10	10
5	10	00，0，1	0.991，0.992…1	0.001	10
6	10	00，0，1	1，1.001…1.009	0.001	10
7	10	00，0，1	1.991，1.992…2	0.001	10
8	10	00，0，1	2，2.001，2.002…2.009	0.001	10
9	8	00，0，1，2，（3）	125，150，175，200，250，300，400，500		8
10	5	00，0，1，2，（3）	600，700，800，900，1000		5
11	10	0，1	2.5，5.1，7.7，10.312.9，15，17.6，20.2，22.8，25		10
12	10	0，1	27.5，30.1，32.7，35.3，37.9，40，42.6，45.2，47.8，50		10
13	10	0，1	52.5，55.1，57.7，60.3，62.9，65，67.6，70.2，72.8，75		10

附表 3　HNC－21M 型加工中心准备功能一览表

G 指 令	组	功　能	参数（后续地址字）
G00	01	快速定位	X_ Y_ Z_
★ G01		直线插补	X_ Y_ Z_
G02		顺圆插补	X_ Y_ Z_ I J K_ 或 X_ Y_ Z_ R_
G03		逆圆插补	X_ Y_ Z_ I J K_ 或 X_ Y_ Z_ R_
G04	00	暂停	P_
G07	16	虚轴指定	X_ Y_ Z_
G09	00	准停校验	
★ G17	02	平面选择	
G18		平面选择	
G19		平面选择	
G20	08	英寸输入	
★ G21	08	毫米输入	
G22		脉冲当量	
G24	03	镜像开	X_ Y_ Z_
★ G25		镜像关	
G28	00	返回到参考点	X_ Y_ Z_

（续表）

G 指令		组	功　能	参数（后续地址字）
	G29		由参考点返回	X_ Y_ Z_
★	G40	09	刀具半径补偿取消	
	G41		左刀补	D_
	G42		右刀补	D_
	G43	10	刀具长度正向补偿	H_
	G44		刀具长度负向补偿	H_
★	G49		刀具长度补偿取消	
★	G50	04	缩放关	
	G51		缩放开	X_ Y_ Z_ P_
	G52	00	局部坐标系设定	
	G53		直接机床坐标系编程	
★	G54	11	工件坐标系 1 选择	
	G55		工件坐标系 2 选择	
	G56		工件坐标系 3 选择	
	G57		工件坐标系 4 选择	
	G58		工件坐标系 5 选择	
	G59		工件坐标系 6 选择	
	G60	00	单方向定位	X_ Y_ Z_
★	G61	12	精确停止校验方式	
	G64		连续方式	
	G65	00	子程序调用	P_
	G68	05	旋转变换	X_ Y_ Z_ P_
★	G69		旋转取消	X_ Y_ Z_ P_ Q_ R_ I_ J_ K_
	G73		快速钻深孔循环	X_ Y_ Z_ R_ Q_ P_ K_ F_ L_
	G74		反攻丝循环	X_ Y_ Z_ R_ P_ F_ L_
	G76		精镗循环	X_ Y_ Z_ R_ P_ I_ J_ F_ L_
★	G80	06	固定循环取消	
	G81		定心钻循环	X_ Y_ Z_ R_ F_ L_
	G82		带停顿的钻孔循环	X_ Y_ Z_ R_ P_ F_ L_
	G83		钻深孔循环	X_ Y_ Z_ R_ Q_ P_ K_ F_ L_
	G84		攻丝循环	X_ Y_ Z_ R_ P_ F_ L_
	G85		镗孔循环	X_ Y_ Z_ R_ P_ F_ L_
	G86		镗孔循环	X_ Y_ Z_ R_ F_ L_
	G87		反镗循环	X_ Y_ Z_ R_ P_ I_ J_ F_ L_
	G88		镗孔循环	X_ Y_ Z_ R_ P_ F_ L_
	G89	06	镗孔循环	X_ Y_ Z_ R_ F_ L_
★	G90	13	绝对值编程	
	G91		增量值编程	
	G92	00	工件坐标系设定	X_ Y_ Z_
★	G94	14	每分钟进给	

（续表）

G 指 令		组	功　　能	参数（后续地址字）
	G95		每转进给	
★	G98	15	固定循环返回起始点	
	G99		固定循环返回到 R 点	

① 00 组中的 G 代码是非模态的，其他组的 G 代码是模态的。

② ★标记者为缺省值。

附表4　宏变量一览表

宏变量名及含义	宏变量名及含义	宏变量名及含义
#0～#49 当前局部变量	#50～#199 全局变量	#200～#249 0 层局部变量
#250～#299 1 层局部变量	#300～#349 2 层局部变量	#350～#399 3 层局部变量
#400～#449 4 层局部变量	#450～#499 5 层局部变量	#500～#549 6 层局部变量
#550～#599 7 层局部变量	#600～#699 刀具长度寄存器	#700～#799 刀具半径寄存器
#800～#899 刀具寿命寄存器	#1000 "机床当前位置 X"	#1001 "机床当前位置 Y"
#1002 "机床当前位置 Z"	#1003 "机床当前位置 A"	#1004 "机床当前位置 B"
#1005 "机床当前位置 C"	#1006 "机床当前位置 U"	#1007 "机床当前位置 V"
#1008 "机床当前位置 W"	#1009 "直径编程"	#1010 "程编机床位置 X"
#1011 "程编机床位置 Y"	#1012 "程编机床位置 Z"	#1013 "程编机床位置 A"
#1014 "程编机床位置 B"	#1015 "程编机床位置 C"	#1016 "程编机床位置 U"
#1017 "程编机床位置 V"	#1018 "程编机床位置 W"	#1019 保留
#1020 "程编工件位置 X"	#1021 "程编工件位置 Y"	#1022 "程编工件位置 Z"
#1023 "程编工件位置 A"	#1024 "程编工件位置 B"	#1025 "程编工件位置 C"
#1026 "程编工件位置 U"	#1027 "程编工件位置 V"	#1028 "程编工件位置 W"
#1029 保留	#1030 "当前工件零点 X"	#1031 "当前工件零点 Y"
#1032 "当前工件零点 Z"	#1033 "当前工件零点 A"	#1034 "当前工件零点 B"
#1035 "当前工件零点 C"	#1036 "当前工件零点 U"	#1037 "当前工件零点 V"
#1038 "当前工件零点 W"	#1039 保留	#1040 "G54 零点 X"
#1041 "G54 零点 Y"	#1042 "G54 零点 Z"	#1043 "G54 零点 A"
#1044 "G54 零点 B"	#1045 "G54 零点 C"	#1046 "G54 零点 U"
#1047 "G54 零点 V"	#1048 "G54 零点 W"	#1049 保留
#1050 "G55 零点 X"	#1051 "G55 零点 Y"	#1052 "G55 零点 Z"
#1053 "G55 零点 A"	#1054 "G55 零点 B"	#1055 "G55 零点 C"
#1056 "G55 零点 U"	#1057 "G55 零点 V"	#1058 "G55 零点 W"
#1059 保留	#1060 "G56 零点 X"	#1061 "G56 零点 Y"
#1062 "G56 零点 Z"	#1063 "G56 零点 A"	#1064 "G56 零点 B"
#1065 "G56 零点 C"	#1066 "G56 零点 U"	#1067 "G56 零点 V"
#1068 "G56 零点 W"	#1069 保留	#1070 "G57 零点 X"
#1071 "G57 零点 Y"	#1072 "G57 零点 Z"	#1073 "G57 零点 A"
#1074 "G57 零点 B"	#1075 "G57 零点 C"	#1076 "G57 零点 U"
#1077 "G57 零点 V"	#1078 "G57 零点 W"	#1079 保留

（续表）

宏变量名及含义	宏变量名及含义	宏变量名及含义
#1080 "G58 零点 X"	#1081 "G58 零点 Y"	#1082 "G58 零点 Z"
#1083 "G58 零点 A"	#1084 "G58 零点 B"	#1085 "G58 零点 C"
#1086 "G58 零点 U"	#1087 "G58 零点 V"	#1088 "G58 零点 W"
#1089 保留	#1090 "G59 零点 X"	#1091 "G59 零点 Y"
#1092 "G59 零点 Z"	#1093 "G59 零点 A"	#1094 "G59 零点 B"
#1095 "G59 零点 C"	#1096 "G59 零点 U"	#1097 "G59 零点 V"
#1098 "G59 零点 W"	#1099 保留	#1100 "中断点位置 X"
#1101 "中断点位置 Y"	#1102 "中断点位置 Z"	#1103 "中断点位置 A"
#1104 "中断点位置 B"	#1105 "中断点位置 C"	#1106 "中断点位置 U"
#1107 "中断点位置 V"	#1108 "中断点位置 W"	#1109 "坐标系建立轴"
#1110 "G28 中间点位置 X"	#1111 "G28 中间点位置 Y"	#1112 "G28 中间点位置 Z"
#1113 "G28 中间点位置 A"	#1114 "G28 中间点位置 B"	#1115 "G28 中间点位置 C"
#1116 "G28 中间点位置 U"	#1117 "G28 中间点位置 V"	#1118 "G28 中间点位置 W"
#1119 "G28 屏蔽字"	#1120 "镜像点位置 X"	#1121 "镜像点位置 Y"
#1122 "镜像点位置 Z"	#1123 "镜像点位置 A"	#1124 "镜像点位置 B"
#1125 "镜像点位置 C"	#1126 "镜像点位置 U"	#1127 "镜像点位置 V"
#1128 "镜像点位置 W"	#1129 "镜像屏蔽字"	#1130 "旋转中心（轴 1）"
#1131 "旋转中心（轴 2）"	#1132 "旋转角度"	#1133 "旋转轴屏蔽字"
#1134 保留	#1135 "缩放中心（轴 1）"	#1136 "缩放中心（轴 2）"
#1137 "缩放中心（轴 3）"	#1138 "缩放比例"	#1139 "缩放轴屏蔽字"
#1140 "坐标变换代码 1"	#1141 "坐标变换代码 2"	#1142 "坐标变换代码 3"
#1143 保留	#1144 "刀具长度补偿号"	#1145 "刀具半径补偿号"
#1146 "当前平面轴 1"	#1147 "当前平面轴 2"	#1148 "虚拟轴屏蔽字"
#1149 "进给速度指定"	#1150 "G 代码模态值 0"	#1151 "G 代码模态值 1"
#1152 "G 代码模态值 2"	#1153 "G 代码模态值 3"	#1154 "G 代码模态值 4"
#1155 "G 代码模态值 5"	#1156 "G 代码模态值 6"	#1157 "G 代码模态值 7"
#1158 "G 代码模态值 8"	#1159 "G 代码模态值 9"	#1160 "G 代码模态值 10"
#1161 "G 代码模态值 11"	#1162 "G 代码模态值 12"	#1163 "G 代码模态值 13"
#1164 "G 代码模态值 14"	#1165 "G 代码模态值 15"	#1166 "G 代码模态值 16"
#1167 "G 代码模态值 17"	#1168 "G 代码模态值 18"	#1169 "G 代码模态值 19"
#1170 "剩余 CACHE"	#1171 "备用 CACHE"	#1172 "剩余缓冲区"
#1173 "备用缓冲区"	#1174～#1189 保留	#1190 "用户自定义输入"
#1191 "用户自定义输出"	#1192 "自定义输出屏蔽"	#1193 保留
#1194 保留	#2000：轮廓点数	#2001～2100：轮廓线类型
#2101～2200：轮廓点 X	#2201～2300：轮廓点 Z	#2301～2400：轮廓点 R
#2401～2500：轮廓点 I	#2501～2600：轮廓点 J	

① 变量#600～#699对应刀具长度寄存器H0～H99，变量#700～#799对应刀具半径寄存器D0～D99。

② 变量#2000～#2600为车床复合循环数据区。其中轮廓线类型有0（快进G00）、1（直线插补G01）、2（顺时针圆弧插补G02）、3（逆时针圆弧插补G03），轮廓点X的描述在直径方式下为直径值，在半径方式下为半径值。

附录 2　部分常用数控术语

一、通用术语

1. 适应控制 AC（AdaptiVe Control）

这是一种控制系统，它能根据工作期间检测到的参数自动地改变操作，以适应参数的变化，使系统处于最佳状态。

2. 机电—体化（Mechatronics）

在机械的主功能、动力功能、信息处理功能和控制功能上引用电子技术，并将机械装置和电子设备、软件技术有机地结合起来，构成一个完整的系统。

3. 代码（Code）

代码是表示信息的符号体系。数控用的信息，如字母、数字和符号等，用二进制数码表示。代码可用纸带上的孔来表示。

4. 命令（Command）

这是使运动或功能开始的操作指令。该命令可以是：给机床直接输入的代码；由计算或比较功能产生的输出；由夕卜部指令的相互逻辑作用产生的结果。

5. 数字控制（Numerical Control）

数字控制是近代发展起来的一种自动控制技术，国家标准（GB 8129—87）定义为"用数字化信号对机床运动及其加工过程进行控制的一种方法"，简称数控（NC）。

6. 计算机数控 CNC（Computerized Numerica Control）

这是一种数控系统。在此系统中，采用专用计算机，按照存储在计算机存储器中的控制程序，执行部分或全部数控功能。

7. 直接数字控制（群控）DNC（Direct Numerical Control）

这是一种数控系统，它把一群数控机床与存储零件源程序加工程序的公共存储器相连接，并按要求把数据分配给有关机床。

8. 输入脉冲当量（1east input increment）

由数控带或在手动数据输入时能给出的最小位移。在理想情况下，机床的最小位移与输入脉冲当量一致。

9. 数控技术（Numerical Control Technology）

数控技术是指用数字量及字符发出指令并实现自动控制的技术，它已成为制造业实现自动化、柔性化、集成化生产的基础技术。计算机辅助设计与制造（CAD/CAM）、计算机集成制造系统（CIMS）、柔性制造系统（FMS）和智能制造（IM）等先进制造技术都是建立在数控技术之上。

10．微型机数控 MNC（Microcomputer Numerical Control）

在这种数控系统中，采用微型计算机代替计算机数控中的专用计算机，按照存储在只读存储器中的控制程序，实现部分或全部数控功能。这种数控系统的价格低、可靠性高、功能强、体积小，易于实现多微机控制和机电一体化。

11．数控系统（Numerical Control System）

这是一种数控系统，由数控装置、伺服系统、反馈系统连接而成。它用数字代码形式的信息控制机床的运动速度和运动轨迹，实现对零件给定形状的加工。

12．简易数控系统 SNC（Simple Numerical Control System）

简易数控也称经济型数控，是相对全功能数控而言的。这类数控系统的特点是功能简化、专用性强，精度适中，价格低廉。适用于老设备技术改造和老产品更新。

13．数控机床（Numerical Control Machine Tools）

数控机床是指采用数字控制技术对机床的加工过程进行自动控制的一类机床。国际信息处理联盟第五技术委员会对数控机床作的定义是："数控机床是一个装有程序控制系统的机床，该系统能够逻辑地处理具有使用代码，或其他符号编码指令规定的程序。"

14．数控加工技术（Numerical Control Machining Technology）

数控加工技术是指高效、优质地实现产品零件特别是复杂形状零件加工的技术，是自动化、柔性化、敏捷化和数字化制造加工的基础与关键技术。

二、程序编制和软件术语

1．绝对尺寸，绝对坐标（Absolute dimension，Absolute co-ordinate）
相对坐标系原点，给出一点位置的绝对距离或角度。

2．绝对程序编制（Absolute programming）
采用表示绝对尺寸（绝对坐标）字的程序编制。

3．APT（自动编程系统）及 APT 语言

APT 是 automatically programmed tools 的缩写。APT 语言是对刀具、工件的几何形状及刀具相对工件运动时所用的，接近于日常英语的数控语言，是一种词汇型语言。用该语言书写的零件源程序输给计算机，计算机内存储的 APT 自动编程系统，可把该源程序处理成数控带及加工程序单。作为数控加工用的处理程序（软件）来说，APT 是具有代表性的。

4．自动编程（Automatic programming）

利用计算机和相应的处理程序、后置处理程序对零件源程序进行处理，以得到加工程序和数控带。

5．程序段格式（Block format）

程序段中字、字符和资料的安排形式的规则。数控机床程序段格式主要有可变程序段格式和固定程序段格式。

6．固定程序段格式（Fixed block format）

程序段中字的数量、字的出现顺序及字中的字符数量固定不变的数控程序段格式。

7．可变程序段格式（Variable block format）

程序段中字的顺序是固定的，只有给予某个字以新值时，该字才出现。程序段内字的数量和字符数量为可变的数控程序段格式。

8．增量尺寸（Incremental dimension）

在某一坐标系中，用由前一个位置算起的坐标值增量来表示距离或角度。

9．增量程序段编制（Incremental programming）

采用增量尺寸（增量坐标）字的程序编制。

10．ISO 代码（1SO code）

国际标准化组织 ISO（International Organization for Standardization）规定的由穿孔带传送信息时使用的代码，是以 ASCII 代码为基础 7 位代码（另加重位校验用的补偶码）。

11．手工编程（Manualpartprogramming）

这是人工制备零件的加工程序。但可利用计算机处理程序得出坐标值，再由人工制备加工程序。

12．零件程序（Part program）

这是用数控语言、按规定格式表示的一套指令，其内容是零件的几何形状和工艺描述，该程序经计算机处理程序处理后得到加工程序。

13．加工程序（Machine program）

这是用数控机床输入信息规定的指令和安排格式表示的一套指令，可使数控机床实现对零配件的自动加工。

14．后置处理程序（Post processor）

这是一种计算机程序，它把通用处理程序的输出改变为加工程序，以便在具体的机床和控制系统组合的装置上加工零件。

三、数控系统术语

1．自动加减速（Automatic acceleration and deceleration）

为避免机床在变速时（包括启动和停止）产生冲击而自动地进行速度平滑过渡的加（减）速功能，常采用直线或指数曲线过渡的方法。

2．圆弧插补（Circular interpolation）

在平面上的两点间，用沿着以给定点为圆心的圆弧运动进行的插补。

3．直线插补（Linear interpolation）

在任意的给定两点间，用连接两点的直线运动进行的插补。在采用该方式的数控装置上，曲线与曲面是用直线段来逼近的；具体做法是把沿着刀具轨迹的一个接一个的接点坐标值或增量信息送入数控装置。

4．抛物线插补（Parabolic interpolation）

在平面上给定的两点间，通过几个规定点，用沿着规定的抛物线运动进行的插补。

5．闭环数控系统（Closed loop numerical control system）

检测机床运动部件位置信号或与它等价的量，然后与数控装置输出的指令信号（输入数据或与它等价的物理量）进行比较，若出现差值时就驱动机床有关部件运动，直至差值为零时止。

6．开环数控系统（Open loop numerical control system）

不把控制对象的输入与输出进行比较的数控系统，即没有位置传感器的反馈信号的一种数控系统。这种数控系统较简单，加工精度取决于传动件的精度、机身刚度。

7．指令脉冲（Command pulse）

为使机床有关部分按指令动作而从数控装置送给机床的脉冲。这样的脉冲与机床的单位移动量相对应。

8．插补参数（Interpolation parameters）

定义插补段轨迹所需参数。

9．位置检测器（Position sensor）

这是将位置式移动量变换成便于传送的信号的传感器。

10．响应时间（Response time）

它是过渡过程的品质指标之一，从输入量的数值突变开始，并保持该值，由此而产生的输出量的变化第一次达到输出稳定值的规定比值时所经过的时间，即过渡过程的持续时间。

11．伺服机构（Servo-mechanism）

受控变量为机械位置或它对时间的导数（速度）的一种反馈系统（伺服回路）。

12．伺服系统（Servo system）

这是一种自动控制系统，其中包括功率放大和使输出量的值完全与输入量值相对应的反馈。

13．伺服稳定性（Servo stability）

这是在输出值受到干扰后，伺服系统能把它恢复到平衡值而无振荡或仅有阻尼振荡的能力。

四、机床及加工工艺术语

1．自动操作方式（Automatic made of operation）

这是数控机床的一种操作方式。在该方式中，操作是按照控制数据进行，直到由程序或操作者停止操作为止。

2．自动换刀装置（Automatic Tool Changer ATC）

这是自动地更换加工中所用刀具的装置，根据指令，选择刀库中存放的刀具并由换刀机构自动地装在机床主轴上，用完后从主轴上自动取下存入刀库。

3．注销（Cancel）

取消以前已指定的功能的指令。

4．刀具补偿（Cutter compensation）

即垂直于刀具轨迹的位移，用于修正实际刀具半径或直径与其编程值之差。

5．进给功能（Feed function）

即进给速度的规范说明。

6．固定循环（Fixed cycle，Canned cycle）

这是预先设定的一系列操作，以控制机床坐标轴的位移，或使主轴工作，从而完成镗、钻、攻丝或组合加工。

7．原始位置（Home position）

沿着一个坐标轴，相对于机床基准点定位的一个固定点。通常在此位置换刀或换工作台。

8．起始位置（Initial position）

这是坐标轴上的一个固定点，该点可根据机床的基准点确定，通常用做运动的起点。

9．机床基准点（Machine datum）

这是机床运动部件的固有零位。

10．机床原位（Machine home）

这是机床坐标系的一种状态。在此种状态下，机床所有运动部件都处于原始位置。

11．机床参考位置（Machine tool reference position）

这是预先确定的机床各坐标轴上的位置。在增量控制系统中，用于确定起始位置。

12．机床零位（Machine zero）

这是机床坐标系的原点。

13．手动数据输入 MDI（Manual Data Input）

这是靠手动把资料输给数控装置的方法。

14．主轴速度功能（Spindle speed function）

这是主轴速度的规范说明。

15．刀具长度偏置（Tool length offset）

这是适用于旋转刀具的一种刀具偏置，其位移是沿着 z 轴方向的。位移量等于偏置值。

16．刀具半径偏置（Tool radius offset）

这是适用于旋转刀具的一种刀具偏置。其位移是沿着 x 轴或 y 轴方向的，或同时沿着 x 轴和 y 轴的两个方向，位移量等于偏置值。

17. 零点偏置（Zero offset）

这是控制系统的一种性能，它允许数控测量系统的原点相对机床基准点移动一个给定范围，而原点位置已存入数控系统中。

参考文献

1. 朱晓春主编. 数控技术. 北京：机械工业出版社，2001

2. 林宋，田建君编著. 现代数控技术. 北京：化学工业出版社，2003

3. 叶蓓华主编. 数字控制技术. 北京：清华大学出版社，2002

4. 周济，周艳红编著. 数控加工技术. 北京：国防工业出版社，2002

5. 廖效果主编. 数字控制机床. 武汉：湖北科学技术出版社，2000

6. 张建钢，胡大泽主编. 数控技术. 武汉：华中科技大学出版社，2000

7. 廖效果，朱启述主编. 数字控制机床. 武汉：华中科技大学出版社，2001

8. 明兴祖主编. 数控加工技术. 北京：化学工业出版社，2003

9. 陈志雄主编. 数控机床与数控编程技术. 北京：化学工业出版社，2003

10. 王宝成主编. 数控机床与编程实用教程. 天津：天津大学出版社，2004

11. 刘叔华主编. 数控机床与编程. 北京：机械工业出版社，2001

12. 方沂主编. 数控机床编程与操作. 北京：国防工业出版社，1999

13. 劳动和社会保障部中国就业培训技术指导中心组织编写. 加工中心操作工. 北京：中国劳动社会保障出版社，2001

14. 周文玉主编. 数控加工技术基础.北京：中国轻工业出版社，1999

15. 杨伟群等编著. 数控工艺培训教程（数控铣）. 北京：清华大学出版社，2002

16. 蒋建强主编. 数控加工技术与实训. 北京：电子工业出版社，2003

17. 吴国经主编. 数控机床故障诊断与维修. 北京：电子工业出版社，2003

18. 白思远主编. 现代控制机床伺服及检测技术. 北京：国防工业出版社，2002

19. 王永章等编著. 机床的数字控制技术. 哈尔滨：哈尔滨工业大学出版社，1995

20. 王润孝等编著. 机床数控原理与系统. 西安：西北工业大学出版社，1997

21. 秦忆等. 现代交流伺服系统. 武汉：华中理工大学出版社，1995

22. 邓星钟主编. 机电传动控制（第3版）. 武汉：华中理工大学出版社，2001

23. 李科杰主编. 新编传感器技术手册. 北京：国防工业出版社，2002

24. 武汉华中数控股份有限公司. 世纪星铣削数控装置编程说明书. 2001

25. 武汉华中数控股份有限公司. 世纪星车削数控装置编程说明书. 2001

26. 成都英格数控刀具模具有限公司. 产品手册. 2003